Fundamentos da Gestão Ambiental

ALEXANDRE SHIGUNOV NETO,
LUCILA MARIA DE SOUZA CAMPOS
& TATIANA SHIGUNOV

Fundamentos da Gestão Ambiental
Copyright© Editora Ciência Moderna Ltda., 2009

Todos os direitos para a língua portuguesa reservados pela EDITORA CIÊNCIA MODERNA LTDA.

De acordo com a Lei 9.610, de 19/2/1998, nenhuma parte deste livro poderá ser reproduzida, transmitida e gravada, por qualquer meio eletrônico, mecânico, por fotocópia e outros, sem a prévia autorização, por escrito, da Editora.

Editor: Paulo André P. Marques
Capa e Diagramação: Julio Lapenne / Avatar Design
Revisão: Camila Cabete Machado
Assistente Editorial: Aline Vieira Marques

Várias **Marcas Registradas** aparecem no decorrer deste livro. Mais do que simplesmente listar esses nomes e informar quem possui seus direitos de exploração, ou ainda imprimir os logotipos das mesmas, o editor declara estar utilizando tais nomes apenas para fins editoriais, em benefício exclusivo do dono da Marca Registrada, sem intenção de infringir as regras de sua utilização. Qualquer semelhança em nomes próprios e acontecimentos será mera coincidência.

FICHA CATALOGRÁFICA

NETO, Alexandre Shigunov; CAMPOS, Lucila Maria de Souza; SHIGUNOV, Tatiana;

Fundamentos da Gestão Ambiental

Rio de Janeiro: Editora Ciência Moderna Ltda., 2009.

1. Planejamento Gerencial 2. Meio Ambiente
I — Título

ISBN: 978-85-7393-801-2

CDD 658.4
333.7

Editora Ciência Moderna Ltda.
R. Alice Figueiredo, 46 – Riachuelo
Rio de Janeiro, RJ – Brasil   CEP: 20.950-150
Tel: (21) 2201-6662/ Fax: (21) 2201-6896
E-MAIL: LCM@LCM.COM.BR
WWW.LCM.COM.BR

06/09

SOBRE OS AUTORES

Alexandre Shigunov Neto

Administrador formado pela Universidade Estadual de Maringá (UEM).

Especialista em Economia Empresarial pela Universidade Estadual de Londrina

Mestre em Educação pelo Programa de Pós-Graduação em Educação da Universidade Estadual de Maringá.

Doutorando do Programa de Pós-Graduação em Engenharia e Gestão do Conhecimento (EGC) pela Universidade Federal de Santa Catarina (UFSC)

Email: shigunov@gmail.com

LIVROS PUBLICADOS:

SHIGUNOV NETO, Alexandre. Avaliação de Desempenho: as propostas que exigem uma nova postura dos Administradores. Rio de Janeiro: Book Express, 2000.

SHIGUNOV, Viktor & SHIGUNOV NETO, Alexandre. (Orgs.) A formação profissional e a prática pedagógica: ênfase nos professores de Educação Física. Londrina: Midiograf. 2001.

MACIEL, Lizete Shizue Bomura & SHIGUNOV NETO, Alexandre. (Orgs.) Reflexões sobre a Formação de Professores. Campinas: Papirus, 2002.

MACIEL, Lizete Shizue Bomura & SHIGUNOV NETO, Alexandre. (Orgs.) Currículo e Formação Profissional nos Cursos de Turismo. Campinas: Papirus, 2002.

SHIGUNOV, Viktor & SHIGUNOV NETO, Alexandre. (Orgs.) Educação Física: conhecimento teórico X prática pedagógica. Porto Alegre: Mediação, 2002.

MACIEL, Lizete Shizue Bomura & SHIGUNOV NETO, Alexandre. (Orgs.) Desatando os nós da formação docente. Porto Alegre: Mediação, 2002.

SHIGUNOV NETO, Alexandre & CAMPOS, Letícia Mirella Fischer. Manual de Gestão da Qualidade: Aplicado aos Cursos de Graduação. Rio de Janeiro: Fundo de Cultura, 2004.

MACIEL, Lizete Shizue Bomura & SHIGUNOV NETO, Alexandre. (Orgs.) Formação de Professores: passado, presente e futuro. São Paulo: Cortez, 2004.

SHIGUNOV NETO, Alexandre; TEIXEIRA, Alexandre Andrade & CAMPOS, Letícia Mirella Fischer. Fundamentos da Ciência Administrativa. Rio de Janeiro, Ciência Moderna, 2005.

SHIGUNOV NETO, Alexandre; DENCKER, Ada de Freitas M. & CAMPOS, Letícia Mirella Fischer. Dicionário de Administração e Turismo. Rio de Janeiro, Ciência Moderna, 2006.

MACIEL, Lizete Shizue Bomura & SHIGUNOV NETO, Alexandre. (Orgs.) Ensino superior em Turismo e hotelaria: reflexões sobre a docência e a pesquisa de qualidade. Ilhéus, Editus, 2006. (no prelo)

SHIGUNOV NETO, Alexandre. História da educação brasileira: do período colonial ao predomino das políticas educacionais neoliberais. Rio de Janeiro, Ciência Moderna, 2006. (no prelo)

SHIGUNOV NETO, Alexandre. (Org.) Ciência Administrativa e gestão de pessoas no novo milênio. Rio de Janeiro, Ciência Moderna, 2006. (no prelo)

Lucila Maria de Souza Campos

Engenheira de Produção formada pela Universidade Federal de São Carlos (UFSCar)

Mestre e Doutora em Engenharia de Produção pelo Programa de Pós-Graduação em Engenharia de Produção e Sistemas da Universidade Federal de Santa Catarina (PPGEP/UFSC)

Professora do Programa de Pós-graduação em Administração e Turismo da Univali e dos cursos de graduação em Administração e Engenharia Ambiental

Auditora Ambiental Líder formada pela ERM/CVS desde 1999

Avaliadora do INEP

Email: lucila.campos@terra.com.br

LIVROS E CAPÍTULOS DE LIVROS PUBLICADOS:
SELIG, Paulo Mauricio; CAMPOS, Lucila Maria de Souza; LERÌPIO, Alexandre de Ávila. Gestão Ambiental. In: BATALHA, Mario Otávio (Org.). Introdução à Engenharia de Produção. Campus Elsevier, 2008. ISBN: 978-85-352-2330-9

CAMPOS, Lucila Maria de Souza; ALBERTON, Anete. A utilização de Sistemas Gestão Ambiental (SGA) em Pequenas Empresas do Estado de Santa Catarina: Uma Réplica dos Modelos Tradicionais? In: PREVIDELLI, J.J.; MEURER, V. (Org.). A gestão da micro, pequena e média empresa no Brasil: uma abordagem multidimensional. Maringá, 2005. ISBN: 859889705-1

TATIANA SHIGUNOV

Bacharel em Direito pela Universidade do Vale do Itajaí (UNIVALI)

Especialista em Direito Processual Civil pela Universidade Federal de Santa Catarina (UFSC)

Mestre em Engenharia Civil, área de concentração Cadastro Técnico Multifinalitário pela Universidade Federal de Santa Catarina (UFSC)

Advogada da Fundação de Amparo a Pesquisa e Extensão Universitária (FAPEU)

Email: tatiana@fapeu.ufsc.br

DEDICATÓRIAS E AGRADECIMENTOS

Este momento, especial, é o de agradecer e compartilhar a felicidade com amigos e familiares, pela tarefa cumprida e os objetivos atingidos.

A meus avós Martinho *(in memoriam)*, Alexander *(in memoriam)* e Otília *(in memoriam)* e Olga pelo carinho e amor dispensados todos esses anos.

Aos amigos Orlando B. Gomes, Osmir Kmeutek Filho, Marciano de Almeida Cunha e Rivanda Meira Teixeira.

Alexandre Shigunov Neto

Gostaria de agradecer aos amigos Paulo Selig, Alexandre Lerípio, Sidnei Vieira Marinho e Anete Alberton pelo companheirismo e valorosas parcerias durante todos estes anos de academia.

Aos meus colegas e amigos da UFSCar, UFSC, UNIVALI, e ERM.

Agradeço também a todos da minha família, Em especial aos meus avós, Maria do Carmo, Amélia (*in memoriam*) e Luiz (*in memoriam*), fonte de inspiração constante. E aos meus pais, Sonia e Fernando (*in memoriam*), professores universitários que com muito amor, no dia a dia, me ensinaram o valor do ensino.

Dedico especialmente este livro ao meu marido Mauricio, ao meu filho Bruno e ao meu enteado Victor.

Lucila Maria de Souza Campos

SUMÁRIO

XII | Fundamentos da Gestão Ambiental

Apresentação XIX

Capítulo I - Fundamentos da Gestão Ambiental 1
1.1 Ciência Administrativa e Gestão Ambiental 4
1.2 Conceitos Adjacentes à Gestão Ambiental 11
1.3 O Que é Gestão Ambiental 14
1.4 Objetivos e Finalidades da Gestão Ambiental 17
1.5 Fundamentos Básicos da Gestão Ambiental 18
1.6 A Gestão Ambiental no Contexto Empresarial 20

Capítulo II - O Processo de Transformação da Gestão Ambiental 23
2.1 Modo de Produção Capitalista 26
    2.1.1 A Idade Moderna 27
    2.1.2 O Modo de Produção Feudal 31
    2.1.3 Fundamentos do Capitalismo 42
2.2 Revolução Industrial 50
2.3 Um Histórico da Transformação do Ambientalismo 55
    2.3.1 A Era Pré-Industrial 55
    2.3.2 A Era Industrial 57
    2.3.3 Os Dias Atuais 58
2.4 A Influência do Movimento da Qualidade na Gestão Ambiental 65
2.5 Influências da *Environmental Protection Agency* (EPA)
    e Iniciativas Européias 73
2.6 Fases da Gestão Ambiental 75

Capítulo III - Legislação Ambiental Brasileira 87
3.1 O Direito Ambiental 90
3.2 As Questões Ambientais nas Constituições Brasileiras 100
3.3 Lei nº 6.938/81 – Política Nacional do Meio Ambiente 138
3.4 Lei nº 9.605/98 – Sanções Penais e Administrativas Derivadas
    de Condutas e Atividades Lesivas ao Meio Ambiente 155

Capítulo IV - Sistema de Gestão Ambiental 159
4.1 Os Primeiros Princípios e Sistemas de Gestão Ambiental 161
    4.1.1 Responsible Care® Program 165
    4.1.2 O Modelo Winter 169

4.1.3 A CERES – *Coalision for Environmentally Responsible Economies* 171

4.1.4 O STEP - *Strategies for Today's Environmental Partnership* 173

4.1.5 O EMAS – *Eco - Management and Audit Scheme* 174

4.1.6 A Norma Britânica BS 7750 176

4.1.7 O SGA Segundo o Conjunto ISO 14000 e a ISO - International Organization for Standardization 179

    4.1.7.1 ISO 14001 e ISO 14004: Uma Visão Geral 185

4.2 Comparação Entre os Princípios e Normas de Gestão Ambiental 198

4.3 A Integração Entre os Sistemas de Gestão 200

    4.3.1 A Relação da ISO 14001 com a ISO 9001 205

4.4 O Processo de Certificação Ambiental 208

    4.4.1 A Certificação Pela ISO 14001 209

    4.4.2 Certificação Ambiental: O Que Ela É e o Que Não É 213

    4.4.3 Certificar ou Não? Quais os Benefícios? 215

Bibliografia 219

Anexo I - Legislação Ambiental Brasileira 233

Anexo II - Glossário 263

Anexo III - Lei nº 9.605/98 - Sanções Penais e Administrativas Derivadas de Condutas e Atividades Lesivas ao Meio Ambiente 285

PREFÁCIO

A literatura sobre Gestão Ambiental vem crescendo bastante nestes últimos anos como decorrência do crescimento da consciência coletiva a respeito dos graves problemas ambientais que tornam incerto o destino da Humanidade. O livro do Alexandre, Lucila e Tatiana Shigunov, que tenho a honra de prefaciar, não é mais uma obra sobre este tema que já conta com excelentes textos. Este livro apresenta certas características que o diferenciam dos demais. Em primeiro lugar deve-se destacar a grande preocupação dos autores com a didática, o que torna o livro bastante apropriado para quem está se iniciando nesse tema ou que necessite sistematizar o seu conhecimento. Os livros sobre esse assunto geralmente partem da idéia de que o leitor já está familiarizado com os conceitos básicos sobre meio ambiente, gestão ambiental, direito ambiental e outros próprios da área. Sem deixar de serem profundos em suas colocações, os autores procuram resgatar os conceitos mais elementares relacionados com cada assunto tratado, de modo a eliminar lacunas no entendimento dos leitores menos versados nessa matéria.

A preocupação em relacionar a gestão ambiental com as teorias administrativas é uma marca característica deste livro. Também sobre este aspecto as literaturas nacionais e internacionais deixam a desejar. Pode parecer estranho, mas os textos existentes sobre gestão ambiental praticamente nada dizem a respeito dessas relações. Mais uma vez presume-se que os leitores já dominam os conhecimentos trazidos pela teoria e prática da administração, ou ainda, que a ausência desses conhecimentos não é importante para implementar ações de gestão ambiental no âmbito das organizações por se tratar de uma área muito especializada. De fato, muitos que atuam nessa área já dispõem de sólidos conhecimentos e práticas administrativas de modo que conseguem facilmente identificar o que é pertinente para a ocasião que se apresenta e desejam concentrar seus esforços em conhecimentos específicos da área ambiental. A maioria dos livros sobre gestão ambiental parece que se direciona para este tipo de leitor. Este livro procura fundamentar a gestão ambiental a partir das contribuições de diferentes escolas administrativas, um fato que o torna apropriado para os que estão se iniciando na administração em cursos formais, por exemplo, graduação em administração, bem como para os que, sendo formados em outras profissões, estão transitando para as funções administrativas relacionadas com as questões ambientais e correlatas. Sobre este aspecto merece destaque a relação entre gestão ambiental e o movimento da qualidade, um aspecto geralmente negligenciado nos textos sobre gestão ambiental, mas de grande importância de ordem prática, como atesta a aproximação cada vez mais intensa de diversos aspectos das normas de gestão da qualidade da série ISO 9.000 e a da gestão ambiental da série ISO 14.000. O alinhamento mais estreito entre estas normas presidiu o ciclo revisional da ISO 14.001 que se encerrou em outubro de 2.004.

Outro ponto que merece destaque é a preocupação em mostrar a evolução histórica dos conceitos e práticas concernentes à administração e em especial à que se refere ao meio ambiente. Tem sido um lugar comum apresentar a gestão ambiental como algo recente, geralmente datado a partir dos anos 70s. Sem dúvida, esse é um período muito importante, pois é quando a gestão ambiental passa a adquirir uma dimensão planetária e é com esta perspectiva que ela deve ser entendida e praticada, mesmo quando a ação está focada em questões aparentemente corriqueiras, como por exemplo, seleção de materiais, avaliação de fornecedores, verificação das conformidades e tantas outras que se realizam nos locais de trabalho. Esse é o sentido da expressão *pensar globalmente, agir localmente*, que passou a ser o lema das propostas do desenvolvimento sustentável, uma idéia de desenvolvimento que começa a se afirmar na Conferência das Nações Unidas para o Desenvolvimento Humano, realizada em Estocolmo em 1.972. Porém, a gestão ambiental começa muito antes e apresenta diversas fases como as que são discutidas neste livro.

Outro ponto importante a destacar é a parte que trata da legislação ambiental. Em geral, os livros de autores brasileiros colocam esta questão a partir da Constituição Federal de 1.988, ou recuam um pouco mais para incluir a legislação que foi sendo criada a partir da década de 1.970. O texto faz uma viagem que começa na fase colonial e chega aos dias atuais, passando por uma avaliação de todas as constituições brasileiras do ponto de vista ambiental, para finalmente se deter na de 1.988. O tratamento dado às constituições anteriores, que pode parecer um exagero, é uma rara oportunidade que os leitores têm de saber como nosso País, uma vez independente, tratou a questão ambiental a partir da sua lei magna. O texto analisa ainda os principais aspectos da Lei 6.938 de 1981 que institui a Política Nacional do Meio Ambiente e da Lei 9.605 de 1998, a lei dos crimes ambientais.

Para finalizar, o livro trata de um dos instrumentos de gestão ambiental mais importantes da atualidade, o Sistema de Gestão Ambiental. Depois de apresentar várias iniciativas em relação a esse instrumento, o livro se detém nos sistemas baseados na norma ISO 14.001, discutindo seus requisitos, os pontos convergentes com a norma ISO 9.001 e o processo de certificação. Coerente com o restante do livro, também nessa parte é visível a preocupação com o rigor conceitual e com a distinção clara entre as diversas questões tratadas. Quem atua nessa área sabe que há muitas confusões a respeito do processo de criação e manutenção de um sistema de gestão ambiental e o processo de certificação. Nesse livro estas questões são apresentadas com muita clareza, distinguindo os agentes envolvidos e as atividades pertinentes de cada um desses processos. Como se vê, são várias as razões que permitem afirmar que este é um livro especial. Por isso, há muitas razões para recomendar a sua leitura.

José Carlos Barbieri
Professor da FGV-EAESP. Coordenador do Centro de
Estudos de Administração e do Meio Ambiente (CEAMA).
Autor de livros sobre gestão ambiental e inovação tecnológica

APRESENTAÇÃO

Esta obra visa apresentar e discutir o processo de transformação da Gestão Ambiental e sua aplicabilidade nas organizações contemporâneas.

A opção pelo tema *Fundamentos da Gestão Ambiental*, justifica-se pelo interesse em desenvolver um livro que apresentasse, de forma clara, simples e objetiva, os fundamentos básicos da Gestão Ambiental, de maneira que pudesse servir de subsídio para o processo de aprendizagem dos alunos dos Cursos de Graduação e Pós-Graduação, nas mais variadas áreas do conhecimento.

O que poderia justificar a publicação de um livro que tratasse exclusivamente do tema "Fundamentos da Gestão Ambiental?

O que apresentamos de novo, de inovador em relação aos livros existentes no mercado editorial brasileiro?

Fundamentalmente, encontramos para estas questões quatro possíveis justificativas:

- primeiramente, a importância que a temática da "Gestão Ambiental" tomou na última década do século XX e início do século XXI;
- o volume considerável de cursos de graduação e pós-graduação que apresentam as disciplinas "Gestão Ambiental" e "Legislação Ambiental" como obrigatórias e/ou opcionais em sua estrutura curricular;
- o número reduzido de publicações pertinentes ao assunto, e que possam subsidiar e servir de base, para os professores e alunos dos cursos de graduação e pós-graduação iniciarem seus estudos na compreensão da Gestão Ambiental e da Legislação Ambiental.
- a tentativa de considerar a transformação da Gestão Ambiental como parte integrante de um processo mais amplo e complexo, qual seja, o processo de transformação da Ciência Administrativa e da humanidade;

Com o intuito de alcançar os objetivos propostos, e proporcionar uma leitura de fácil compreensão ao leitor, estruturamos a obra da seguinte maneira:

Capítulo I - Fundamentos da Gestão Ambiental

Capítulo II - O processo de transformação da Gestão Ambiental

Capítulo III - Legislação Ambiental Brasileira

Capítulo IV - Sistema de Gestão Ambiental

O presente trabalho pretende apresentar os principais aspectos históricos e contemporâneos da Gestão Ambiental, bem como algumas reflexões sobre a aplicabilidade de seus conhecimentos no dia-a-dia da sociedade, em geral, e nas organizações, em específico.

Este projeto editorial surgiu com o intuito de ser um instrumento auxiliar para pesquisadores, docentes, alunos universitários e profissionais que atuam na área da Gestão Ambiental. Desta forma, espera-se que as reflexões apresentadas na obra, reflexões estas que se entrecruzam em torno da temática "Gestão Ambiental", possam trazer contribuições teóricas aos profissionais da área.

Nesse sentido, espera-se que esta obra seja acompanhada de tantas outras que venham a enriquecer e aprimorar a literatura sobre essa temática.

Os autores

CAPÍTULO I

FUNDAMENTOS DA GESTÃO AMBIENTAL

A preocupação com a conservação e preservação do meio ambiente não é nova, pois remonta a meados da década de 1970, momento em que alguns países industrializados começaram a formular e a implementar legislação sobre questões ambientais. Entretanto, a temática da gestão ambiental, enquanto preocupação da academia, surgiu apenas no final da década de 1990 e nos primeiros anos do século XXI.

A preocupação ambiental no meio empresarial ainda está muito restrita às grandes organizações que adotam práticas ambientais socialmente responsáveis, motivadas pela responsabilidade social e pelo marketing verde. Portanto, as ainda poucas organizações que se utilizam da gestão ambiental estão preocupadas com a repercussão que suas práticas administrativas[1] possam causar ao meio ambiente. Para a sociedade e os Governos, a preocupação ambiental surgiu pelo problema da escassez de recursos naturais, tais como: da água, das florestas, dos rios e dos mares.

A temática da gestão ambiental tornou-se objeto de estudo de pesquisadores internacionais a partir do final da década de 1980, entretanto, foi a partir de meados da década de 1990 que tomou significativo impulso. Entre os estudiosos que discutem sobre o tema, destacam-se: Elkington e Burke (1989), Bennett (1992) e Backer (1995). No caso específico do Brasil a gestão ambiental tornou-se objeto de estudo de pesquisadores nacionais a partir do final da década de 1990, entre os principais pesquisadores destacam-se: Reis (1996), Donaire (1999), Viterbo Jr. (1998), Moreira (2001), Andrade, Tachizawa e Carvalho (2002), Barbieri (2004), Philippi Jr., Romero e Bruna (2004) e Tachizawa (2005).

---

1 Shigunov Neto, Teixeira e Campos (2005) definem a prática administrativa, como a aplicação dos conhecimentos da Ciência Administrativa para o eficaz exercício do Administrador na descoberta e resolução dos problemas organizacionais, é um processo de diagnóstico e intervenção organizacional que compreende cinco funções básicas que estão interligadas e se complementam: o planejamento, a organização, a execução, o controle e a avaliação. Portanto, a prática administrativa é um processo cíclico, pois o processo repete-se continuamente, sem cessar, e tem por finalidade fazer com que os objetivos organizacionais sejam alcançados da melhor maneira possível, de forma a maximizar os recursos disponíveis (pessoas, dinheiro, equipamentos, matérias-primas e tecnologia) e minimizar os custos organizacionais. A inserção dessa nova função fez-se necessária pela constante e selvagem competição e pela necessidade de satisfação das necessidades dos clientes. Até então, não era levada em consideração, pois a preocupação básica era com a quantidade produzida e não com a qualidade produzida. Nesse contexto histórico e econômico a avaliação torna-se função essencial no ato de administrar, pois será por intermédio dela que o Administrador poderá verificar se a direção da organização está adequada para a conjuntura econômica e social na qual está inserida. Portanto, a concepção e o conceito de prática administrativa apresentados pelos autores é mais amplo e complexo, pois, além de incluir uma "nova" função administrativa, a avaliação, consideramos um processo cíclico, dinâmico e contínuo. Nesse sentido, a avaliação está interligada e relacionada às demais funções da prática administrativa.

A Gestão Ambiental também tem sido tema de artigos de pesquisadores nacionais da Ciência Administrativa e de outras áreas de conhecimento que socializam seu conhecimento acerca da temática em revistas científicas: Layrargues (2000), Nascimento (2001), Sanches (1997), Abreu, Figueiredo Junior e Varvakis (2002), Campos e Selig (2002), Campos e Alberton (2004) e Alberton (2007).

No caso específico deste capítulo, nossa obra apresenta algumas inovações · em relação aos livros presentes no mercado editorial nacional, tais como:

- compreende a gestão ambiental enquanto área de conhecimento da Ciência Administrativa;
- apresenta os conceitos fundamentais da gestão ambiental;
- apresenta o conceito de gestão ambiental

O objetivo deste capítulo é o de analisar e apresentar, de forma clara e objetiva, os fundamentos da gestão ambiental. Por fundamentos da gestão ambiental compreendemos seus conceitos, características e a área a qual pertence. Ou seja, quando nos referimos ao conceito de fundamentos entendemos que seja tudo aquilo que fundamenta, que proporciona o suporte teórico e metodológico para a gestão ambiental, enquanto área de conhecimento da Ciência Administrativa. Entretanto, para o entendimento do que seja gestão ambiental, do seu surgimento e desenvolvimento faz-se necessário que entendamos um pouco do processo de transformação da Ciência Administrativa, pois é impossível desvincular a Gestão Ambiental da Ciência Administrativa, da gestão da qualidade e das organizações.

Para atingir os objetivos propostos, estruturou-se o presente capítulo em duas partes complementares. Num primeiro momento far-se-á a apresentação da Gestão Ambiental enquanto uma nova área de conhecimento da Ciência Administrativa. Num segundo momento, apresentar-se-ão, inicialmente, os conceitos fundamentais da gestão ambiental para, posteriormente, apresentar os conceitos do que seja um sistema de gestão ambiental.

Nossa intenção, ao pensarmos neste capítulo "Fundamentos da Gestão Ambiental", foi, inicialmente, apresentar de forma clara e objetiva o processo de transformação da preocupação com o meio ambiente. Por esse motivo, decidiu-se iniciar a análise com o modo de produção capitalista e pela Revolução Industrial, por serem marcos históricos do processo de industrialização mundial. Mas, para analisarmos esses momentos históricos tão importantes, não há como não falar no modo de produção feudal.

Num segundo momento, de forma a estruturarmos logicamente nosso capítulo e atender os objetivos previamente estabelecidos, decidiu-se apresentar os conceitos de gestão ambiental formulados por pesquisadores internacionais e nacionais.

Para nossa surpresa, em alguns livros não se encontrou, de forma explícita, o conceito do autor do que seja gestão ambiental. Essa carência pode ser encontrada nos seguintes livros: Donaire (1999), Andrade, Tachizawa e Carvalho (2002), Tachizawa (2005), Backer (2002), Philippi Jr., Romero e Bruna (2004).

Nosso espanto pode ser representado pelo seguinte questionamento: para compreensão da gênese de alguma coisa, primeiramente, é necessário defini-la, pois, caso contrário, como é possível compreender algo que não se consegue definir?

Como é possível exigir dos alunos que definam o que seja gestão ambiental se nos livros utilizados não há uma definição objetiva? Outra questão importante, sem a definição do que seja gestão ambiental o aluno explicará como ocorre, mas não saberá de forma clara o que é gestão ambiental.

1.1 - Ciência Administrativa e Gestão Ambiental

Antes mesmo de definirmos o conceito de Ciência Administrativa e Gestão Ambiental faz-se necessário, primeiramente, definirmos o conceito de ciência. O que é ciência?

A ciência pode ser definida como o conjunto organizado de conhecimentos humanos, especialmente os obtidos mediante a observação, a experiência dos fatos e um método próprio pelo qual o homem se relaciona com a natureza visando a sua dominação em seu próprio benefício. Portanto, para que uma área de conhecimento possa ser considerada uma ciência é preciso que tenha um objeto de estudo e produza conhecimentos por meio da utilização desse método de estudo. Essas características estão presentes na Administração, portanto, pode-se afirmar que a área de conhecimento da Administração é uma ciência, a Ciência Administrativa.

A Ciência Administrativa é a área do conhecimento humano que apresenta como objeto de estudo as organizações, ou seja, a Ciência Administrativa, por meio de inúmeros instrumentos teóricos e metodológicos, visa tentar compreender e explicar o comportamento das organizações ao longo da história.

A Administração, enquanto ciência que se dedica ao estudo das organizações, é relativamente recente e surgiu logo após a Revolução Industrial, entretanto, os conhecimentos referentes a Ciência Administrativa sempre foram utilizados pela civilização humana.

É importante destacar que a Ciência Administrativa é uma ciência extremamente nova, completará apenas cem anos, agora, em 2006.

Apesar de na academia a Administração ser tida como uma ciência, são poucos os pesquisadores que realizam seus estudos sobre tal temática. Para os fins desta pesquisa utilizar-se-á o conceito de Ciência Administrativa proposto por Shigunov Neto, Teixeira e Campos (2005), conforme apresentado na figura I.

Figura I - Conceito de Ciência Administrativa

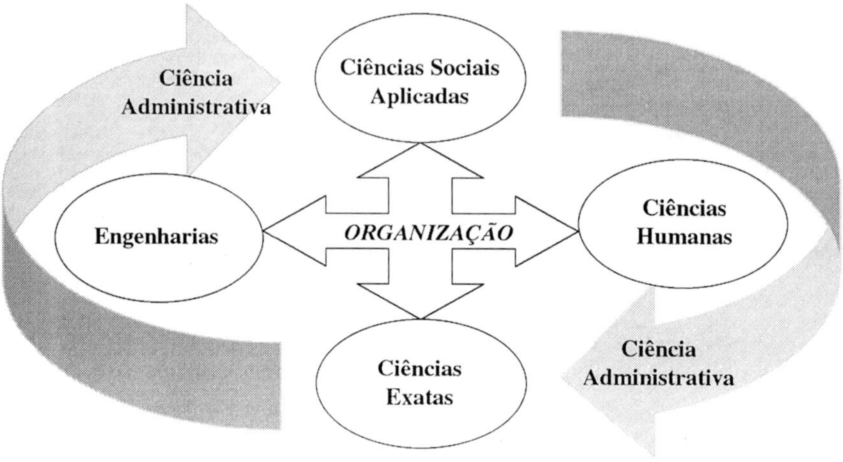

Fonte: Shigunov Neto, Teixeira e Campos (2005)

A Ciência Administrativa é a área do conhecimento humano que tem como objeto de estudo as organizações. Levando em consideração a classificação apresentada pelo Conselho Nacional de Desenvolvimento Científico e Tecnológico (CNPq), órgão máximo da pesquisa e difusão científica no Brasil, a Ciência Administrativa pode ser inserida no grupo das Ciências Sociais Aplicadas.

Nesse sentido, entendemos que a Ciência Administração é a área do conhecimento humano que se preocupa com o estudo das organizações, tanto de seus aspectos internos quanto dos aspectos externos. A Ciência Administrativa é constituída pelas abordagens, teorias, práticas e modelos administrativos formulados, testados e implementados ao longo de sua recente história de vida.

A Ciência Administrativa é a sistematização dos conhecimentos humanos produzidos acerca das organizações, portanto, a Ciência Administrativa tem como objeto de estudo as organizações. Entretanto, para a compreensão da complexidade organizacional a Ciência Administrativa apropria-se dos conhecimentos gerados por outras ciências e áreas de conhecimento humano. (Shigunov Neto, Teixeira e Campos, 2005,p.21)

Definido o conceito de Ciência Administrativa, cabe agora compreender como essa ciência se organiza para explicar o comportamento das organizações. De uma forma geral, a Ciência Administrativa é constituída pelas Abordagens que, por sua vez, são compostas pelas teorias.

Uma Abordagem Administrativa é o agrupamento de teorias e práticas administrativas que possuem o mesmo objeto de estudo e a mesma preocupação na análise organizacional. Portanto, didaticamente falando, acreditamos que a junção de teorias administrativas, que apresentam a mesma preocupação e objeto de estudo, facilita o aprendizado dos alunos.

Já a teoria administrativa tenta explicar e prever o comportamento e o desempenho das organizações e suas variáveis, em determinado período de tempo e sob determinadas situações.

Importa frisar que, em última instância, todas as abordagens e teorias da Ciência Administrativa, indistintamente, apresentam como objetivo principal a compreensão e a explicação do comportamento das organizações, visando a manutenção da ordem organizacional, o aumento da eficácia, o aumento da produtividade e, conseqüentemente, o aumento do lucro.

Os pesquisadores Shigunov Neto, Teixeira e Campos (2005) enfatizam a importância que as teorias administrativas tiveram e ainda têm para a compreensão do comportamento das organizações. Isso pode ser explicado pelo fato de que todas as teorias administrativas propostas por seus teóricos surgiram de um ou de alguns problemas organizacionais detectados em determinado período histórico da humanidade, e para aquele determinado problema e período conseguiram dar suporte teórico para a resolução de problemas. Por isso, elas tiveram sua importância e validade, mesmo porque ainda podemos encontrar muitos resquícios dessas teorias administrativas, tidas por alguns como ultrapassadas e velhas, nas organizações contemporâneas. Um exemplo é a Administração científica, a primeira teoria da Ciência Administrativa proposta por Frederick W. Taylor em 1906 e que, encontra-se, ainda hoje, muito presente na grande maioria das organizações contemporâneas.

O objeto de estudo da Ciência Administrativa é a organização, entretanto, cada abordagem ou teoria administrativa dá ênfase a uma das cinco variáveis de estudo das organizações (tarefas, pessoas, tecnologia, ambiente e estrutura) em detrimento das demais.

Utilizar-se-á a divisão da Ciência Administrativa proposta por Shigunov Neto, Teixeira e Campos (2005), que a apresentam separada em sete abordagens que estão dispostas cronologicamente, conforme seu surgimento:

Abordagem Clássica (ênfase nas tarefas)
Administração Científica - 1906
Teoria Clássica da Administração - 1916

Abordagem Humanística (ênfase nas pessoas)
Teoria das Relações Humanas - 1930

Abordagem Comportamental (ênfase nas pessoas)
Teoria Comportamental da Administração - 1945
Teoria do Desenvolvimento Organizacional (DO) - 1962

Abordagem Estruturalista (na estrutura)
Modelo Burocrático de Organização -1909
Teoria Estruturalista da Administração - 1947

Abordagem Sistêmica (ênfase no sistema)
Teoria dos Sistemas - 1951

Abordagem Neoclássica (na estrutura)
Teoria neoclássica da Administração - 1954
Administração por Objetivos (APO) - 1954

Abordagem Contingencial (ênfase no ambiente e na tecnologia)
Teoria da Contingência - 1972

Como o objetivo de nosso capítulo é apenas fazer uma breve referência à Ciência Administrativa e da Gestão Ambiental, quem tiver interesse em se aprofundar na análise do processo de transformação da Ciência Administrativa, pode pesquisar nas obras dos seguintes pesquisadores nacionais: Lodi (1976),

Motta (1976), Kwasnicka (1987), Maximiano (2000), Silva (2002), Chiavenato (2004) e Shigunov Neto, Teixeira e Campos (2005).

Na figura II apresenta-se o processo de transformação da Ciência Administrativa, conforme os momentos vivenciados por cada uma das teorias.

Figura II - Linha imaginária do processo de transformação da Ciência Administrativa

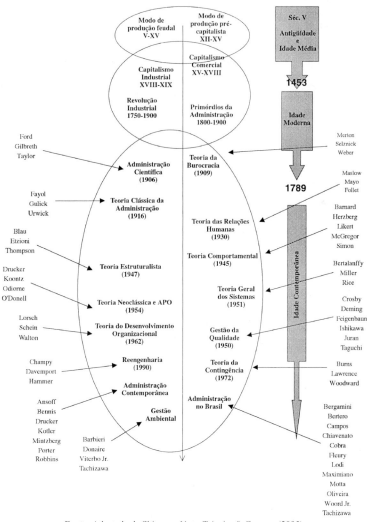

Fonte: Adaptado de Shigunov Neto, Teixeira & Campos (2005)

A Ciência Administrativa é constituída por áreas de conhecimento que se entrecruzam e geram os conhecimentos da Ciência Administrativa. Assim, de forma genérica e a título didático para uma melhor visualização dos alunos, apresentamos a seguinte classificação das áreas de conhecimento da Ciência Administrativa:

- Administração Pública
- Administração da Informação
- Administração da Produção
- Administração de Marketing
- Administração Financeira
- Docência, Ensino e Pesquisa em Administração
- Empreendedorismo
- Estudos Organizacionais

- Gestão de Pessoas
- Gestão de Micro, Pequenas e Médias Empresas
- Gestão de Tecnologia e Inovação
- Gestão Internacional
- Gestão de Serviços
- Qualidade
- Logística
- Gestão Ambiental

Figura III – Áreas da Ciência Administrativa

Algumas dessas áreas ainda são relativamente novas na academia, outras ganharam nova roupagem e denominação e outras, com certeza, surgirão. Cabe, ainda, destacar que cada uma dessas áreas de conhecimento pode ser desdobrada em outras tantas. A Gestão Ambiental é uma dessas áreas recentes da Ciência Administrativa que começa a tomar grandes dimensões e ser objeto de estudo de pesquisadores.

A partir do momento em que as questões ambientais passaram a ser preocupação cada vez maior nas organizações, deslocando-se da função de proteção para se tornarem uma função administrativa, a gestão ambiental deixou de ser um tema da "moda" para ingressar na Ciência Administrativa, enquanto importante área de conhecimento.

1.2 – Conceitos adjacentes à Gestão Ambiental

É impossível conceituar a gestão ambiental sem antes apresentar e conceituar variáveis que compõem o processo, e o próprio conceito, de gestão ambiental. Por isso, apresentar-se-á inicialmente o conceito de meio ambiente, recurso natural, preservação, conservação e desenvolvimento sustentável.

Sustentabilidade, desenvolvimento ecologicamente equilibrado, desen–volvimento sustentado, desenvolvimento sustentável, ecodesenvolvimento são termos que significam a mesma coisa, a conciliação entre a necessidade de incentivar o desenvolvimento sócio-econômico com a necessidade de conservar e preservar o meio ambiente. Ou seja, é a possível utilização racional dos recursos naturais sem poluir e destruir o meio ambiente.

A legislação nacional define meio ambiente como o conjunto de condições, leis, influências e interações de ordem física, química e biológica, que permite, abriga e rege a vida em todas as suas formas.

Barbieri (2004) define meio ambiente como o ambiente natural e o artificial, isto é, o ambiente físico e o biológico originais e o que foi alterado, destruído e construído pelos humanos, como as áreas urbanas, industriais e rurais. Esses elementos condicionam a existência dos seres vivos, podendo-se dizer, portanto, que o meio ambiente não é apenas o espaço onde os seres vivos existem ou podem existir, mas a própria condição para a existência de vida na Terra. (p.02)

O termo meio deriva do latim *mediu* e significa o lugar onde se vive. Já o termo ambiente deriva também do latim *ambiente* e denomina aquilo que cerca ou que envolve os seres vivos por todos os lados. Dessa forma, o termo meio ambiente pode ser definido como o lugar onde os seres vivos habitam. Esse habitat interage com os seres vivos e formam um conjunto harmonioso essencial para a existência da vida como um sistema. O meio ambiente pode ser classificado em quatro tipos: meio ambiente natural, meio ambiente cultural, meio ambiente artificial e meio ambiente do trabalho. Portanto, ao longo de nosso livro, quando nos referirmos ao conceito de meio ambiente estará implícita essa definição.

Para Barbieri (2004) o conceito tradicional de recurso natural é aquele que deriva de uma concepção instrumental do meio ambiente físico e biológico, pois desse ponto de vista, nem tudo o que existe na natureza constitui recurso, mas apenas aquilo que, de alguma forma, pode ser do interesse humano. Porém, a consciência ecológica está intimamente ligada à preservação do meio ambiente. A importância da preservação dos recursos naturais passou a ser preocupação mundial e nenhum país pode eximir-se de sua responsabilidade. Essa necessidade de proteção do ambiente é antiga e surgiu quando o homem passou a valorizar a natureza, mas não de maneira tão acentuada como nos dias de hoje. Talvez não se desse muita importância à extinção dos animais e da flora, mas existia um respeito para com a natureza, por ser criação divina. Só depois que o homem começou a conhecer a interação dos microorganismos existentes no ecossistema é que sua responsabilidade aumentou.

A evolução do homem foi longa até atingir uma consciência plena e completa da necessidade de preservação do meio ambiente (fase holística). Não por causa das ameaças que vêm sofrendo nosso planeta, mas também pela necessidade de preservar os recursos naturais para as futuras gerações. (Sirvinskas,2003,p.03-04)

Pois bem, a exploração do meio ambiente para a produção de mercadorias ocorre por meio da exploração dos recursos naturais. Entretanto, a grande maioria dos recursos naturais não é renovável, ou seja, são limitados, motivo pelo qual deve haver a preocupação com a conservação do meio ambiente de forma a utilizar, mas não esgotar, os recursos naturais existentes e vitais para a sobrevivência da humanidade.

Os recursos naturais são classificados, segundo a noção de renovação, em dois tipos: renováveis e não renováveis. Esse conceito de renovação leva em consideração somente a questão temporal. Portanto, segundo essa classificação, os recursos naturais são renováveis se puderem ser obtidos sem limitações, sem, contudo, se correr o risco de se esgotarem em determinado momento. Já os recursos naturais não renováveis são aqueles limitados e que são objeto de extinção.

Após essas definições faltam apenas conceituar e analisar os termos de conservação, preservação e desenvolvimento sustentável, que, por sua vez, são complementares.

Em termos conceituais e de legislação ambiental, os termos "conservação" e "preservação" são diferentes e não podem ser utilizados como sinônimos.

O termo conservação em termos de gestão ambiental significa que é permitida a exploração econômica dos recursos naturais de maneira racional e de modo a não destruir o meio ambiente. Já o termo preservação proíbe qualquer tipo de exploração dos recursos naturais. Portanto, para os fins de nosso livro, estaremos utilizando o termo conservação, pois está intimamente relacionado com a possibilidade de exploração racional e eficaz dos recursos naturais de modo a não destruir o meio ambiente.

O conceito de desenvolvimento sustentável é aquele que propõe que o desenvolvimento econômico de um país deve atender às necessidades presentes da sociedade sem, entretanto, comprometer as futuras gerações. Portanto, esse conceito está fundamentado na idéia de que é possível, e necessário, que o desenvolvimento econômico de um país ocorra sem a destruição do meio ambiente, ou seja, que exista um equilíbrio entre desenvolvimento econômico e meio ambiente.

Segundo Donaire,

o conceito de desenvolvimento sustentado tem três vertentes principais: crescimento econômico, eqüidade social e equilíbrio ecológico. Induz um espírito de responsabilidade comum como processo de mudança no qual a exploração de recursos materiais, os investimentos financeiros e as rotas de desenvolvimento tecnológico deverão adquirir sentido harmonioso. Nesse sentido, o desenvolvimento da tecnologia deverá ser orientado para metas de equilíbrio com a natureza e de incremento da capacidade de inovação dos países em desenvolvimento, e o progresso será entendido como fruto de maior riqueza, maior benefício social equitativo e equilíbrio ecológico.

Sob esta ótica, o conceito de desenvolvimento apresenta pontos básicos que devem considerar, de maneira harmônica, crescimento econômico, maior percepção com os resultados sociais decorrentes e equilíbrio ecológico na utilização dos recursos naturais. (Donaire,1999,p.40)

Sendo assim, o conceito de desenvolvimento sustentável está pautado no tríplice princípio: crescimento econômico, equidade social e equilíbrio ecológico.

1.3 - O que é gestão ambiental

Ficamos perplexos quando da análise dos livros existentes sobre a temática da Gestão Ambiental no mercado editorial brasileiro, pois a grande maioria dos livros não apresenta de forma explícita o conceito de gestão ambiental. Como é possível que livros que se intitulam livros textos para as disciplinas de Gestão Ambiental em cursos de graduação, ou mesmo para os cursos de graduação em Engenharia Ambiental e/ou Gestão Ambiental não apresentem o conceito de gestão ambiental? Dessa forma, apresentar-se-ão os escassos conceitos formulados pelos pesquisadores e definiremos o que entendemos por gestão ambiental.

O termo gestão deriva do latim *gestione* e significa o ato de gerir, gerenciar. É a aplicação dos conhecimentos da Ciência Administrativa no dia-a-dia das organizações. O termo ambiente, como já foi visto anteriormente, deriva também do latim *ambiente* e denomina aquilo que cerca ou que envolve os seres vivos por todos os lados. Dessa forma, a junção das duas palavras forma uma terceira que significa, de forma simplificada, a forma de gerenciar a organização de modo a não destruir o meio ambiente que o circunda. Ou seja, é a forma de tornar a empresa competitiva sem destruir e prejudicar o meio ambiente.

O termo gestão ambiental é bastante abrangente. Ele é freqüentemente usado para designar ações ambientais em determinados espaços geográficos como, por exemplo: gestão ambiental de bacias hidrográficas, gestão ambiental de

Capítulo 1 – Fundamentos da Gestão Ambiental | **15**

parques e reservas florestais, gestão de áreas de proteção ambiental, gestão ambiental de reservas de biosfera e outras tantas modalidades de gestão que incluam aspectos ambientais.

A gestão ambiental empresarial está essencialmente voltada para organizações, ou seja, companhias, corporações, firmas, empresas ou instituições e pode ser definida como sendo um conjunto de políticas, programas e práticas administrativas e operacionais que levam em conta a proteção do meio ambiente por meio da eliminação ou minimização de impactos e danos ambientais decorrentes do planejamento, implantação, operação, ampliação, realocação ou desativação de empreendimentos ou atividades, incluindo-se todas as fases do ciclo de vida de um produto.

O termo gestão ou gerenciamento ambiental pode ser definido de diferentes maneiras e por diferentes pesquisadores.

Para Reis (1996), "o gerenciamento ambiental é um conjunto de rotinas e procedimentos que permite a uma organização administrar adequadamente as relações entre suas atividades e o meio ambiente que as abriga, atentando para as expectativas das partes interessadas". (p.10)

É um processo que objetiva, dentre suas várias atribuições, identificar as ações mais adequadas ao atendimento das imposições legais aplicáveis às várias fases dos processos, desde a produção até o descarte final, passando pela comercialização, zelando para que os parâmetros legais sejam permanentemente observados. Além de manter os procedimentos preventivos e pró-ativos que contemplam os aspectos e efeitos ambientais da atividade, produtos e serviços e os interesses e expectativas das partes interessadas (Reis, 1996).

Já para Moreira (2001), a empresa que apresenta um nível mínimo de Gestão Ambiental geralmente possui um departamento de meio ambiente, responsável pelo atendimento às exigências do órgão ambiental e indicando os equipamentos ou dispositivos de controle ambiental mais apropriados à realidade da empresa e ao potencial de impactos ambientais. Ou seja, a empresa demonstra quase sempre uma postura reativa, procurando evitar os riscos e limitando-se ao atendimento dos requisitos legais o que, normalmente, significa investimentos.

Por outro lado, uma empresa que implantou um sistema de gestão ambiental adquire uma visão estratégica em relação ao meio ambiente, deixando de agir em função apenas dos riscos e passando a perceber oportunidades.

Barbieri (2004,p.19-20), define "gestão ambiental como as diretrizes e as atividades administrativas e operacionais, tais como planejamento, direção, controle, alocação de recursos e outras realizadas com o objetivo de obter efeitos positivos sobre o meio ambiente, quer reduzindo ou eliminando danos ou problemas causados pelas ações humanas, quer evitando que elas surjam".

Barbieri (2004) também apresenta uma outra definição para o termo gestão ambiental, afirmando que a expressão "gestão ambiental"

aplica-se a uma grande variedade de iniciativas relativas a qualquer tipo de problema ambiental. Na sua origem, estão as ações governamentais para enfrentar a escassez de recursos (...). Com o tempo, outras questões ambientais foram sendo consideradas por outros agentes e com alcances diferentes e, atualmente, não há área que não esteja contemplada. Qualquer proposta de gestão ambiental inclui no mínimo três dimensões, a saber: (1) a dimensão espacial que concerne à área na qual se espera que as ações de gestão tenham eficácia; (2) a dimensão temática que delimita as questões ambientais às quais as ações se destinam; e (3) a dimensão institucional relativa aos agentes que tomaram as iniciativas de gestão. (p.21)

A Gestão Ambiental é o conjunto de atividades da função gerencial que determinam a política ambiental, os objetivos, as responsabilidades e os colocam em prática por intermédio do sistema ambiental, do planejamento ambiental, do controle ambiental e da melhoria do gerenciamento ambiental. Portanto, a gestão ambiental é o gerenciamento eficaz do relacionamento *organização X meio ambiente.*

A Gestão Ambiental compõe o pacote da gestão da qualidade constituída por um conjunto de instrumentos e programas que visam, inicialmente, proporcionar um processo de mudança organizacional, para, posteriormente, proporcionar um processo de melhoria contínua. E, por último, o objetivo de qualquer organização, a redução de custos com o aumento da produtividade, conseqüentemente tornando-a altamente competitiva em um mercado cada vez mais voraz e impiedoso, com organizações frágeis e mal estruturadas e, o pior, mal administradas.

A gestão é aplicada sobre os meios (instrumentos, técnicas, programas, teorias), de modo a obter resultados (fins) que satisfaçam todas as partes interessadas das organizações. Sendo assim, Viterbo Junior (1998) afirma que é preciso melhorar os resultados por intermédio da adoção de uma filosofia de gestão e de um método para se atingir resultados, principalmente a melhoria dos resultados ambientais.

Gestão ambiental, nada mais é do que a forma como uma organização administra as relações entre suas atividades e o meio ambiente que os abriga, observadas as expectativas das partes interessadas. Ou seja, é parte da gestão pela qualidade.

> *(...) Entretanto, o foco da "gestão ambiental" é a empresa e não o meio ambiente. Somente através de melhorias em produtos, processos e serviços serão obtidas reduções nos impactos ambientais por eles causados (Viterbo Jr., 1998, p.51).*

Portanto, o conceito de gestão ambiental que permeará nosso livro será o seguinte: **Gestão Ambiental é o conjunto de atividades da função gerencial que determinam a política ambiental, os objetivos, as responsabilidades e os colocam em prática por intermédio do sistema ambiental, do planejamento ambiental, do controle ambiental e da melhoria do gerenciamento ambiental. Dessa forma, a gestão ambiental é o gerenciamento eficaz do relacionamento entre a organização e o meio ambiente.**

1.4 - Objetivos e finalidades da Gestão Ambiental

O objetivo maior da gestão ambiental deve ser a busca permanente da melhoria contínua da qualidade ambiental dos serviços, produtos e ambiente de trabalho de qualquer organização pública ou privada, de qualquer porte.

A busca permanente da qualidade ambiental é, portanto, um processo de aprimoramento constante do sistema de gestão ambiental global de acordo com a política ambiental estabelecida pela organização.

Há também objetivos específicos da gestão ambiental, claramente definidos segundo a própria norma ISO 14.001 que destaca cinco pontos básicos:

- implementar, manter e aprimorar um sistema de gestão ambiental;
- assegurar-se de sua conformidade com sua política ambiental definida;
- demonstrar tal conformidade a terceiros;
- buscar certificação/registro do seu sistema de gestão ambiental por uma organização externa;
- realizar uma auto-avaliação e emitir auto-declaração de conformidade com esta Norma.

Além dos objetivos oriundos da norma ISO, em complemento, na prática observam-se outros objetivos que também podem ser alcançados através da gestão ambiental:

- gerir as tarefas da empresa no que diz respeito a políticas, diretrizes e programas relacionados ao meio ambiente e externo da companhia;
- manter, em geral, em conjunto com a área de segurança do trabalho, a saúde dos trabalhadores;
- produzir, com a colaboração de toda a cúpula dirigente e dos trabalhadores, produtos ou serviços ambientalmente compatíveis;
- colaborar com setores econômicos, a comunidade e com os órgãos ambientais para que sejam desenvolvidos e adotados processos produtivos que evitem, ou minimizem, agressões ao meio ambiente.

1.5 - Fundamentos básicos da gestão ambiental

Os fundamentos, ou seja, a base de razões que levam as empresas a adotar, e praticar, a gestão ambiental são vários. Dentre eles destacam-se desde os procedimentos obrigatórios de atendimento da legislação ambiental até a fixação de políticas ambientais que visem a conscientização de todo o pessoal da organização.

A busca de procedimentos gerenciais ambientalmente corretos, incluindo-se aí a adoção de um Sistema de Gestão Ambiental (SGA), na verdade, encontra inúmeras razões que justificam a sua adoção. Os fundamentos predominantes podem variar de uma organização para outra. No entanto, eles podem ser resumidos nos seguintes pontos básicos:

- os recursos naturais (matérias-primas) são limitados e estão sendo fortemente afetados pelos processos de utilização, exaustão e degradação decorrentes de atividades públicas ou privadas, portanto, estão cada vez mais escassos, relativamente mais caros ou se encontram legalmente mais protegidos.

- Os bens naturais (água, ar) passam a ter um custo elevado, deixando de ser disponibilizados sem custo na natureza.

- O crescimento da população humana, principalmente em grandes regiões metropolitanas e nos países menos desenvolvidos, exerce forte influência sobre o meio ambiente, em geral, e os recursos naturais em particular.

- A legislação ambiental exige cada vez mais respeito e cuidado com o meio ambiente, exigência essa que conduz coercitivamente a uma maior preocupação ambiental.

- Pressões públicas de cunho local, nacional e mesmo internacional exigem cada vez mais responsabilidades ambientais das empresas.

- Bancos, financiadores e seguradoras dão privilégios a empresas ambientalmente sadias ou exigem taxas financeiras e valores de apólices mais elevados de firmas poluidoras.

- A sociedade em geral e a vizinhança em particular estão cada vez mais exigentes e críticos no que diz respeito a danos ambientais e à poluição provenientes de empresas e atividades. Organizações não-governamentais estão sempre mais vigilantes, exigindo o cumprimento da legislação ambiental, a minimização de impactos, a reparação de danos ambientais ou impedem a implantação de novos empreendimentos ou atividades.

- Compradores de produtos intermediários estão exigindo cada vez mais produtos que sejam manufaturados em condições ambientais favoráveis, pressionando cada vez mais seus fornecedores.

- A imagem de empresas ambientalmente saudáveis é mais bem aceita por acionistas, consumidores, fornecedores e autoridades públicas.

- Acionistas conscientes da responsabilidade ambiental preferem investir em empresas lucrativas e, ainda, ambientalmente responsáveis.

20 | Fundamentos da Gestão Ambiental

Desta forma, a gestão ambiental empresarial está na ordem do dia, principalmente nos países ditos industrializados e, também, já nos países considerados em vias de desenvolvimento.

A demanda por produtos cultivados ou fabricados de forma ambientalmente compatível cresce mundialmente, em especial nos países industrializados. Os consumidores tendem a dispensar produtos e serviços que agridam o meio ambiente.

Cada vez mais compradores, principalmente importadores, estão exigindo a certificação ambiental, nos moldes da ISO 14.001, ou mesmo certificados ambientais específicos como, por exemplo, para produtos têxteis, madeiras, cereais, frutas, etc. Tais exigências são voltadas para a concessão do "Selo Verde", mediante a rotulagem ambiental. Acordos internacionais, tratados de comércio e mesmo tarifas alfandegárias, incluem questões ambientais na pauta de negociações, culminando com exigências não tarifárias que, em geral, afetam produtores de países exportadores. Esse conjunto de fundamentos não é conclusivo, pois os quesitos apontados continuam em discussão e tendem a se ampliar. Essa é uma tendência indiscutível, até pelo fato de que apenas as normas ambientais da família ISO 14.000, que tratam do Sistema de Gestão Ambiental e de Auditoria Ambiental, encontram-se em vigor.

1.6 - A GESTÃO AMBIENTAL NO CONTEXTO EMPRESARIAL

Ao considerar a gestão ambiental no contexto empresarial, percebe-se de imediato que ela pode ter, e geralmente tem, uma importância muito grande, inclusive estratégica. Isso ocorre porque, dependendo do grau de sensibilidade para com o meio ambiente demonstrado e adotado pela alta administração, já se pode perceber e antever o potencial que existe para que uma gestão ambiental efetivamente possa ser implantada.

De qualquer modo, estando muito ou pouco vinculadas a questões ambientais, as empresas que já estão praticando a gestão ambiental, ou aquelas que estão em fase de definição de diretrizes e políticas para iniciarem o seu gerenciamento ambiental devem ter em mente os princípios e os elementos de um SGA e as principais tarefas e atribuições que normalmente são exigidas para que seja possível levar a bom termo a gestão ambiental.

No caso específico da gestão ambiental em empresas, com vistas a obter ou assegurar a economia e o uso racional de matérias-primas e insumos, destacando-se a responsabilidade ambiental, a gestão ambiental deve preocupar-se em:

- orientar consumidores quanto à compatibilidade ambiental dos processos produtivos e dos seus produtos ou serviços;

- subsidiar campanhas institucionais da empresa com destaque para a conservação e a preservação da natureza;

- servir de material informativo a acionistas, fornecedores e consumidores para demonstrar o desempenho empresarial na área ambiental;

- orientar novos investimentos, privilegiando setores com oportunidades em áreas correlatas;

- subsidiar procedimentos para a obtenção da certificação ambiental nos moldes da série de normas ISO 14.000;

- subsidiar a obtenção da rotulagem ambiental de produtos.

Os objetivos e as finalidades inerentes a um gerenciamento ambiental nas empresas devem estar em consonância com o conjunto das atividades empresariais. Portanto, eles não podem, e nem devem, ser vistos como elementos isolados, por mais importantes que possam parecer num primeiro momento. Vale aqui relembrar o trinômio das responsabilidades empresariais: Responsabilidade ambiental, Responsabilidade econômica e Responsabilidade social.

CAPÍTULO II

O PROCESSO DE TRANSFORMAÇÃO DA GESTÃO AMBIENTAL

24 | Fundamentos da Gestão Ambiental

Por processo de transformação da Gestão Ambiental entende-se a maneira como as questões ambientais foram sendo introduzidas e tratadas pela sociedade, ao longo da recente história da Ciência Administrativa.

A análise do processo de transformação da Ciência Administrativa, de forma geral, e da Gestão Ambiental, de forma específica, nos remete ao passado da história da humanidade, mais especificamente ao surgimento do modo de produção capitalista e da Revolução Industrial. São momentos históricos importantíssimos para a compreensão do modo de viver, de pensar e produzir as mercadorias dos homens. Portanto, também extremamente importantes para o entendimento do comportamento e crescimento das organizações, objeto de estudo da Ciência Administrativa.

Como pretendemos realizar uma análise histórica dos acontecimentos que propiciaram o processo de transformação da Gestão Ambiental, análise esta que se iniciará no surgimento do modo de produção capitalista, passando pela Revolução Industrial até aos nossos dias, adotar-se-á a forma histórica de pensar, apresentada por Shigunov Neto, Teixeira e Campos (2005).

Para esses pesquisadores essa maneira de compreender os acontecimentos e fatos históricos ocorridos ao longo da história da humanidade é denominado de "forma histórica de pensar" que denomina a forma de pensar que leva em consideração que as coisas, os acontecimentos e a sociedade estão em constante transformação e que nada surge do nada, tudo possui uma história. Suas peculiaridades são: não se dogmatiza em torno do certo e do errado mas se preocupa em entender como os homens pensam em cada época, em cada momento histórico; busca compreender a origem dos fatos/ acontecimentos por meio da história da vida dos homens; discute os modelos existentes, situando-os na história da humanidade; observa as diferenças e as semelhanças e responde a que elas se devem e porque era de uma determinada forma e hoje são diferentes; aponta a origem e as relações existentes entre os fatos/acontecimentos; analisa que as formas atualmente existentes, os modelos atuais não foram sempre assim, portanto, se transformaram ao longo dos tempos. (p.30)

Acredita-se que não há como estudar a Ciência Administrativa e a Gestão Ambiental sem ao menos apresentar uma breve análise do modo de produção capitalista e da Revolução Industrial. Pois, a falta dessa análise implica em descontextualizar momentos históricos extremamente importantes e que tiveram influência e implicações diretas no processo de transformação da Ciência Administrativa e da Gestão Ambiental.

O objetivo deste capítulo é realizar uma análise do processo de transformação da Gestão Ambiental. A opção pelo tema "O processo de transformação da gestão ambiental", num primeiro momento, justifica-se pelo interesse em investigar como as questões ambientais foram sendo tratadas ao longo da história no mundo capitalista, para em um segundo momento, analisar as implicações da Gestão Ambiental para as organizações e para a sociedade brasileira.

No caso específico desse capítulo nossa obra apresenta algumas inovações e complementações em relação aos livros publicados por pesquisadores nacionais e presentes no mercado editorial brasileiro, tais como:

• pretende demonstrar para os alunos e futuros profissionais da área que a compreensão da totalidade é importante, pois ela não descontextualiza os fatos/acontecimentos históricos e o conhecimento produzido em determinado período. Portanto, nesse processo de compreensão não se pretende apresentar a contradição das coisas, a verdade ou a mentira, o certo ou o errado, mas sim compreender o que foi dito pelos grandes pensadores e o que pode ser transformado e aplicado nos dias atuais;

• divide didaticamente a história da Gestão Ambiental de acordo com a história da humanidade;

• apresenta uma linha imaginária do tempo com as fases da Gestão Ambiental.

Dessa forma, e visando atingir os objetivos propostos, estruturou-se o presente capítulo em três partes assim definidas:

• Modo de Produção Capitalista

• Revolução Industrial

• Fases da Gestão Ambiental

2.1 - O Modo de produção capitalista

À primeira vista, pode parecer estranho analisar o modo de produção capitalista quando, em última instância, pretende-se compreender o processo de transformação da Gestão Ambiental. Entretanto, o que causa surpresa é o fato de livros de Administração e Gestão Ambiental darem pouca ou quase nenhuma importância para o estudo do modo de produção capitalista. Entendemos que essa compreensão do capitalista e suas implicações para a sociedade e para as organizações é fundamental para os alunos e futuros profissionais. Dessa forma, a análise do modo de produção capitalista justifica-se em nosso livro. Até mesmo, porque é impossível falar em Ciência Administrativa, Gestão Ambiental, organizações, produção, competitividade, qualidade e tantos outros termos, sem a compreensão do capitalismo, enquanto sistema econômico e modelo de produção.

O modo de produção capitalista tem sido objeto de estudo de pesquisadores internacionais e nacionais há várias décadas. Entretanto, esses inúmeros estudos apresentam enfoques diferenciados, alguns analisam as implicações do capitalismo para os trabalhadores, outros discutem como o capitalismo transforma a sociedade, outros, ainda, estudam o papel da educação na formação de um "novo" trabalhador. Enfim, são muitas as pesquisas realizadas e publicadas sobre o modo de produção capitalista e suas implicações para a sociedade e para os homens. Apesar de nossa análise ter como foco principal, e específico, as implicações do capitalismo para a Ciência Administrativa e para as organizações, faz-se necessário, primeiramente, realizar uma análise mais ampla, qual seja, a análise do modo de produção capitalista para a sociedade. Dessa forma, recorreremos à análise de clássicos da literatura: Dobb (1971), Braverman (1977), Enguita (1989 e 1994), Hunt (1981), Marx (1987), Roll (1971) e Sweezy (1983).

Para iniciarmos nossa análise do capitalismo é necessário contextualizar esse importante acontecimento na história da humanidade. Didaticamente, a história da humanidade pode ser dividida em quatro fases:

- **Antiguidade (400 a.C. – 476)** – inicia-se entre os anos de 400 a 300 a.C. e termina com a queda do Império Romano em 476

- **Idade Média (476 - 1453)** – momento histórico que inicia-se no século V e perdura até 1453 com a queda de Constantinopla
- **Idade Moderna (1453 – 1789)**
- **Idade Contemporânea (1789 -)**

Para os fins de nossa pesquisa nos deteremos à análise da história da humanidade a partir da Idade Moderna, momento em que o modo de produção capitalista e a Revolução Industrial surgem e se consolidam.

2.1.1 – A Idade Moderna

A Idade Moderna tem início no século XV, mas seu auge ocorre no século XVI, tanto em termos econômicos quanto em termos políticos, sociais, culturais e educacionais. Foram transformações ocorridas em todos os setores da sociedade, principalmente dos povos europeus, que mudaram a vida dos homens daquelas épocas.

Essa expansão européia foi condicionada, principalmente, por quatro fatores, a saber:

- **econômicos** – a estagnação da economia européia a partir do século XIV fez com que houvesse a procura por novos mercados consumidores e fornecedores de matérias-primas para a produção de seus produtos;
- **sócio-políticos** – a ascensão social da burguesia comercial (comerciantes e artesãos) detentora de condições financeiras vantajosas e o fortalecimento do Estado Nacional;
- **religiosos** – a forte presença dos ideais religiosos provenientes da época das Cruzadas;
- **culturais** – o aperfeiçoamento técnico de instrumentos de navegação.

O marco econômico dos Tempos Modernos foi a expansão comercial e marítima européia ocorrida a partir do século XV, também conhecido pelo termo de "Grandes Navegações". Os antecedentes históricos desse acontecimento podem ser encontrados já no século XII, momento em que o sistema de produção feudal começa a entrar em decadência por não mais conseguir satisfazer as necessidades de uma sociedade em transformação. Tal fato ocorreu pelo desenvolvimento do comércio, o grande crescimento das cidades e o êxodo rural, e pelas transformações ocorridas no modo de pensar e agir dos homens daquele período.

No plano cultural o marco inicial dos Tempos Modernos foi o movimento denominado de Renascimento. Essa revolução cultural foi resultado da preocupação dos homens em resgatar a cultura antiga, ou seja, a tentativa de destruir a cultura medieval, que tanto desprezavam, a ponto de a denominarem de "Tempos Negros" e resgatar a cultura da Antiguidade que tanto admiravam. Podemos enumerar algumas das principais características do Renascimento: retorno à cultura greco-romana; a (re)descoberta do valor e das possibilidades do homem, que passou a ser considerado o centro de tudo, diferentemente da Idade Média, em que Deus era considerado o centro de tudo. Esse processo de considerar o homem o centro das coisas pode ser denominado de antropocentrismo; acentuou-se a importância do estudo da natureza; o profundo racionalismo é o princípio de que tudo pode e deve ser explicado pela razão do homem e pela ciência; o caráter civil e cortesão da produção artística. O aspecto civil do Renascimento estava ligado às cidades dirigidas pela alta burguesia e pela nobreza, já o aspecto cortesão estava relacionado aos príncipes e nobres da corte.

No plano religioso, o marco inicial dos Tempos Modernos foi a Reforma Religiosa, movimento de transformação da Igreja ocorrido entre o final do século XV e início do século XVI, que objetivava, em última instância, a purificação dos religiosos e a busca da regeneração da Igreja Católica. Foi com essa revolução religiosa que, pela primeira vez, se questionou o poder e a autoridade da Igreja Católica, colocando em xeque-mate os dogmas até então impostos. Entre os fatores que propiciaram a Reforma podemos citar: o desenvolvimento cultural e econômico dos séculos XV e XVI, a divulgação dos conhecimentos religiosos, os novos anseios e necessidades da sociedade, a inadequação da estrutura eclesiástica às necessidades espirituais dos fiéis, a vida mundana do clero, ou seja, a incompatibilidade entre o que o clero pregava e o que fazia e os abusos do clero.

O movimento da Reforma proporcionou grandes repercussões na Alemanha, França e Inglaterra. Na Alemanha, esse movimento foi liderado por Lutero e teve início por volta de 1517. Na França, o movimento foi liderado por João Calvino e começou em 1536 na cidade suíça de Genebra. Na Inglaterra, o rei Henrique VIII implantou o anglicanismo, que é uma miscelânea de calvinismo e catolicismo.

O movimento da Reforma apresentou algumas peculiaridades em países diferentes, mas o objetivo principal era o mesmo: transformar e regenerar a Igreja Católica de modo a adequar-se às "novas" necessidades e ao modo de viver e pensar dos homens.

O marco político dos Tempos Modernos foi o processo de unificação nacional e a consolidação do Absolutismo monárquico.

Essa centralização do poder político dos soberanos deu-se principalmente por seis fatores: a união unilateral entre o rei e a burguesia mercantil, que possuía grandes fortunas, adquiridas com o crescimento extraordinário do comércio, mas que não tinha prestígio social e o aspirava; a arrecadação de impostos, que proporcionou a principal fonte de renda dos reis; a formação de exércitos reais permanentes que se constituíram no principal instrumento da centralização do poder; a expansão dos domínios territoriais do rei; a organização administrativa do reinado; a centralização da justiça, de forma a legislar sempre em seu favor.

O Absolutismo surgiu juntamente com as monarquias nacionais e atingiu seu auge no século XVII. O Absolutismo foi a denominação dada ao sistema político que concentra o poder de toda a nação nas mãos do rei, também ficou conhecido como o "Despotismo Esclarecido".

Na França, o Absolutismo surgiu no século XVI com Henrique IV e se consolidou plenamente no reinado de Luís XIV na sua forma mais radical. Somente em 1789, com a Revolução Francesa, é que o Antigo Regime foi destituído do poder.

30 | Fundamentos da Gestão Ambiental

A Revolução Francesa[2] durou, aproximadamente, dez anos, de 1789 a 1799, e assinala, para muitos pesquisadores e historiadores, o início da Idade Contemporânea. Período conturbado, marcado por inúmeros conflitos e reivindicações, e que acabou provocando grandes transformações sociais, políticas e econômicas na sociedade francesa. A França enfrentava um período conturbado, um período de transformações sociais, de ruptura do modelo de sociedade feudal para o modelo de sociedade capitalista. Há um conflito entre classes sociais, de um lado a aristocracia e o clero, detentores do poder político, social, religioso e cultural e, de outro, a burguesia, classe em ascensão, que possuía poder financeiro e pretendia destituir a classe dominante para assumir o poder. A estrutura social francesa no período do velho Regime, baseada na posse da terra, remonta aos tempos medievais e estava constituída de três Estados: o Primeiro Estado - composto pelo clero; o Segundo Estado - constituído pela nobreza; e o Terceiro Estado - composto pela burguesia, pelos populares urbanos e pelos camponeses. (Shigunov Neto & Maciel, 2005)

A luta da burguesia era contra o modelo de estrutura social e o modo de produção da sociedade francesa da época, modelo este fundamentado, exclusivamente, na agricultura tradicional, e ineficiente para as novas necessidades da sociedade. Portanto, a luta da burguesia era contra o modelo de produção e aristocracia feudais, uma sociedade baseada exclusivamente na agricultura tradicional e ineficiente, em favor da implantação de um novo modelo econômico fundamentado no comércio e na manufatura.

Com a tomada do poder pela classe burguesa no século XVIII, verificou-se a implantação de uma nova ordem social, baseada na política econômica burguesa, em oposição a então existente e que se fundamentava, exclusivamente, na agricultura.

Nossa próxima análise recairá sobre o modo de produção feudal, visando compreender como os homens viviam nesse momento histórico, como as mercadorias eram produzidas e como ocorria a relação homem X meio ambiente.

---

2 Mais informações sobre a Revolução Francesa, vale a pena conferir o livro de Shigunov Neto e Maciel (2005).

2.1.2 – O modo de produção feudal

Levando-se em consideração os objetivos deste capítulo, faz-se necessário, antes da análise da sociedade capitalista, apresentar, de forma breve, uma análise da sociedade feudal e do modo de produção feudal, sua antecessora. Portanto, quem tiver interesse em aprofundar a compreensão desse momento histórico deve procurar os livros clássicos de economia e história.

Mas, afinal de contas, o que pode ser chamado de modo de produção?

Entende-se por modo de produção a maneira como a sociedade produz as mercadorias que, teoricamente, satisfarão as necessidades dos homens naquele momento histórico. Pode-se afirmar, então, que o modo de produção é a forma como a sociedade, utilizando-se de instrumentos e técnicas disponíveis, produz as mercadorias que precisa para sobreviver e satisfazer suas necessidades.

Outro conceito importante surgiu em nossa tentativa de compreensão do modo de produção feudal, o termo mercadoria. Como conceituar tal palavra?

A palavra mercadoria deriva do termo "mercador" e tem origem no latim *mercatore*, que denomina aquele que compra algo para vender. Portanto, pode-se dizer que mercadoria é tudo aquilo que pode ser objeto de comércio, ou seja, a mercadoria é um bem econômico – produto ou serviço – destinado à venda.

Recorreremos à obra do economista e filósofo alemão Karl Marx[3], considerado o grande nome da análise crítica do modo de produção capitalista. Para Marx (1987), a mercadoria é um objeto externo que, por suas peculiaridades, tem a capacidade de satisfazer as necessidades humanas, sejam quais forem, e apresentam um valor de uso e um valor de troca mas, o que determina o valor das mercadorias é a quantidade de trabalho gasto durante sua produção.

---

3 Karl Heinrich Marx (1818-1883) nasceu em 15 de maio de 1818 em Tréves, pequena cidade da Alemanha. Procedente de uma família de judeus da alta classe média, seu pai era advogado e sua mãe do lar. Estudou direito na Universidade de Bonn e em 1836, já com 18 anos, foi transferido para a Universidade de Berlim onde terminaria seus estudos. Na Universidade de Berlim teve contato com o pensamento de Hegel (considerado o grande mestre da Filosofia no século XIX) e, mais tarde, veio a criticar a filosofia hegeliana. Sua vida política teve início quando começou a escrever para

32 | Fundamentos da Gestão Ambiental

Em sua minuciosa e bela análise sobre a mercadoria, Marx considera que o fetichismo da mercadoria é decorrente do caráter social próprio do trabalho que produz as mercadorias. E complementa sua análise afirmando que, aparentemente, a mercadoria parece ser coisa trivial, comum, simples, mas, ao contrário, ela é cheia de sutilezas metafísicas, e perspicácias intelectuais.

A mercadoria é misteriosa simplesmente por encobrir as características sociais do próprio trabalho dos homens, apresentando-as como características materiais e propriedades sociais inerentes aos produtos do trabalho; por ocultar, portanto, a relação social entre os trabalhos individuais dos produtores e o trabalho total, ao refleti-la como relação social existente, à margem deles, entre os produtos do seu próprio trabalho. Através dessa dissimulação, os produtos do trabalho se tornam mercadorias, coisas sociais, com propriedades perceptíveis e imperceptíveis aos sentidos. A impressão luminosa de uma coisa sobre o nervo ótico não se apresenta como sensação subjetiva desse nervo, mas como forma sensível de uma coisa existente fora do órgão da visão. Mas aí, a luz se projeta realmente de uma coisa, o objeto externo, para outra, o olho. Há uma relação física entre coisas físicas. Mas, a forma mercadoria e a relação de valor entre os produtos do trabalho, a qual caracteriza essa forma, nada têm a ver com a natureza física desses produtos nem com as relações materiais dela decorrentes. Uma relação social definida, estabelecida entre os homens, assume a forma fantasmagórica de uma relação entre coisas. Para encontrar uma símile, temos de recorrer à região nebulosa da crença. Aí, os produtos do cérebro humano parecem dotados de vida própria, figuras autônomas que mantêm relações

---

jornais e a trabalhar como editor de pequenos jornais. Em 1843 transferiu-se para Paris, já casado com Jenny von Westphalen. Em 1845 teve que mudar-se para Bruxelas, Bélgica, devido à perseguição do Governo Prussiano, foi quando conheceu seu grande amigo e parceiro, Friedrich Engels. Marx deixou Bruxelas em 1848 retornando para a Alemanha, onde permaneceu apenas dois anos. Em 1850 mudou-se para Londres onde viveu até falecer, em 14 de março de 1883, aos 65 anos de idade. Ao longo de sua vida publicou inúmeros livros que, após sua morte, foram traduzidos para vários idiomas. Entre suas principais obras destacam-se: "O Dezoito Brumário de Luís Bonaparte (1852); "A Guerra Civil na França (1871); a "Ideologia Alemã" publicado em 1926, foi a primeira formulação do materialismo histórico, prega que o fato econômico antecede a idéia. Não são as idéias que definem a prática social e sim a prática humana que define as idéias. A compreensão das idéias ocorrerá com a compreensão da vida econômica da sociedade. Em 1848 é publicada outra grande obra de sua vida, "O Manifesto do Partido Comunista", que apresenta um programa explícito de transformação da sociedade. Em 1867 publica sua principal obra, "O Capital", onde realiza uma minuciosa análise sobre o capital, na introdução dessa consagrada obra apresenta "A contribuição à crítica da economia política". Para Marx a compreensão do capitalismo, enquanto sistema de produção, somente poderia ser feita por intermédio da compreensão da estrutura interna do capitalismo. A idéia fundamental da "Contribuição à crítica da economia política" é a explicação da mais-valia, ou seja, do valor não pago ao trabalhador pelo trabalho excedente. Portanto, é a explicação da relação trabalho X lucro por meio do conceito de mais-valia. O autor de uma das principais obras da humanidade "O capital: crítica da economia política" dividiu seu livro em três volumes, com aproximadamente 570 páginas cada um deles. Uma magnífica análise do modo de produção capitalista e da exploração do trabalhador e sua força de trabalho.

entre si e com os seres humanos. É o que ocorre com os produtos da mão humana, no mundo das mercadorias. Chama a isto de fetichismo, que está sempre grudada aos produtos do trabalho, quando são gerados como mercadorias. É inseparável da produção de mercadorias.

Esse fetichismo do mundo das mercadorias decorre, conforme demonstra a análise precedente, do caráter social próprio do trabalho que produz mercadorias.

Objetos úteis se tornam mercadorias, por serem simplesmente produtos de trabalhos privados, independentes uns dos outros. O conjunto desses trabalhos particulares forma a totalidade do trabalho social. Processando-se os contatos sociais entre os produtores, por intermédio da troca de seus produtos de trabalho, só dentro desse intercâmbio, se patenteiam as características especificamente sociais de seus trabalhos privados. Em outras palavras, os trabalhos privados atuam como partes componentes do conjunto do trabalho social, apenas através das relações que a troca estabelece entre os produtos do trabalho e, por meio destes, entre os produtores. (Marx,1987,p.81)

O feudalismo, enquanto modo de produção, foi um sistema econômico, político e social que surgiu a partir do século V, e que perdurou por cerca de oito séculos como o modo de produção dominante da sociedade, até começar a entrar em declínio e ceder lugar para o modo de produção capitalista, no século XV.

Igualmente como no modo de produção capitalista o feudalismo também tem sido objeto de pesquisas e análise de pesquisadores sobre seu surgimento, suas peculiaridades e as causas de sua decadência. Nossa análise recairá sobre as pesquisas desenvolvidas por: Burns (1971), Roll (1971), Dobb (1971), Huberman (1976), Hunt (1981), Sweezy (1983), Manfred (1987), Marx (1987), Enguita (1989), Shigunov Neto e Campos (2004) e Shigunov Neto, Teixeira e Campos (2005).

Didaticamente, pode-se dividir o modo de produção feudal em três fases distintas e complementares:

- **primeira fase** – formação do feudalismo (século V – VIII)

- **segunda fase** – consolidação do feudalismo (século VIII – XII)

- **terceira fase** – declínio do feudalismo (século XIII - XV)

34 | Fundamentos da Gestão Ambiental

A primeira fase do modo de produção feudal, denominado de formação do feudalismo, compreende o momento histórico que tem início no século V e termina no século VIII. O surgimento da sociedade feudal ocorre quando o Império Romano começa a entrar em declínio em função de inúmeros acontecimentos, que não vem ao caso aqui explicitar.

Após o declínio da sociedade medieval, surgiu a sociedade feudal como sua sucessora, uma sociedade com uma estrutura social estratificada em classes sociais e baseada na exploração da população trabalhadora.

A diferença básica com sua antecessora, em termos de estrutura social, era a de que os trabalhadores agora não eram mais escravos, mas dependiam economicamente dos seus senhores. No século XII o feudalismo estava consolidado na Europa, pois a grande parte das terras estava sob o domínio dos senhores feudais e os trabalhadores dependiam de seu senhor economicamente em diferentes níveis. Portanto, a economia nesse período histórico estava fundamentada, principalmente, na agricultura e no trabalho dos feudos. Cabe destacar que, diferentemente da época antecessora, o período feudal apresentou uma peculiaridade marcante da sociedade capitalista, a busca pela elevação da produtividade. Isso ocorria pelo fato do camponês precisar melhorar continuamente a produtividade de suas terras para auferir melhores condições de vida, pois de tempos em tempos os senhores feudais aumentam suas exigências e taxas cobradas. Portanto, a característica marcante do modo de produção feudal e que a diferenciava do modo de produção antecessor, o escravista, era a busca pela máxima produtividade. Esse fator foi motivado pela necessidade dos camponeses de aumentar crescentemente a produtividade de suas lavouras para auferirem melhores condições de vida. Somente com o aumento da produtividade poderiam melhorar suas receitas, pois uma parcela fixa e considerável de sua produção destinava-se ao pagamento do senhor feudal.

O modo de produção feudal se caracterizava pela combinação da agricultura com a indústria doméstica e uma produção artesanal.

O modo de produção feudal caracterizava-se pela exploração dos camponeses pelos senhores feudais. A dominação do senhor feudal estava fundamentada na grande propriedade feudal. O senhor feudal exercia poder e dominação sobre os camponeses pela terra que possuía, o camponês estava sujeito ao senhor feudal, dele dependendo financeiramente e em termos de segurança. Apesar de encontrar-se em situação de escravidão, era livre e tinha condições de sobrevivência por meio de seu trabalho.

A economia do senhor feudal era, na essência, uma economia baseada na economia natural. Cada feudo, do qual faziam parte a terra do senhor e as aldeias a ele pertencentes, tinha uma vida economicamente fechada. As necessidades do senhor feudal e da sua família e as de seus numerosos servos domésticos eram satisfeitas, nos primeiros tempos, pelos produtos obtidos na fazenda senhorial e pelas que eram entregues como tributos pelos camponeses. Os grandes domínios feudais dispunham, também, de um número suficiente de artesãos para atender às suas necessidades, recrutados, na maioria, entre os servos domésticos.

Estes artesãos eram encarregados de confeccionar o vestuário e o calçado, de fabricar e reparar as armas, os aparelhos de caça e os instrumentos agrícolas, assim como de construir os edifícios. A base de existência da sociedade feudal era, portanto, o trabalho dos servos da gleba. Também a economia camponesa tinha um caráter natural. Os camponeses, além de se ocuparem das fainas do campo, tinham a seu cargo uma série de trabalhos relacionados com a elaboração das matérias-primas produzidas na sua própria fazenda: fiar, tecer, confeccionar calçado e implementos agrícolas.

Durante muito tempo, foi característica do feudalismo a combinação da agricultura e da indústria doméstica, considerada a primeira como ramo fundamental da economia e a segunda como ocupação subsidiária. Os poucos produtos vindos do exterior do feudo, aos quais não era possível prescindir – por exemplo, o sal ou os artigos de ferro – eram fornecidos nos primeiros tempos pelos comerciantes ambulantes. Mais tarde, com o crescimento das cidades e com o desenvolvimento da produção artesanal, progrediram, consideravelmente, a divisão do trabalho e o intercâmbio entre a cidade e o campo. (Ostrovitianov,1988,p.47)

A segunda fase do modo de produção feudal, denominado de consolidação do feudalismo, compreende o momento histórico que tem início no século VIII e prolonga-se até o século XIII.

Na segunda e terceira fases do período feudal encontra-se presente a clara divisão entre a indústria e a agricultura e a indústria doméstica, nesse momento histórico, como pode ser percebido, há sinais do surgimento de uma nova sociedade.

Na época do feudalismo predominava a economia rural, principalmente a agricultura. Com o passar dos tempos, os métodos de produção agrícola foram sendo aperfeiçoados e foram surgindo novas plantações agrícolas, a horticultura, a produção de vinho e azeite e a fruticultura. Os métodos de produção agrícola foram sendo aperfeiçoados em função, também, do aperfeiçoamento e surgimento de novos utensílios/instrumentos agrícolas.

No período feudal houve uma grande elevação das técnicas produtivas agrícolas e novos ramos econômicos surgiram: novas culturas, horticultura, vinicultura, pecuária, criação de cavalos e gado.

O ferro e sua utilização em larga escala nos utensílios agrícolas foram importantes para o desenvolvimento da agricultura, pois o ferro substituiu a madeira como matéria-prima dos instrumentos.

As ferramentas dos agricultores e dos artesãos foram sendo aperfeiçoadas gradativamente, além da melhoria dos métodos de elaboração das matérias-primas, com isso, houve também o aperfeiçoamento dos antigos ofícios e dos artesãos. Dessa forma, a produtividade da produção agrícola, que era extremamente baixa, foi aos poucos crescendo.

O desenvolvimento das cidades, da indústria, do comércio fez crescer a riqueza dos artesãos e dos comerciantes, que começaram a exigir seus direitos, opondo-se à nobreza e à lei formulada e imposta pelos mesmos. Esses fatores foram decisivos para o desenvolvimento social e político desse período, ou seja, o desenvolvimento econômico, industrial e urbano acarretou o desenvolvimento social e político.

O desenvolvimento urbano trouxe importantes alterações na vida política da Europa, pois os artesãos e comerciantes tinham interesse em expandir seus mercados, assim, evitavam guerras locais e procuravam o apoio de reis contra a nobreza e suas leis arbitrárias.

CAPÍTULO 2 – O PROCESSO DE TRANSFORMAÇÃO DA GESTÃO AMBIENTAL | **37**

Contribuíram de modo decisivo para o aperfeiçoamento das ferramentas, os progressos alcançados na fundição e elaboração do ferro. Inicialmente, obtinha-se esse metal por procedimentos muito primitivos. No século XIV começou-se a empregar a roda hidráulica como força motriz dos moinhos que moviam os foles e os pesados martelos para triturar o minério. Com o aperfeiçoamento dos fornos, em vez de uma massa maleável, foi possível obter uma massa de ferro fundido. O emprego da pólvora na técnica de guerra e o aparecimento da artilharia (no século XVI) requeriam grande quantidade de metal fundido para as balas: no começo do século XV começaram a fabricar balas de ferro fundido. Cada vez se necessitava de maior quantidade de metal para a fabricação de instrumentos de trabalho e outras ferramentas. Na primeira metade do século XV, apareceram os altos-fornos. A invenção da bússola impulsionou a navegação. Tiveram grande importância o invento e a difusão da imprensa. (Manfred,1987,p.55)

Inicialmente, os artesãos produziam uma pequena quantidade e variedade de produtos para suprir as necessidades internas do feudo mas, com o passar dos tempos, a produtividade e a variedade das mercadorias produzidas foram aumentando em função do surgimento de novas cidades e de novas necessidades da sociedade. Nesse momento, a produção de mercadorias pelos artesãos não se destinava exclusivamente a atender as necessidades dos senhores feudais, pois também supriam as necessidades dos habitantes das cidades.

Com o tempo, os ofícios tornaram-se cada vez mais lucrativos. Os artesãos atingiram um maior aperfeiçoamento nas suas funções. Os proprietários feudais da terra começaram a comprar os produtos artesanais na cidade, pois os artigos que forneciam seus próprios servos já não os satisfaziam. Ao atingirem certo grau de desenvolvimento os ofícios separam-se definitivamente da agricultura.

Nesse momento acentua-se o contraste entre as cidades e o campo e entre os comerciantes e os senhores feudais. Para que os senhores feudais pudessem adquirir as mercadorias produzidas pelos artesãos das cidades, precisavam aumentar a exploração dos camponeses e exigir o pagamento em dinheiro para aquisição de produtos.

38 | Fundamentos da Gestão Ambiental

Nesse momento surge uma diferença fundamental no modo de produção, agora já em transição, entre o decadente sistema feudal e o ascendente sistema capitalista, a produtividade dos artesãos. Aqueles que possuíam melhores ferramentas, mais habilidades, destrezas, ou seja, quem aplicava uma menor quantidade de trabalho para produzir a mesma mercadoria conseguia um melhor preço por seu produto, e, portanto, um maior lucro em relação aos seus concorrentes.

A terceira fase do modo de produção feudal, denominado de declínio do feudalismo, compreende o momento histórico que tem início no século XIII e prolonga-se até o século XVI. Esta fase coincide com a primeira fase do modo de produção capitalista, esse fato pode ser explicado, pois a história da humanidade é marcada, fundamentalmente, por momentos de transição, caracterizados por processos de transformações, que ocorrem no âmbito econômico, político, social, cultural e educacional. São momentos históricos caracterizados pelo processo de transição entre a "destruição" de uma sociedade dita "antiga" e a consolidação de uma "nova" sociedade. Dessa forma, a formação e estruturação de uma nova sociedade, de um novo modelo de homem, de novas necessidades da sociedade e de um novo modo de viver e pensar, ocorrem de forma lenta, ampla e progressiva. Quando nos referirmos ao termo "transformação social" estamos designando o processo amplo, complexo e lento de mudanças que ocorrem, por inúmeras razões, mas principalmente pelo surgimento de novas necessidades dos homens - de práticas, valores, princípios e características pertinentes a determinado tipo de sociedade. Consideramos, por isso mesmo, a análise da transformação social extremamente importante, pois as necessidades humanas, em constante transformação, precisam ser examinadas para uma maior autoconsciência do que somos ou fazemos. (Shigunov Neto & Campos, 2004)

Nessa fase do feudalismo pode-se encontrar as manufaturas, que são um tipo de organização simples da sociedade capitalista, surgidas a partir do século XV e que se estenderam até o século XVIII. A palavra manufatura deriva do latim *manufacio* que significa faça com as mãos. Portanto, as manufaturas eram os locais de trabalho onde os trabalhadores produziam as mercadorias com as mãos e o auxílio de pequenos utensílios manuais. Existiam três tipos de manufaturas: no primeiro modelo o capitalista contratava os funcionários para trabalhar para ele em suas próprias fábricas e sob sua supervisão. Num segundo modelo, o capitalista terceirizava a produção da mercadoria e a adquiria já pronta, e num terceiro modelo, o capitalista terceirizava apenas algumas operações e o restante da produção da mercadoria era realizada em sua própria fábrica.

Shigunov Neto, Teixeira e Campos (2005) afirmam que o declínio do feudalismo, enquanto modo de produção, não ocorreu de um momento para outro, foi um processo lento, complexo, que durou mais de três séculos e foi caracterizado por imensos conflitos. Foram inúmeras as causas econômicas, sociais e políticas que contribuíram para a decadência do feudalismo e o aparecimento e ascensão do capitalismo, podemos destacar as seguintes:

- a ineficácia do modo de produção feudal em satisfazer as "novas" e crescentes necessidades da sociedade;
- as revoluções burguesas;
- as "novas" necessidades da sociedade e dos homens;
- os conflitos internos do feudalismo;
- a substituição da força de trabalho humano pelas máquinas;
- o aparecimento das máquinas;
- a especialização dos trabalhadores;
- a formação do mercado nacional;
- o grande impulso do comércio;
- as inovações nas técnicas de produção, que aumentavam o nível de produtividade do trabalho;
- a divisão do trabalho;
- as "novas" necessidades e desejos da sociedade e dos homens;
- o crescimento das cidades mercantis;
- a volta do comércio com o Oriente;
- o crescimento da população urbana;
- a maior procura por produtos agrícolas;

- a alta dos preços dos produtos;

- a maior oportunidade de empregos nas cidades;

- a escassez de mão-de-obra nos feudos;

- a fuga e obtenção da liberdade de muitos servos;

- a abertura de novas terras de cultivo;

- a Peste Negra[4];

- a criação de exércitos profissionais;

- a adoção de novos métodos de guerra;

- as implicações da Guerra dos Cem Anos[5];

- as Cruzadas;

- o surgimento e o fortalecimento dos Estados nacionais.

O declínio do modo de produção feudal não pode ser considerado como sendo apenas resultado de um único fator, mas sim, a somatória de uma série de fatores, que juntos determinaram o declínio do sistema feudal, enquanto sistema de produção, e o nascimento do sistema capitalista. Dessa maneira, não se pode afirmar que tenha sido apenas a ampliação do mercado uma condição suficiente para o declínio do modo de produção feudal, mas a somatória de um conjunto de fatores sociais, políticos e econômicos.

Muitos fatores contribuíram para acabar com o mundo feudal. Com o crescimento dos estados nacionais, impacientes tanto por destruir o particularismo da sociedade feudal, quanto com o universalismo do poder espiritual da igreja, surgiu grande interesse pela riqueza e pelo aceleramento da atividade econômica. O enfraquecimento da autoridade doutrinária central, consequência da Reforma, e o progresso que o conceito de direito natural fez

---

4 A Peste Negra foi uma epidemia infecciosa que atingiu a Europa em 1347 e vitimou grande parte da população dos países europeus. Apenas regiões muito frias conseguiram escapar da epidemia, pois a doença era transmitida pelos ratos e nessas regiões os ratos não sobreviviam.

5 A Guerra dos Cem Anos foi um conflito entre a Inglaterra e a França que teve início em 1337. Foi desencadeado por Eduardo III da Inglaterra, pela sucessão da dinastia de Carlos VI.

na jurisprudência e nas ideáis políticas, prepararam o terrreno para um contato racional e científico com os problemas sociais, sem contar que a invenção da imprensa multiplicou esse contato. O feudalismo tornou-se inadequado como método de produção. A revolução nos métodos agrícolas destruiu as bases da economia feudal, provocando a superpopulação rural, a majoração de tributos feudais, o aumento das dívidas dos senhores feudais que, por isso, se viam compelidos a recorrer ao comércio ou aos novos métodos agrícolas, o que implicava em venda no mercado. Outro fator poderoso foram os descobrimentos marítimos, que consigo trouxeram importante expansão do comércio exterior. (Roll,1971,p.39)

Assim, as relações feudais começaram a desintegrar-se rapidamente. O surgimento e desenvolvimento do capitalismo, e da importância das relações sociais baseadas no dinheiro, dividiu a classe dos camponeses em vários grupos sociais. Portanto, em determinado momento da história encontraram-se, na sociedade, duas sociedades e modos de produção diferentes que entraram em contradição e confronto. A implicação direta desse processo foram as revoluções burguesas. De tal forma,

A importância revolucionária das insurreições camponesas consistia em que minaram os alicerces do feudalismo e conduziram, em última análise, à abolição da servidão.

A passagem do feudalismo ao capitalismo nos países da Europa Ocidental operou-se através de revoluções burguesas. A burguesia encabeçou a luta pela derrubada do feudalismo. A burguesia ascendente valeu-se da luta dos camponeses contra os proprietários da terra para acelerar a queda do feudalismo, substituir a exploração feudal pela exploração capitalista e tomar na suas mãos o Poder. Nas revoluções burguesas, os camponeses constituíam a grande massa de combatentes contra o feudalismo. Assim sucedeu na primeira revolução burguesa nos Países Baixos, do século XVI, bem como na revolução inglesa do século XVII e, ainda, na revolução burguesa da França, nos fins do século XVIII.

Os frutos da luta revolucionária dos camponeses foram colhidos pela burguesia, que alcançou o poder utilizando-se dessa luta. O que dava força aos camponeses era o ódio contra os seus opressores, contudo, as suas revoltas tinham um caráter espontâneo. Os camponeses, como classe de pequenos proprietários privados, achavam-se disseminados e não eram capazes de traçar um programa claro e de exigir uma organização forte e unida para a luta. (...)

No seio da sociedade feudal foram amadurecendo, mais ou menos acabadas, as formas da economia capitalista, foi crescendo a nova classe exploradora, a classe dos capitalistas, aparecendo ao seu lado uma massa de pessoas privadas de meios de produção, os proletários. (Manfred,1987,p.63-64)

O fim do feudalismo, enquanto modo de produção da sociedade, e o início do capitalismo foram acompanhados pelo crescimento do comércio, pelo aumento dos tributos, pela melhoria dos métodos agrícolas, pelo crescimento do mercado consumidor, pelo movimento de confisco das terras, pela decadência da aristocracia latifundiária e pelo crescimento dos capitalistas.

Em termos ambientais nesse período não houve grandes degradações do meio ambiente em relação ao período subseqüente. Isso ocorre porque nesse momento acontece a destruição de florestas para o cultivo da agricultura, para a pastagem, para a extração de minerais e pedras preciosas, mas não em grande escala, pois ainda não havia máquinas que fizessem a destruição em grande escala.

2.1.3 - FUNDAMENTOS DO CAPITALISMO

Acreditamos que o modo de produção adotado pela sociedade exerça grande influência sobre o modo de viver e pensar dos homens, por este motivo, faz-se necessário analisar, mesmo que de forma superficial, as fases do modo de produção capitalista que surgiu no século XII e perdura até nossos dias.

A consolidação do capitalismo, enquanto modo de produção hegemônico, está fundamentada no surgimento das fábricas e na Revolução Industrial.

O modo de produção capitalista ou, como comumente é denominado, o "capitalismo", é um sistema econômico, social e político que apresenta como característica principal a compra e a venda da força de trabalho dos trabalhadores.

O capitalismo tem como principais peculiaridades:

- o princípio da propriedade privada dos bens e dos meios de produção e consumo;
- a existência de duas classes sociais, o detentor do capital, que compra a força de trabalho do trabalhador, e o trabalhador, que vende sua força de trabalho em troca de um salário;
- a produção de bens e serviços com o intuito de obter lucro;
- a liberdade de iniciativa;
- o mercado baseado na concorrência;
- as trocas monetárias;
- a máxima rentabilidade na produção de bens econômicos;
- a produção de mercadorias, destinadas à venda. (Shigunov Neto, Teixeira e Campos,2005)

Portanto, podemos concluir que o elemento fundamental do modo de produção capitalista é a mercadoria e seu principal objetivo é a acumulação do capital, também conhecido como lucro.

Didaticamente podemos classificar o capitalismo em quatro fases distintas e complementares, que variam conforme o instrumento predominante:

- **Primeira fase** – Pré-capitalismo
- **Segunda fase** – Capitalismo Comercial
- **Terceira fase** – Capitalismo Industrial
- **Quarta fase** – Capitalismo Financeiro

A primeira fase do capitalismo, denominada de pré-capitalismo, ocorreu entre os séculos XII e XV e foi um momento histórico de transição e profundas transformações, pois é o período em que está ocorrendo a destruição da sociedade feudal e surgindo uma "nova" sociedade, a sociedade capitalista. Foi um momento histórico extremamente complexo, pois se caracterizou por uma fase de transição entre o declínio da sociedade feudal e o nascimento da sociedade capitalista. Esse período pode ser visualizado no modo de viver, pensar e agir dos homens, que começam a alterar-se. Contudo, essa fase é imperceptível para quem a vivencia, pois as mudanças são muito lentas.

Durante três séculos ocorre a gradativa substituição da sociedade feudal pela sociedade capitalista. Em, aproximadamente, 300 anos o modo de viver, agir e pensar dos homens foi se alterando, continuamente. Esse processo desencadeia uma série de implicações em todos os níveis da sociedade pois, à medida que a forma de trabalho se transforma, também o "modelo" de homem necessário para assumir suas "novas" funções na sociedade se transforma. É nesse momento que o trabalho artesão começa a dar lugar ao trabalho assalariado, as pequenas oficinas foram sendo substituídas pelas manufaturas, o trabalhador começa a receber um salário sobre seu trabalho e perde, com isso, o controle sobre o produto produzido e sua venda. O trabalhador começa a perder a autonomia do trabalhador na execução de suas funções, ou seja, há a separação entre o saber e o fazer nas relações sociais de trabalho.

A segunda fase do capitalismo, denominado de capitalismo comercial, ocorreu entre os séculos XV e XVIII. Esse período, também conhecido como mercantilismo, foi caracterizado pela intensa atividade comercial que superou a atividade agrícola e industrial.

A terceira fase do capitalismo teve início na Inglaterra no século XVIII com a Revolução Industrial e perdurou até hoje. Esse período, denominado de capitalismo industrial, caracteriza-se pela supremacia da atividade industrial sobre as demais atividades.

A quarta e atual fase do capitalismo é denominada de capitalismo financeiro e teve surgimento no século XX, esse período caracteriza-se pelo predomínio do sistema financeiro.

O surgimento e a consolidação das unidades fabris não foi, como se pode pensar, um processo rápido e sem implicações para a sociedade e para o trabalhador, muito pelo contrário, foi um processo muito lento, desgastante e que, em muitos casos, acabou utilizando-se do artifício da coerção e da violência. No entanto, ao longo do tempo, tais problemas foram sendo solucionados em prol dos objetivos do capital:

1) a questão da indisciplina dos trabalhadores;

2) a dissonância entre os objetivos dos trabalhadores e do capital;

3) a questão da preguiça dos trabalhadores, assim definida pelo capital;

4) a questão do lazer dos trabalhadores;

5) a questão das invenções e as mudanças tecnológicas;

6) a questão do controle dos trabalhadores;

7) a fiscalização e a necessidade de disciplina dos trabalhadores;

8) a formulação de leis contra os trabalhadores para trabalharem mais.

O surgimento da fábrica é uma transformação radical no processo de produção. A fábrica pode ser definida como o local onde vários trabalhadores exerciam suas funções, ou seja, é a concentração dos trabalhadores em um único local. Assim, é nesse momento que começa a surgir um conceito "novo" – na realidade não tão novo, pois já era utilizado nas sociedades antigas, mas que renasce com uma nova conotação - que futuramente será muito utilizado pelo capital, o controle sobre o processo produtivo.

A adaptação dos trabalhadores à máquina é característica desse novo processo produtivo pois, com os novos valores do sistema capitalista agora vigentes, sua preocupação obstinada em acumular cada vez maior quantidade de capital e obter sempre uma maior produtividade, o homem deixa de ser fator essencial no processo produtivo para ser apenas um instrumento da máquina, ou seja, a máquina é que passa a ser fundamental no processo.

É nesse momento em que o trabalho artesão começa a dar lugar para o trabalho assalariado, as pequenas oficinas forma substituídas pelas manufaturas, o trabalhador começa a receber um salário sobre seu trabalho e perde com isso o controle sobre o produto produzido e sua venda, ou seja, o trabalhador começa a haver a perda da autonomia do trabalhador sobre a produção e venda dos produtos fabricados.

46 | Fundamentos da Gestão Ambiental

Para que a exploração dos trabalhadores assalariados se tornasse possível, era necessário que a grande massa de camponeses e artífices fosse privada dos instrumentos e meios de produção e dos meios de subsistência, e fosse obrigada a viver vendendo a sua força de trabalho.

Na verdade, este fenômeno precedeu o aparecimento do modo capitalista de produção em todo o Mundo. Foi através de expropriações que expulsaram os camponeses das terras, através da ruína e do empobrecimento dos artífices, que todos os meios de produção – a terra, os instrumentos de produção, e, portanto, os meios de subsistência dos trabalhadores – acabaram por se concentrar nas mãos de uma minoria de capitalistas, que dispunham, a seu bel-prazer, não só de tudo o que tinham tirado às massas trabalhadoras mas também, dos trabalhadores que tinham sido obrigados a vender-lhes a sua força de trabalho. (Manfred,1987,p.52)

Assim, pode-se supor que, a "degradação" do trabalho pelo capitalista ocorre em três fases distintas e complementares: a expropriação do trabalhador independente de seu trabalho, de sua terra; a conversão do mesmo em trabalhador assalariado; a divisão manufatureira do trabalho, com a subordinação real e completa do trabalhador ao capital. Contudo, a condição fundamental para que o capitalismo industrial pudesse se perpetuar era que os trabalhadores fossem despojados e separados de seu trabalho, tornando-se trabalhadores assalariados e sob o controle do capitalista.

A divisão do trabalho tem origem nos primórdios da sociedade humana, mas se materializa com o modo de produção manufatureiro e vai se consolidar em seu modo mais conhecido, o processo fabril, chegando a atingir todas as instâncias da sociedade. Desse modo a divisão do trabalho passa das instalações fabris para outras organizações sociais, como a família e a organização do trabalho escolar. A divisão do trabalho ao mesmo tempo em que o individualiza, também o torna coletivo, na medida em que o seu produto final seja um esforço coletivo. No entanto, essa coletivização do trabalho só se torna presente na prática, e não na teoria. Portanto, a divisão do trabalho e a conseqüente especialização são necessárias e fundamentais para o capitalista manter o controle sobre o produto e o processo de produção, que acabam por consolidar seu poder e lucro, ou seja, a divisão do trabalho é o núcleo das relações hierárquicas de dominação.

Essa transição entre o capitalismo comercial e industrial foi caracterizada pelo aumento da produção e do mercado consumidor.

O consagrado pesquisador espanhol Mariano Fernández Enguita[6], em sua conhecida obra intitulada "A face oculta da escola: educação e trabalho no capitalismo", publicado no Brasil em 1989, apresenta uma análise criteriosa e minuciosa sobre a conexão entre as relações sociais do trabalho e as relações sociais da educação, apresentando, dessa forma, uma análise do desenvolvimento da organização do trabalho e da institucionalização da educação no modo de produção capitalista. Em sua análise sobre as influências positivas e negativas do capitalismo e da industrialização, afirma que é necessário compreender além daquelas específicas para a sociedade, pois concebemos normalmente o trabalho como uma atividade regular e sem interrupções, intensa e carente de satisfações intrínsecas, impacientamo-nos quando um garçom tarda em nos servir e sentimo-nos indignados diante da imagem de dois funcionários que conversam, interrompendo suas tarefas, embora saibamos que seus trabalhos não têm nada de estimulante. Consideramos que alguém que cobra um salário por oito horas de jornada deve cumpri-las desde o primeiro minuto até o último minuto. (...)

E, no entanto, quase sempre foi de outra forma. A organização atual do trabalho, e de nossa atitude frente ao mesmo, são coisas recentes e que nada têm a ver com "a natureza das coisas". A organização atual do trabalho e a cadência e seqüenciação atuais do tempo de trabalho não existiam em absoluto no século XVI, e apenas começaram a ser implantadas precisamente ao final do século XVIII e início do século XIX. São, pois, produtos e construtos sociais que têm uma história e cujas condições têm que ser constantemente reproduzidas.

---

6 O pesquisador Mariano Fernández Enguita é Doutor em Sociologia e conhecido professor da Universidade de Salamanca-Espanha. Possui vários livros publicados no Brasil, principalmente pela Editora Artes Médicas, obras estas que tratam da área de Sociologia da Educação, entre elas destacam-se: "Escola, trabalho e ideologia", "A face oculta da escola" e "Educar em tempos incertos". Por inúmeras vezes esteve no Brasil para proferir palestras em congressos da área educacional.

A humanidade trabalhadora percorreu um longo caminho antes de chegar aqui, e cada indivíduo deve percorrê-lo para incorporar-se ao estágio alcançado. A filogênese deste estágio de evolução consistiu em todo um processo de conflitos que, infelizmente, nos é praticamente desconhecido (a história, não se esqueça, é escrita pelos vencedores). Reconstruí-lo é uma ambiciosa tarefa, apenas começada, que dará muito trabalho aos historiadores, tanto mais que são relativamente poucos, embora não tão escassos quanto antes, os que compreenderam que a história real da humanidade não pode ter sua única nem sua primeira fonte no testemunho dos poderosos. (...)

O capitalismo e a industrialização trouxeram consigo um enorme aumento da riqueza e empurraram as fronteiras da humanidade em direção a limites que antes seriam inimagináveis, mas seu balanço global está longe de ser inequivocamente positivo. (...)

O balanço não é claro mesmo que nos limitemos a olhar para nós próprios. Não há dúvida de que há uma minoria, a que se apropria direta ou indiretamente do trabalho alheio ou de seus resultados, que desfruta de bens e serviços não sonhados por minorias anteriores, mas os resultados são bastante menos equívocos para a maioria, para os que vivem unicamente de seu trabalho. É certo que estamos rodeados de bens que nossos ancestrais não podiam imaginar, mas há muito de ilusório na apreciação que fazemos disso. (...)

Menos claro, entretanto, é o balanço de nosso bem-estar moral e psicológico. Não é necessário fazer a lista dos males de hoje, embora não faltem descrições sombrias sobre a ansiedade, o stress, a insegurança, etc. São fáceis de serem identificadas, entretanto, duas fontes de mal-estar profundamente arraigadas e de longo alcance, associadas ao capitalismo e à industrialização e que não apresentam perspectivas de melhorar. Em primeiro lugar, nossas necessidades pessoais, estimuladas pela comunicação de massas, pela publicidade e pela visão da outra parte dentro de uma distribuição desigual da riqueza, crescem muito mais rapidamente que nossas possibilidades. (...)

Em segundo lugar, nossa sociedade nutre uma imagem de existência de oportunidades para todos que não corresponde à realidade, motivo pelo qual e apesar do qual, o efeito para a maioria é a sensação de fracasso, a perda de estima e auto-culpabilização. A suposição da igualdade de oportunidades converte a todos, automaticamente, em ganhadores e perdedores, triunfadores e fracassados. (...)

Mas esses são desvios com relação ao que é aqui o problema principal: as mudanças radicais na função e nas características do trabalho e de seu lugar na vida das pessoas. É um caminho muito longo e tortuoso aquele que vai desde a produção para a subsistência até o trabalho assalariado na sociedade industrial – ou, se preferir, pós-industrial, o que, para o caso, dá no mesmo -, e podemos começar a fazer uma idéia de suas dimensões e obstáculos se pensarmos nas diferenças entre os extremos percorridos. (p.03-06)

Antes de finalizarmos nossa análise sobre o modo de produção capitalista faz-se necessário realizar uma breve análise sobre o trabalho.

Mas afinal o que é o trabalho?

O trabalho pode ser definido como sendo um processo social de caráter físico e/ou intelectual, que visa realizar uma determinada função. O trabalho é uma atividade essencialmente humana, é um processo constitutivo do próprio ser humano, assim, pode-se supor que o trabalho possui como finalidade na sociedade e na vida do homem: prover as necessidades básicas de sobrevivência humana; ser o instrumento que possibilita a realização da capacidade criativa; desempenhar papel de identidade social.

O trabalho acompanhou a evolução da humanidade, porém o impulso e a mudança radical em seu conceito e estrutura ocorreram com a Revolução Industrial. Dessa maneira, podemos dividir a evolução do trabalho em antes e depois da Revolução Industrial. Até então, o trabalho era manual e artesanal, no entanto, a partir desse marco histórico o trabalho começa a ser considerado como um forte instrumento de dominação, exploração e alienação dos homens, utilizado pelo sistema capitalista.

Marx (1987) entende por força de trabalho, ou capacidade de trabalho, o conjunto de faculdades físicas e mentais, existentes no corpo e na personalidade dos homens, as quais ele utiliza para produzir bens utilizáveis pela sociedade. E complementa (1987,p.201), afirmando, que a utilização da força de trabalho é o próprio trabalho, que o trabalhador vende ao detentor do capital - capitalista - para poder satisfazer suas necessidades mínimas de sobrevivência. Portanto, o trabalho é um processo que envolve uma ação humana planejada sobre a natureza, com o intuito de obter benefícios próprios.

O trabalho humano evoluiu ao longo dos anos acompanhando as necessidades humanas e as transformações ocorridas nos processos de produção, mas a transformação radical ocorreu a partir da Revolução Industrial.

2.2 - A REVOLUÇÃO INDUSTRIAL

A análise da Revolução Industrial tem sido objeto de estudo de pesquisadores nacionais e internacionais há várias décadas. Por serem temáticas onde se entrecruzam praticamente os mesmos pesquisadores que analisam o modo de produção capitalista, também o fazem com a Revolução Industrial. Dessa forma, nossa análise recairá sobre as obras dos seguintes pesquisadores: Dobb (1971), Hobsbwam (1979 e 1998), Hunt (1981), Sweezy (1983), Shigunov Neto e Campos (2004) e Shigunov Neto, Teixeira e Campos (2005).

A Revolução Industrial é um marco na história da humanidade, da Ciência Administrativa e também da intensificação dos problemas ambientais por meio da degradação do meio ambiente e da diminuição dos recursos naturais.

O período denominado de Revolução Industrial pode ser considerado como um importante momento histórico da humanidade, caracterizado basicamente pela transição de uma sociedade fundamentada em uma economia agrária para uma nova sociedade, pautada agora nos princípios de uma economia indus-trial. Poderíamos dizer, também, que a Revolução Industrial é o momento histórico que presencia o surgimento e a futura consolidação do sistema de produção capitalista.

A Revolução Industrial foi fundamentalmente uma transformação no modelo de produção e teve seu início no século XVIII na Grã-Bretanha[7], se espalhando, posteriormente, para outros países europeus.

Shigunov Neto, Teixeira e Campos (2005) apresentam, de forma didática e cronologicamente, uma classificação para a Revolução Industrial em três fases distintas e complementares:

- **Primeira Fase (1750-1860)** - é a chamada Revolução Industrial Inglesa, pois o processo de transformações sociais e a industrialização ocorreram somente na Grã-Bretanha. Esse período da Revolução Industrial foi impulsionado pela indústria têxtil, pelo carvão, pelo ferro e pela introdução do vapor. Quatro acontecimentos contribuíram para o processo de desenvolvimento da industrialização: a mecanização da indústria e da agricultura; a aplicação da força motriz na indústria; o desenvolvimento do sistema fabril e a aceleração dos transportes e das comunicações.

- **Segunda Fase (1860-1900)** - também conhecida como revolução do aço e da eletricidade. Nesse momento histórico a Revolução Industrial difundiu-se pelos países europeus (Bélgica, França, Alemanha, Itália e Rússia), pelos Estados Unidos e Japão. Essa nova fase da Revolução Industrial foi caracterizada por alguns fatos importantes: a substituição do ferro pelo aço como matéria-prima industrial; substituição do vapor pela eletricidade como forma de energia para as máquinas industriais; desenvolvimento de produtos químicos; aparecimento dos derivados do petróleo como força motriz e o desenvolvimento dos meios de comunicação e transportes.

- **Terceira Fase (1900-1945)** - período da Revolução Industrial caracterizado por inúmeras inovações, automatização da produção, a sociedade de massa e pela difusão dos meios de comunicação.

---

7 O termo Grã-Bretanha, que utilizamos ao longo deste texto, significa a complexa estrutura política, econômica e social, comumente chamada de Reino Unido, e formada pela Inglaterra, Escócia, Irlanda e País de Gales.

52 | Fundamentos da Gestão Ambiental

Para Shigunov Neto, Teixeira e Campos (2005) as condições que proporcionaram a revolução e a transformação no modo de produção inglês podem ser divididas em oito fatores, sendo importante destacar que todos foram essenciais, cada um a seu modo, para a consolidação de tal processo:

- a supremacia naval inglesa;

- a grande disponibilidade de mão-de-obra, devido ao êxodo rural ocorrido;
- a disponibilidade de matérias-primas, principalmente carvão e ferro, essenciais para o funcionamento e a construção das máquinas;

- a acumulação de capital proporcionada pelo seu grande desenvolvimento comercial;

- um sistema financeiro eficiente que possibilitava a obtenção de empréstimos pelos industriais;

- a existência de um vasto mercado interno que comprava os produtos produzidos pelas fábricas em grandes quantidades;

- um dinâmico e seguro mercado externo que comprava, também, os produtos produzidos;

- o papel do Governo nas exportações e na concessão de incentivos fiscais para o desenvolvimento industrial. As exportações foram impulsionadas e subsidiadas de forma sistemática e agressiva pelo Governo.

No caso específico da Grã-Bretanha podemos dividir a Revolução Industrial em duas fases distintas e complementares:

- **Primeira Fase (1750-1860)** - o processo de industrialização foi baseado exclusivamente no setor têxtil.

- **Segunda Fase (1860-1896)** - baseou-se nas indústrias de bens de capital, no carvão, no ferro e no aço.

Qual foi a transformação e as contribuições da Revolução Industrial para a Ciência Administrativa?

Entre algumas implicações da Revolução Industrial para a Ciência Administrativa Shigunov Neto, Teixeira e Campos (2005) apresentam as seguintes:

- a aplicação dos conhecimentos científicos nos problemas das fábricas;
- o início do processo de industrialização;
- o marco inicial da Ciência Administrativa, pois somente a partir daquele momento histórico é que começa a haver uma preocupação científica com os problemas organizacionais;
- a gradativa substituição do trabalho humano pelo trabalho das máquinas;
- profundas transformações nas relações de trabalho;
- a introdução da maquinaria e da tecnologia nas fábricas;
- o surgimento de inúmeras, desconhecidas e complexas variáveis organizacionais;
- a divisão do trabalho no processo produtivo;
- a perda do controle por parte do trabalhador do produto de seu trabalho, e, posteriormente, do controle sobre o processo de seu trabalho;
- a busca pela eficiência na produção;
- a racionalização do processo produtivo;
- o surgimento da gerência;
- a adoção de formas de gestão mais eficientes.

Mas o que a Revolução Industrial trouxe de implicações para o meio ambiente?

A invenção de máquinas, o desenvolvimento industrial, o processo de urbanização degradaram em maior quantidade o meio ambiente.

Como não é nosso objetivo de estudo realizar uma análise aprofundada da Revolução Industrial, apenas nos interessa verificar quais as implicações da Revolução Industrial para o processo industrial e de desenvolvimento dos países, e suas implicações para o meio ambiente e sua degradação. Quem tiver interesse em se aprofundar um pouco mais sobre esse momento histórico pode procurar as obras citadas anteriormente.

O homem, desde o início de sua origem, exerce dominação e influência sobre o meio ambiente em que vive, entretanto, foi com o processo de industrialização

54 | Fundamentos da Gestão Ambiental

que a degradação ambiental aumentou significativamente. Essa degradação e destruição do meio ambiente é conseqüência do crescimento das cidades, do crescimento das indústrias e pela ganância desenfreada de empresários, que visam lucro imediatamente sem nenhuma preocupação social e ambiental.

As organizações e o meio ambiente compõem o mesmo ecossistema, por isso mesmo essa relação deve ser administrada de maneira responsável. Portanto, essa dicotomia histórica entre empresa X meio ambiente não se justifica na sociedade contemporânea e em tempos futuros. Como o homem precisa aprender a viver em harmonia para não deixar de existir, essa dicotomia desaparecerá em breve.

A atividade industrial do homem não deve se opor à natureza, pois dela é parte integrante, ela a molda desde o começo e desde o começo é por ela moldada. Assim sendo, querer proteger ou defender a natureza tem menos sentido do que querer administrá-la de maneira responsável e, a partir daí, querer integrar nela a gestão responsável da empresa (Backer,2002,p.01)

Portanto, pode-se afirmar que a Revolução Industrial é um marco histórico importante, tanto para a Ciência Administrativa, quanto para a Gestão Ambiental. Para a Ciência Administrativa ela é um marco por apresentar pela primeira vez uma preocupação com o comportamento das organizações, ou seja, é a primeira tentativa de compreensão das organizações utilizando-se de instrumentos e métodos científicos. Já para a Gestão Ambiental a Revolução Industrial também corresponde a um marco histórico importante, pois compreende o momento em que o homem, pela necessidade e vontade de auferir maior lucro, começa a produzir mercadorias em grandes quantidades, necessitando, por isso, de uma quantidade cada vez maior de recursos naturais para a produção. A implicação direta desse aumento do processo produtivo é uma degradação do meio ambiente sem precedentes e a preocupação com a escassez de alguns recursos naturais.

2.3 – Um histórico da transformação do ambientalismo

Não se pode falar da transformação na evolução da gestão ambiental sem discutir a evolução da questão ambientalista ou questão ambiental. A relação entre produção e conservação ambiental sempre foi difícil e, sob certos aspectos, até mesmo antagônica. A necessidade de sobrevivência da espécie humana vem servindo como justificativa para a destruição - às vezes lenta, outras, em uma velocidade muito rápida - de muitos dos recursos naturais disponíveis na terra.

Visando uma melhor compreensão do processo histórico de transformação ambientalista, este tópico será subdividido em três fases historicamente distintas: a era pré-industrial, a era industrial e os dias atuais.

2.3.1 - A Era Pré-Industrial

Segundo Ponting (1991), há evidências recentes encontradas no centro do Jordão, que sugerem que, desde 6.000 anos a.C., aproximadamente uns mil anos depois do surgimento das comunidades estabelecidas, as aldeias foram abandonadas a partir do momento em que a erosão do solo, causada pelos desmatamentos, criava um ambiente completamente danificado e impróprio para o cultivo.

Num período um pouco mais recente, a partir de 2.400 a.C., a sociedade sumérica - que em 3.000 a.C. tornou-se a primeira sociedade literata do mundo - acompanhou a cada ano o seu declínio vendo sua "terra tornar-se branca", uma clara referência ao impacto drástico da salinização. As terras irrigadas que haviam produzido os primeiros excedentes agrícolas do mundo, começaram a se tornar cada vez mais salinizadas e alagadiças, levando toda uma sociedade à decadência (Ponting, 1991).

Séculos mais tarde, quando as cidades-estado da Suméria não eram mais que uma lembrança, os mesmos processos ainda funcionavam na Mesopotâmia.

Entre 1.300 e 900 a.C., houve um colapso na região central que se seguiu à salinização como resultado de uma irrigação demasiada.

Esse processo de declínio ambiental pode ser constatado em várias regiões, ao longo de vários períodos da história. Na Grécia, os primeiros sinais de uma destruição em larga escala surgiram aproximadamente em 650 a.C., com o crescimento da população e a expansão dos territórios. A raiz do problema no local foi que 80% da terra, que não era própria para cultivo, serviu de pasto para os rebanhos. Talvez a melhor descrição do que ocorreu com a Grécia foi feita por Platão, em sua obra denominada *Críticas* "O que resta agora, comparado com o que existia, é como o esqueleto de um homem doente, toda a gordura e terra macia desapareceram, sobrando somente a moldura da terra..." (Ponting,1991,p.139).

Os mesmos problemas surgiram na Itália alguns séculos mais tarde. Por volta de 300 a.C., a Itália ainda possuía muitas florestas, mas a exigência crescente de terra e madeira resultou em um desmatamento rápido. A conseqüência inevitável foi a erosão do solo em níveis elevados. Muitos historiadores acreditam que a degradação ambiental da região tenha sido um dos principais fatores para o declínio de Roma (Ponting, 1991 e McCormick, 1992).

A criação de ambientes artificiais para o plantio de alimentos e o crescimento das comunidades não só concentrou o impacto ambiental das atividades humanas, como também demonstrou, talvez pela primeira vez, que seria muito mais difícil para as sociedades humanas escapar das conseqüências de seus atos.

Essas sociedades primitivas dependiam da produção de um excedente alimentar para prover os números cada vez mais ascendentes de sacerdotes, governadores, burocratas, soldados e artesãos. Se a produção de alimento se tornasse mais difícil e as colheitas decaíssem, e juntamente com elas o excedente disponível para ser distribuído dentro da sociedade, então a própria base das primeiras cidades e impérios estaria minada. Por isso, talvez não seja muito surpreendente compreender que os primeiros sinais de danos em larga escala tenham surgido na Mesopotâmia, região onde foram feitas as modificações mais intensas no meio ambiente natural (Campos,2001).

2.3.2 - A Era Industrial

Apesar da agricultura ter contribuído significativamente para os primeiros impactos ambientais causados na terra, foi na Era da Revolução Industrial, no século XIX, que a exploração inadequada de recursos e a poluição resultante do avanço tecnológico impuseram um ritmo muito mais acelerado à degradação ambiental.

Neste período, as organizações tinham como principal objetivo produzir. Em busca de progresso e para atender as necessidades de consumo das populações que aumentavam em cada região, a Era Industrial trouxe a produção em escala, indo contra os princípios do trabalho manual da Era Pré-Industrial. A descoberta da possibilidade de utilização de energia para a produção fez com que o homem e a sua recente invenção, a máquina, trabalhassem juntos. Mais uma vez o homem usa a justificativa da necessidade de sobrevivência e o desenvolvimento inevitável, como subterfúgio para as ações danosas ao meio ambiente.

Mas o progresso e as novas fontes de energia trouxeram também a possibilidade do uso de meios de transporte, proporcionando a locomoção. O homem sai das suas vilas e passa a conhecer os arredores. Trata-se de uma época em que a história natural estava em evidência. Darwin defendia sua Teoria da Evolução do Homem e com isso, a Europa Industrial iniciava discussões sobre a poluição causada pelo progresso e, ainda que de uma forma muito romântica, a necessidade de preservação da fauna e flora. É dessa época a afirmação do escritor William Gilipin: *"onde quer que surgisse o homem com suas ferramentas, a deformidade seguia seus passos. Sua pá e seu arado, sua sebe e seu terreno sulcado eram abusos chocantes contra a simplicidade e elegância da paisagem"* (McCormick, 1992).

Por volta de 1880 a depressão econômica coloca a questão ainda com mais veemência: a industrialização é realmente uma vantagem, apesar da poluição que gera?

2.3.3 - Os Dias Atuais

Hoje, após alguns anos de intensas discussões, concluiu-se que a ausência de crescimento ou desenvolvimento é nociva ao meio ambiente e que a grande questão atual é torná-lo sustentável (CMMAD, 1988).

O século XX viu o ambientalismo assumir contornos variados. Acidentes graves e importantes conferências alternaram-se como centro das atenções sobre o tema.

Em 1957, ocorre o primeiro acidente com um reator nuclear, em Tcheliabinski (antiga União Soviética), justamente no momento em que o crescimento econômico contribuía para o consumo e que a própria descoberta da possibilidade do uso da energia nuclear tornava remota a preocupação com a escassez de recursos, principalmente a escassez energética. Ainda nos anos 50, um outro acidente com derramamento de mercúrio, em Minamata, Japão, deixa 700 mortos e 9.000 doentes crônicos (Ponting, 1991).

A Tabela I, a seguir, apresenta o número de acidentes de grande risco ambiental ocorridos entre 1955 e 1989. Pode-se observar que até 1984, principalmente entre 1975 e 1979, os Estados Unidos foram líderes em acidentes de grande risco, quando esses números subiram para 36. Por outro lado, verifica-se que, excluindo a América do Norte e os países da Europa, o conjunto restante de países tem aumentado o número de acidentes de grande risco, que passaram de 8 registrados entre 1955 e 1974, para 32 acidentes entre 1985 e 1989.

Tabela I - Ocorrência de Acidentes de Grande Risco Ambiental

PAÍSES / ANO	1955-74	1975-79	1980-84	1985-89
EUA	19	36	18	9
Canadá	–	2	2	–
Países da Europa	16	19	12	12
Outros Países	8	16	19	32
TOTAL	**43**	**73**	**51**	**53**

Fonte: Tabela adaptada de Badue (1996)

Em 1968, ocorre a Reunião do Clube de Roma, que publicou em seguida o documento Limites do Crescimento (*The Limits to Growth*). Tratava-se da época da Guerra Fria e do Vietnã, colocando à tona a possibilidade do holocausto global, devido à tecnologia disponível empregada na guerra.

No início da década de 1970, mais precisamente em junho de 1972, ocorre em Estocolmo, Suécia, a Conferência das Nações Unidas sobre o Meio Ambiente Humano. Esta conferência contou com representantes de 113 países, 250 organizações não governamentais e de vários organismos da ONU. Para muitos autores, esta foi a mais importante conferência sobre o assunto, dividindo o ambientalismo em "antes" e "depois" de Estocolmo. Isto porque foi a primeira vez que, em uma conferência, foram discutidos não só aspectos técnico-científicos, mas também questões sociais, políticas e econômicas ligadas ao tema.

A conferência foi marcada, ainda, pelo confronto entre as perspectivas dos países desenvolvidos e em desenvolvimento. Os primeiros defendiam um programa internacional voltado para a conservação dos recursos naturais e genéticos do planeta, pregando que medidas preventivas teriam que ser encontradas imediatamente, evitando, assim, um grande desastre em um futuro próximo. Por outro lado, os países em desenvolvimento argumentavam que se encontravam assolados pela miséria, com graves problemas de moradia, saneamento básico, atacados por doenças infecciosas e que necessitavam desenvolver-se econômica e rapidamente. Questionavam, assim, a legitimidade das recomendações dos países ricos.

Desta conferência resultou a criação do Programa de Meio Ambiente das Nações Unidas (UNEP, conhecido no Brasil por PNUMA), a partir do qual, para maior tranqüilidade dos países em desenvolvimento, os conceitos de crescimento zero postulados pelos países ricos, começam a ser substituídos pelas metas de desenvolvimento sustentável.

A Conferência das Nações Unidas para o Meio Ambiente Humano realizado em 1972 se caracterizou por representar uma nova fase nessa complexa relação existente entre desenvolvimento econômico e meio ambiente. Apesar das divergências entre dois grupos com propostas antagônicas, conseguiu avanços significativos: a aprovação da Declaração sobre o Ambiente Humano, um Plano

60 | Fundamentos da Gestão Ambiental

de Ação constituído de 110 recomendações e o início do envolvimento mais intenso da ONU nas questões ambientais.

A Conferência de Estocolmo em 1972 contribuiu de maneira importante para gerar um novo entendimento sobre os problemas ambientais e a maneira como a sociedade provê sua subsistência. Todos os acordos ambientais multilaterais que vieram depois procuraram incluir esse novo entendimento a respeito da relação entre o ambiente e o desenvolvimento. Talvez uma das suas principais contribuições tenha sido a de colocar em pauta a relação entre meio ambiente e formas de desenvolvimento, de modo que, desde então, não é mais possível falar seriamente em desenvolvimento sem considerar o meio ambiente e vice-versa. Da vinculação entre desenvolvimento e meio ambiente é que surge um novo conceito de desenvolvimento denominado desenvolvimento sustentável. (Barbieri,2004,p.29-30)

Em 1976, um grande incêndio em uma indústria de Pesticidas localizada em Seveso, Itália, emite para a atmosfera uma grande quantidade de dioxina. Mais um grande acidente alarma a humanidade.

Em 1983, a Assembléia Geral da ONU aprovou a criação da Comissão Mundial sobre Meio Ambiente e Desenvolvimento, presidida por Gro Harlem Brundtland.

Um ano depois, em 1984, ocorre um outro grande acidente que alarma toda a população em nível mundial, conhecido popularmente como Acidente de Bhopal. Um acidente com ácido metil isocianeto na Union Carbide, na Índia, que matou 3.300 pessoas, deixando ainda 20.000 doentes crônicos.

Em 1986 e 1987, nos encontros preparatórios para a Conferência das Nações Unidas para o Meio Ambiente e o Desenvolvimento, que ocorreria há exatos 20 anos após a Conferência de Estocolmo, a comissão presidida pela Sra. Brundtland apresentou um outro importante documento: o Relatório Nosso Futuro Comum (*Our Commom Future*). Esse relatório apontava a pobreza como uma das principais - senão a principal - causas dos problemas ambientais do mundo.

O Relatório de Brundtland alertava também para a inconsistência do modelo adotado pelos países ricos e desenvolvidos, considerando esse modelo impossível de ser copiado pelos países em desenvolvimento, sob pena de serem esgotados rapidamente os recursos naturais restantes.

Ainda em 1986, dois outros grandes acidentes aumentam a lista de catástrofes ambientais do século. Em abril deste mesmo ano, ocorre na Ucrânia o acidente nuclear de Chernobyl, com 31 mortos instantaneamente. Uma década após o acidente, 134 casos de síndrome aguda de radiação foram confirmados. Há mais de 500 outros casos suspeitos. Desde a ocorrência do acidente há registros de cerca de 35.000 casos de câncer na região afetada pelo acidente. Ainda em 1986, na Suíça, 30.000 litros de pesticida são derramados acidentalmente no Rio Reno deixando 193 km de rio morto, matando mais de 500.000 peixes de diversas espécies. Trata-se do acidente da Basiléia.

Finalizando a lista dos grandes acidentes ambientais da década, em 1989, um navio, o Exxon Valdez, derrama no Alasca 37 milhões de litros de óleo, causando graves danos ao ecossistema local e um prejuízo que quase levou à falência uma das maiores potências mundiais, a ESSO. A queda das suas ações no mercado e a quantia gasta na tentativa de recuperar totalmente a área degradada, deixou claro às organizações que o meio ambiente mereceria, na próxima década e, quem sabe, também nas futuras, cuidados e atenção especial, caso contrário a sobrevivência destas organizações poderia estar comprometida.

A Conferência das Nações Unidas sobre o Meio Ambiente e Desenvolvimento (CNUMAD), também conhecida por ECO-92 ou RIO-92, ocorreu em junho de 1992 na cidade do Rio de Janeiro, no Brasil. Dentre os principais objetivos dessa conferência destacaram-se os seguintes:

• Examinar a situação ambiental mundial desde 1972 e suas relações com o estilo de desenvolvimento vigente.

• Estabelecer mecanismos de transferência de tecnologias não poluentes aos países subdesenvolvidos.

• Examinar estratégias nacionais e internacionais para incorporação de critérios ambientais ao processo de desenvolvimento.

• Estabelecer um sistema de cooperação internacional para prever ameaças ambientais e prestar socorro em casos emergenciais.

• Reavaliar o sistema de organismos da ONU, eventualmente criando novas instituições, para implementar as decisões da conferência.

Essa conferência ficou também conhecida como a "Cúpula da Terra" (*Earth Summit*), contando com a presença de 172 países, representados por, aproximadamente, 10.000 participantes. Como produto dessa Conferência foram assinados cinco importantes documentos relacionados com os problemas sócio-ambientais globais:

• A Declaração do Rio sobre Meio Ambiente e Desenvolvimento

• A Agenda 21

• Os Princípios para a Administração Sustentável das Florestas

• Convenção da Biodiversidade

• Convenção sobre Mudança do Clima

A Declaração do Rio sobre Meio Ambiente e Desenvolvimento foi uma carta contendo 27 princípios que visam estabelecer um novo estilo de vida, um novo tipo de presença do homem na Terra, através da proteção dos recursos naturais, da busca do desenvolvimento sustentável e de melhores condições de vida para todos os povos.

A Agenda 21 foi um abrangente plano de ação a ser implementado pelos governos, agências de desenvolvimento, organizações das Nações Unidas e grupos setoriais independentes em cada área onde a atividade humana afeta o meio ambiente.

Para Barbieri (2004), a Agenda 21 pode ser considerada uma das principais contribuições da ECO 92, na medida em que, apresentou

recomendações específicas para os diferentes níveis de atuação, do internacional ao organizacional (sindicatos, empresas, ONGs, instituições de ensino e pesquisa, etc) sobre assentamentos humanos, erradicação da pobreza, desertificação, água doce, oceanos, atmosfera, poluição e outras questões socioambientais constantes em diversos relatórios, tratados, protocolos e outros documentos elaborados durante décadas pela ONU e outras entidades globais e regionais. Na sua essência, a Agenda 21 é uma consolidação das resoluções já tomadas por essas entidades e estruturadas a fim de facilitar sua implementação nos diversos níveis de abrangência. A fase atual se caracteriza pelo aprofundamento e pela implementação desses acordos multilaterais, o que implica a implementação das suas disposições e recomendações pelos estados nacionais, governos locais, empresas e outros agentes. (p.31)

Os Princípios para a Administração Sustentável das Florestas corresponde a um documento que visava a implantação da proteção ambiental de forma integral e integrada.

A Convenção da Biodiversidade foi aprovada na CNUMAD em 1992 e dez anos mais tarde já contava com a adesão de 175 países membros, inclusive com a participação do Brasil.

O objetivo da Convenção da Biodiversidade era a conservação da diversidade biológica, o uso sustentável dos seus componentes e a justa e eqüitativa distribuição dos benefícios obtidos com a utilização dos recursos genéticos, incluindo o acesso apropriado a esses recursos e a apropriada transferência de tecnologia. Dessa forma, e como afirma Barbieri (2004) a Convenção da Biodiversidade adotou como *princípio básico o direito dos países de explorar de modo soberano os seus próprios recursos conforme suas políticas de desenvolvimento, com a responsabilidade de garantir que as atividades dentro de sua jurisdição ou de seu controle não causem danos aos demais. Pela Convenção, os Estados signatários reconhecem que a conservação da biodiversidade diz respeito a toda a Humanidade, que os Estados são responsáveis pela conservação de seus próprios recursos biológicos e que o desenvolvimento socioeconômico e a erradicação da pobreza constituem a primeira e inadiável prioridade dos países em desenvolvimento. E determina a conservação e o uso sustentável da diversidade biológica para o benefício das gerações presentes e futuras. (p.42)*

Na Convenção da Biodiversidadde foi estabelecida a necessidade dos países membros encontrarem mecanismos para facilitar o acesso e a transferência de tecnologia para que os objetivos pré-estabelecidos pudessem ser alcançados.

64 | FUNDAMENTOS DA GESTÃO AMBIENTAL

A Convenção sobre Mudança do Clima[8] também foi assinada durante a realização da CNUMAD em 1992, mas somente entrou em vigor em 1994. Entre os objetivos da Convenção sobre Mudança do Clima encontram-se controlar as emissões de gases de estufa, exceto os CFCs[9], que são objeto de outro acordo ambiental por causarem efeitos mais danosos sobre a camada de ozônio.

Para atingir os objetivos da Convenção, os Estados
que foram parte dessa convenção devem elaborar, atualizar e publicar inventários nacionais sobre as emissões desses gases; formular programas nacionais e regionais para controlar as emissões antrópicas e mitigar os seus efeitos; promover processos de gerenciamento sustentável de elementos da natureza que contribuem para remover ou fixar esses gases; promover a educação e a conscientização pública e estimular a participação de todos para alcançar os objetivos dessa Convenção. A Convenção tem como órgão supremo a Conferência das Partes (COP – Conference of the Parties) que se reúne periodicamente para avaliar resultados, estabelecer metas, dirimir controvérsias e criar mecanismos de gestão. O aprofundamento dos conceitos referentes ao vínculo entre desenvolvimento e meio ambiente, que caracteriza a fase atual da gestão global do meio ambiente se deve, em muito, às medidas adotadas nas Conferências das Partes dos acordos multilaterais globais. (Barbieri,2004,p.34-35)

Com o intuito de finalizar este item, que apresentou um breve histórico da transformação ambientalista, cabe ressaltar, ainda, que uma das mais importantes contribuições em torno da questão discutida foi a necessidade de maior integração e o estreitamento de relações entre desenvolvimento econômico e meio ambiente. Que, por sua vez, auxiliou no surgimento do termo Desenvolvimento Sustentável, cujo principal objetivo é a busca conjunta do desenvolvimento econômico e da conservação do meio ambiente.

---

8 Conferência ocorrida em 1997 com o objetivo de discutir a estabilização da concentração de gases que contribuem para o efeito estufa na atmosfera, visando um nível que possa evitar uma interferência perigosa com o sistema climático, assegurar que a produção alimentar não seja ameaçada e possibilitar que o desenvolvimento econômico se dê de forma sustentável (SMA/SP, vol.1, 1997).

9 CFCs são emissões de clorofluorcarbonos

2.4 – A influência do movimento da qualidade na gestão ambiental

Nos últimos 20 anos, o termo qualidade tornou-se um dos grandes focos no mundo dos negócios. Desde então, clientes vêm aprimorando seus desejos e anseios e exigindo produtos com maior qualidade e valor agregado. A acessibilidade a novos mercados contribuiu ainda mais para aumentar a competitividade entre os produtores, obrigando-os a baixar cada vez mais seus custos. Por sua vez, para baixar custos e aumentar a produtividade, foram obrigados a conhecer e gerenciar melhor suas organizações.

O conceito de qualidade é muito subjetivo, pois se relaciona com as necessidades, a utilidade e as expectativas de seus usuários. Dessa forma, o conceito de qualidade é diferente para pessoas diferentes e em momentos distintos, ou seja, cada indivíduo apresenta um conceito de qualidade para aquele momento vivenciado. Portanto, o conceito de qualidade está relacionado diretamente ao conceito de utilidade e atendimento das necessidades das pessoas.

A qualidade é uma filosofia de gestão empresarial que visa atingir permanentemente a melhoria dos produtos e serviços das organizações por meio de mudanças dos processos produtivos, da redução de custos, de uma mudança cultural e do envolvimento e comprometimento dos trabalhadores. A gestão da qualidade, entendida como um modelo de gestão empresarial, apresenta como um de seus objetivos propiciar o desenvolvimento organizacional por intermédio da melhoria contínua dos processos produtivos.

Para Shigunov Neto e Campos (2004), a Gestão da qualidade são as atividades da função gerencial que determinam a política da qualidade, os objetivos, as responsabilidades e as colocam em prática por intermédio do sistema da qualidade, do planejamento da qualidade, do controle da qualidade, da garantia da qualidade e da melhoria da qualidade.

A Gestão da qualidade tornou-se objeto de estudo de pesquisadores internacionais e nacionais a partir da década de 1950, entretanto, foi a partir da década de 1980 que tomou significativo impulso. Entre os pesquisadores que discutem a qualidade, destacam-se: Feigenbaun (1983), Crosby (1988), Deming (1990), Juran (1990), Garvin (1992), Ishikawa (1993), Oakland (1994), Shiba, Graham e Walden (1997). No caso específico do Brasil a qualidade tornou-se objeto de estudo de alguns estudiosos, a saber: Campos (1992), Oliveira (1994), Caravantes, Caravantes e Bjur (1997), Paladini (1994, 1995, 2000 e 2002), Maximiano (2000), Silva (2002) e Shigunov Neto e Campos (2004).

Shigunov Neto e Campos (2004) classificam a gestão da qualidade em cinco fases históricas distintas e complementares:

• **1ª Fase** – Inspeção dos Produtos (década de 1920)

• **2ª Fase** – Controle da Qualidade (década de 1930)

• **3ª Fase** – Garantia da Qualidade Total (década de 1950)

• **4ª Fase** – Gestão da Qualidade (década de 1980)

• **5ª Fase** – Gestão Estratégica da Qualidade (década de 1990)

Pode-se dizer que o movimento global da qualidade iniciou-se no Japão, após a Segunda Grande Guerra Mundial, quando W. S. Magil do *Bell Labs* introduziu o Controle Estatístico da Qualidade (*Statistical Quality Control – SQC*) aos industriais japoneses, buscando fornecer-lhes ferramentas de controle operacional que pudessem auxiliá-los na reconstrução de suas indústrias e de seu país. No entanto, durante as décadas de 50 e início de 60, muitos dos produtos *"Made in Japan"* eram considerados ruins, baratos e de baixa qualidade (Culley, 1998).

A partir de meados da década de 1960, a qualidade dos produtos japoneses começou a se destacar e a ser comparada à qualidade dos produtos alemães. Os japoneses conseguiram tal feito melhorando suas ferramentas e incorporando a filosofia TQC (*Total Quality Control*) ou Controle da Qualidade Total.

Deming, Juran, Crosby, Ishikawa, Taguchi, Feigenbaum, entre outros, foram importantes colaboradores no desenvolvimento e aprimoramento das técnicas japonesas de controle de processos. Segundo Culley (1998), o TQC foi o principal instrumento utilizado para implementar "Kaizen" (melhoria contínua) e o método de Ishikawa (causa e efeito), ainda nas décadas de 1950 e 1960.

William Edwards Deming (1900-1993) é considerado o grande nome da área, sendo que, em sua principal obra "Qualidade: a Revolução da Administração", define a qualidade como um grau previsível de uniformidade e confiança a baixo custo e adequado ao mercado consumidor. Deming define qualidade como sendo um grau previsível de uniformidade e confiança a baixo custo e adequado ao mercado. O conhecido método PDCA para controle de processos foi desenvolvido na década de 1920 pelo americano Shewhart, mas foi Deming seu maior divulgador e entusiasta, ficando mundialmente conhecido ao aplicar os conceitos de qualidade no Japão a partir da década de 1950. A grande contribuição de Edward Deming para a Ciência Administrativa foi a proposta do "Método Deming de Administração", baseado em métodos estatísticos que visam melhorar os processos produtivos. Os denominados "14 princípios" estabelecidos por Deming constituem o fundamento dos ensinamentos ministrados aos executivos no Japão, em 1950 e nos anos subseqüentes.

Joseph Moses Juran (1904-2008) é considerado um dos precursores da qualidade no Japão, em sua principal obra "Juran planejando para a qualidade", define qualidade como adequação ao uso. Pois, é o desempenho do produto, que resulta das características do produto e que proporcionará a satisfação simples. Ficou conhecido por apresentar a "Trilogia de Juran", que consiste no planejamento da qualidade, controle da qualidade e na melhoria da qualidade.

Philip B. Crosby (1926-2001) foi o idealizador do conceito "defeito zero" e definiu qualidade como a conformidade com as especificações. Sua principal obra intitulada "Quality is free" publicada originalmente nos EUA em 1979 tornou-se um *best seller* da área, vendeu mais de 2,5 milhões de exemplares e foi publicado em 12 idiomas. Crosby define a qualidade como a conformidade com os requisitos definidos em função do cliente, dos concorrentes, das necessidades da organização, dos recursos disponíveis e da própria maneira de administrar dos líderes. Por intermédio de procedimentos administrativos que visam melhorar os processos produtivos e, dessa maneira, satisfazer seus clientes e auferir a uma maior lucratividade.

Kaoru Ishikawa (1915-1989) foi o pioneiro no Japão a estudar e desenvolver pesquisas sobre a qualidade, sendo o primeiro a utilizar a expressão "Controle da Qualidade Total" e formulou "as sete ferramentas de Ishikawa", compostas de: 1) gráfico de Pareto; 2) diagramas de causa-efeito (espinha de peixe ou diagrama de Ishikawa); 3) histograma; 4) folhas de verificação; 5) gráficos de dispersão; 6) fluxogramas; 7) cartas de controle. Em sua obra intitulada "Controle de qualidade total: à maneira japonesa" publicado em 1995 no Brasil afirma que qualidade é desenvolver, criar e fabricar mercadorias mais econômicas, úteis e satisfatórias para o consumidor.

Genichi Taguchi publicou seu primeiro livro em 1951 e já em meados da década de 50 seus métodos estavam sendo intensamente utilizados na indústria, inclusive na indústria automobilística, com destaque para a Toyota. Em 1961 e 1984 ganhou o Prêmio Deming de literatura da qualidade. A metodologia de Taguchi está embasada no princípio da otimização rotineira do produto e do processo antes do início da produção, ou seja, propõe uma técnica de análise do projeto do produto. O termo "Engenharia da Qualidade" foi proposto inicialmente por Taguchi, que fundamenta todo seu estudo na importância da relação entre preço e qualidade dos produtos. Taguchi afirma que a qualidade de um produto é identificada como aquelas suas características que reduzem a perda total para o consumidor, dessa forma a perda da qualidade é definida como o prejuízo que um certo produto causa à sociedade a partir do momento em que é liberado para venda. Dentro desta relação de preço e qualidade.

A principal contribuição de Armand V. Feigenbaum refere-se à criação do conceito de "Controle de Qualidade Total", que apareceu pela primeira vez em 1951 na publicação de seu famoso livro intitulado "Controle da Qualidade Total". A idéia central de seu pensamento é que, a qualidade do produto é uma resultante da participação de todos os setores da empresa, sem exceção, onde cada setor possui seu nível de responsabilidade e decisão. Seu trabalho foi descoberto pelos japoneses na década de 1950, por intermédio de seus pensamentos sobre a qualidade, espalhados em revistas científicas e livros. Em seu famoso livro afasta-se da discussão em torno dos métodos e das técnicas do controle da qualidade para deter-se no controle da qualidade, enquanto uma ferramenta de gestão administrativa. Sua tese argumenta que as técnicas estatísticas e a manutenção preventiva são tidas apenas como um dos inúmeros elementos de um programa de controle de qualidade, em que as relações humanas são tidas como importantes e necessárias para o desenvolvimento dos sistemas de qualidade. Define o controle da qualidade como um sistema eficaz de coordenação e manutenção da qualidade e os esforços organizacionais em prol da qualidade.

Culley (1998) afirma que o surgimento da filosofia TQM foi a forma encontrada pela indústria americana para diminuir o *gap* entre a indústria japonesa e a indústria norte americana, bem como substituir a visão imediatista e de curto prazo que comandava a produção americana por uma visão de médio e longo prazos, dentro de uma perspectiva sistêmica.

Vinte anos após o início do TQC, os Estados Unidos passam a adotar a filosofia do TQM (*Total Quality Management*) ou Gerenciamento da Qualidade Total, abandonando a idéia de apenas controlar os processos operacionais e assumindo uma idéia mais sistêmica de gerenciar todos os aspectos relacionados à organização como um todo.

Culley (1998) afirma, ainda, que a filosofia TQM pode ser considerada como o "pai" de vários programas de sistemas da qualidade nos Estados Unidos e que teve sua influência no desenvolvimento de outros sistemas de gestão.

Atualmente, pode-se afirmar que o sistema da qualidade mais conhecido mundialmente seja o Sistema de Gestão da Qualidade, segundo as Normas do conjunto ISO 9000. Em 1979, a ISO (*International Organization for Standardization*) formou o TC 176, comitê técnico responsável por estudar e harmonizar todos os sistemas da qualidade até então existentes e criar uma norma no campo da qualidade. Esta norma deveria ser voluntária e igualitária. O resultado foi a publicação, em 1987, do conjunto de normas ISO 9000 com o título de *Quality Management and Quality Assurance*. Desde sua publicação, as certificações segundo a ISO 9000 vêm crescendo em todo o mundo e se tornando, em algumas situações, diferenciais para a realização de negócios.

Os sistemas da qualidade abordam aspectos da gestão da qualidade encontrados em todas as áreas do sistema gerencial de uma organização. Neste contexto, qualidade é o conceito de conformidade com exigências específicas. Um sistema de gestão da qualidade compreende as políticas, práticas e procedimentos utilizados para guiar as atividades de uma organização em direção ao cumprimento de exigências especificadas. O padrão internacional ISO 9000 teve grande influência da norma BS 5750 e as organizações que o implementam para obter o certificado, analisam e modificam os sistemas gerenciais para garantir a conformidade com este padrão internacional (Gilbert, 1995).

Porém, nem todas as organizações aderiram à certificação segundo as normas ISO 9000. Alguns autores, entre eles Wilson et al (1997) e Culley (1998) alegam que os países ou as indústrias que resistiram à adoção da certificação pelo conjunto ISO 9000 consideraram que já possuíam sistemas da qualidade ou de gerenciamento da qualidade implementados; alguns ainda acreditaram que o sistema proposto, tal como apresentado na ISO 9000, não asseguraria necessariamente qualidade nos produtos fabricados.

Este, por exemplo, foi um dos argumentos usados por três das maiores indústrias automotivas dos Estados Unidos: a *General Motors*, a *Ford* e a *Chrysler*. Estas organizações criaram, no início da década de 90, um programa para desenvolver uma norma que levasse em consideração os seguintes aspectos: garantia da qualidade dos fornecedores, melhoria contínua e prevenção de defeitos, e redução de custos (através da redução de desperdícios). Com estes critérios garantidos, a indústria automobilística acreditava estar indo além dos requisitos normativos exigidos pela ISO 9000 e garantindo qualidade não só nos seus processos, mas também nos seus produtos. Desta forma, foi criada a QS 9000 (*Quality Systems Requirements*), uma norma internacional específica para a indústria automobilística com requisitos mais rígidos do que os encontrados na ISO 9000.

Além de influenciar o surgimento da ISO 9000 e da QS 9000, o TQM ajudou na integração dos assuntos ambientais ao cotidiano dos negócios e mostrou às lideranças empresariais que a administração ambiental provê uma oportunidade e não um problema. Segundo Porter e van der Linde (1995a e 1995b), a administração da qualidade total tem grande potencial para reduzir a poluição e levar a inovações e benefícios compensatórios.

Dessa relação entre a filosofia TQM e a gestão ambiental surge a TQEM (*Total Quality Environmental Management*). Com a TQEM busca-se o aperfeiçoamento das atividades produtivas a partir da qualidade total, porém com o intuito de obter melhorias sob o ponto de vista ambiental. Pode-se afirmar que a TQEM é uma ampliação do conceito de TQM voltado para as questões ambientais.

Barbieri (2004) afirma que a definição do conceito de Administração da Qualidade Ambiental Total (TQEM) é atribuída ao Global Environmental Management Iniciative (GEMI)[10], uma ONG criada em 1990 por 21 grandes organizações, entre elas, a Kodak, a IBM e a Coca-Cola. A proposta da GEMI era proporcionar instrumentos e técnicas para que as organizações, que já utilizavam a filosofia da gestão da qualidade e o conceito de TQM, pudessem adotar facilmente a TQEM. Essa transição facilitada entre TQM e TQEM ocorre porque ambas as ferramentas possuem os fundamentos básicos comuns.

O TQEM é o conhecido TQM preocupado com as questões ambientais. Ambos, portanto, consideram que o atendimento das expectativas dos clientes é a base do sucesso empresarial. Um das idéias básicas que orientam essas concepções administrativas é a realização de melhorias contínuas em todas as instâncias da empresa, mediante a participação de todos os seus integrantes e colaboradores, incluindo fornecedores e clientes, para atender às demandas por qualidade, preço e variedade de produtos com a rapidez e a confiabilidade das entregas que o atual padrão de competitividade exige. Por melhoria se entende tanto as inovações incrementais de pequena monta em produtos e processos administrativos e operacionais existentes, quanto a introdução de novos produtos e processos. As atividades geradoras de melhorias em produtos e processos decorrem do aprendizado no trato com materiais, equipamentos, informações, rotinas e relacionamentos interpessoais, podendo ocorrer de modo espontâneo ou planejado. Atividades específicas para realizar melhorias sempre existiram e sempre foram praticadas, porém no TQM e TQEM elas devem ser realizadas continuamente em todas as atividades da empresa, pois rejeitam a idéia de objetivos e níveis de qualidade fixos, tais como níveis aceitáveis de defeitos, reclamação, poluição e outros indicadores de desempenho. (Barbieri,2004,p.118)

---

10 Pode-se traduzir GEMI como a Iniciativa Empresarial Global sobre o Meio Ambiente

72 | FUNDAMENTOS DA GESTÃO AMBIENTAL

A TQEM possui como conceitos e prioridades fundamentais:

- foco nos clientes;
- a melhoria contínua;
- a participação, o envolvimento e o comprometimento dos funcionários;
- o aprendizado social, por intermédio do compartilhamento de informações com outras empresas;
- a eliminação de desperdícios;
- o trabalho em equipe;
- as parcerias com os clientes (internos e externos) e fornecedores;
- a qualidade como uma dimensão estratégica;
- a superação das expectativas dos clientes internos e externos em termos ambientais;
- a poluição zero como uma meta.

A abordagem TQEM, segundo Florida (1999) e Miles e Covin (2000), utiliza o sistema de prevenção combinado com os conceitos de gestão da qualidade, tais como análise do ciclo de vida, melhoria contínua e uma abordagem para redução dos impactos ambientais e custos totais, ao mesmo tempo em que aumenta o valor, tanto para consumidores quanto para os acionistas.

Para Barbieri (2004) o processo de transformação da gestão ambiental seguiu uma trajetória semelhante ao que ocorreu com a gestão da qualidade, pois de *modo análogo à evolução da gestão da qualidade, a fase inicial da gestão ambiental empresarial também é de caráter corretivo, as exigências estabelecidas pela legislação ambiental são vistas como problemas a serem resolvidos pelos órgãos técnicos e operacionais da empresa sem autonomia decisória e esse trabalho é visto como um custo interno adicional. Do ponto de vista ambiental, as práticas de controle da poluição apresentam-se como soluções pobres por estarem focadas nos efeitos e não nas causas da poluição e alcança poucos efeitos sobre o montante de recursos que a empresa utiliza. Na fase seguinte, as soluções para os problemas ambientais são vistas como meios para aumentar a produtividade da empresa, sendo para isso necessário rever os produtos e processos para reduzir a poluição na fonte, reutilizar e reciclar o máximo de resíduos. Essa abordagem permite reduzir a poluição e o consumo de recursos para a mesma quantidade de bens e serviços produzida. Por fim, numa etapa mais avançada, a empresa passa a considerar as questões ambientais como questões estratégicas, seja minimizando problemas que podem comprometer a competitividade da empresa seja capturando oportunidades mercadológicas. (Barbieri,2004,p.114)*

Na política ambiental, Miles e Covin (2000) e Daroit e Nascimento (2002) consideram que as empresas têm freqüentemente seguido a TQEM ou a abordagem de marketing ambiental como ferramenta estratégica de vantagem competitiva, que podem ser combinadas para buscar a redução de custos e o valor de mercado pela diferenciação do produto.

2.5 - Influências da *Environmental Protection Agency* (EPA) e Iniciativas Européias

Além do conjunto das Normas ISO 9000 e QS 9000, uma outra norma de sistemas da qualidade surgida na Europa foi a norma da BSI (*British Standard Institute*). A BS 5750 foi, na verdade, anterior ao surgimento da ISO e da QS, tendo contribuído para o surgimento das duas normas de sistemas de gestão da qualidade. Porém, assim que a norma ISO adentrou no mercado inibiu as implementações de acordo com a BS 5750.

No entanto, os sistemas de gestão ambiental não foram influenciados apenas pelos sistemas da qualidade, mas também por alguns outros sistemas e iniciativas que foram sendo desenvolvidos e aprimorados, sobretudo com maior vigor nas últimas duas décadas.

Em 1947, foi criado nos EUA o *Federal Insecticide, Fungicide, and Rodenticide Act*, com a responsabilidade de regulamentar e investigar as ações e impactos dos fungicidas, herbicidas, agrotóxicos - entre outros

74 | FUNDAMENTOS DA GESTÃO AMBIENTAL

produtos - no meio ambiente, bem como seus efeitos na humanidade. Em 1955, mais uma importante iniciativa ocorreu também nos EUA: foi criado o *Air Pollution Control Act*, com o intuito de investigar os efeitos da poluição na atmosfera e controlá-la. No entanto, não foi antes da década de 1970 que o governo americano começou a agir no sentido de controlar a poluição ambiental.

Em 1970, o então presidente americano Richard M. Nixon assinou uma ordem executiva e consolidou a criação de uma única agência ambiental americana: a *Federal Environmental Protection Agency* (EPA). O propósito da EPA tornou-se, a partir de então: *"proteger nosso ambiente hoje e para as futuras gerações, seguindo e obedecendo as leis determinadas pelo Congresso Americano e nossa missão maior, que é de controlar a poluição nas áreas relacionadas a: ar, água, resíduos, pesticidas, radiação e substâncias tóxicas, sempre em cooperação com os governos locais e estaduais"* (Culley, 1998).

Apesar do primeiro foco da EPA ter sido de regulamentação às leis governamentais, e não o desenvolvimento de sistemas de gestão ambiental, suas iniciativas vêm contribuindo para muitas empresas americanas desenvolverem uma cultura ambiental sistêmica. Uma outra importante contribuição foi seu envolvimento direto no desenvolvimento da ISO 14001. A EPA, em função da sua vasta experiência na área, participou intensamente no desenvolvimento de dois dos requisitos da ISO 14001: a prevenção da poluição e o atendimento à legislação.

Além das contribuições comentadas anteriormente, cabe ainda salientar a importância das contribuições européias aos sistemas de gestão ambiental. Em maio de 1991, a Alemanha criou uma lei na área de reciclagem que exigia dos fabricantes que assumissem toda e qualquer responsabilidade pela reciclagem e disposição final das embalagens de seus produtos. Essa lei tornou-se importante pelo seu pioneirismo no assunto. Após essa iniciativa, outros países europeus, como a Suécia e a Holanda, iniciaram ações semelhantes no sentido de promover a reciclagem de produtos e embalagens, responsabilizando seus geradores.

2.6 – Fases da Gestão Ambiental

Após essa breve análise do modo de produção feudal, do modo de produção capitalista e da Revolução Industrial, pode-se perceber que nesses momentos históricos não havia nenhuma preocupação com a preservação e nem com a conservação do meio ambiente, a única preocupação dos capitalistas era com o aumento do lucro. Portanto, não havia preocupação alguma com a degradação do meio ambiente.

As preocupações com o meio ambiente não são recentes, pois estão presentes no cotidiano da civilização humana desde o século XVIII. Entretanto, é necessário destacar que essa preocupação com a proteção do meio ambiente contra a ação humana somente foi motivada pela constatação de que os recursos naturais poderiam se esgotar de modo a prejudicar a produção das mercadorias. Ou seja, a preocupação com a proteção do meio ambiente estava relacionada estritamente com a conservação dos recursos naturais visando sua utilização.

A preocupação inicial dos empresários com o meio ambiente refere-se apenas a escassez de recursos naturais necessários para a produção de mercadorias.

A degradação do meio ambiente tornou-se maior após o processo de industrialização mundial, inicialmente, com a Revolução Industrial na Europa e nos demais países, posteriormente. No Brasil a degradação do meio ambiente ocorre desde o processo de colonização do território nacional, em um primeiro momento a degradação ocorre com o processo de urbanização e em um segundo momento, com a industrialização.

Para Barbieri (2004), a preocupação com a poluição causada pelo processo de industrialização tem início já com a Revolução Industrial, entretanto, desde a *Antigüidade, diversas experiências haviam sido tentadas para remover o lixo urbano que infestava as ruas da cidade prejudicando a saúde de seus habitantes. Na segunda metade do século XIX, começa também um intenso debate entre membros da comunidade científica e artística para delimitar áreas do ambiente natural a serem protegidas das ações humanas, para criar santuários onde a vida selvagem pudesse ser preservada. Destaca-se, nesse*

76 | Fundamentos da Gestão Ambiental

aspecto, a criação do Parque Nacional de Yellowstone, nos Estados Unidos, em 1872, considerado o primeiro no mundo. O crescimento da consciência ambiental por amplos setores da sociedade é outro fato indutor da emergência da gestão ambiental. No pós-guerra começa efetivamente o crescimento dos movimentos ambientalistas apoiados em uma crescente conscientização de parcelas cada vez maiores da população. Entende-se por ambientalismo as diferentes correntes de pensamento de um movimento social, que tem na defesa do meio ambiente sua principal preocupação. (p.20)

Segundo Donaire (1999), Dalia Maimon (1996), Barbieri (1997) entre outros, as respostas das organizações aos novos desafios, dependendo do grau de conscientização da questão ambiental dentro da empresa, costumam ocorrer sob três posturas ou fases muitas vezes sobrepostas: controle ambiental nas saídas (conhecido como controle fim de tubo ou *end of pipe*); integração do controle ambiental nas práticas e processos industriais; e, integração da questão ambiental na gestão administrativa.

Para Alberton (2003), a primeira fase assume uma postura de natureza tipicamente corretiva e constitui-se na instalação de equipamentos de controle da poluição nas saídas, como chaminés e redes de efluentes líquidos, mantendo a estrutura produtiva existente. Em termos gerais, pode-se dizer que esta foi a preocupação até a década de 1970, onde as empresas nos países desenvolvidos limitavam-se a evitar acidentes locais, da mesma forma que combatiam o acidente do trabalho. Conforme Barbieri (1997) e Russo e Fouts (1997) ações do tipo *end of pipe* são geralmente introduzidas por força da regulamentação ambiental ou por pressões da comunidade e resultam, freqüentemente, na transferência da poluição de um lugar para outro ou ainda com a permanência dos poluentes sob novas formas. Como podem não atender ao requerido caso a regulamentação se altere, estas ações, no longo prazo, podem tornar-se mais dispendiosas para a empresa do que as tecnologias de prevenção da poluição características da segunda fase.

Após a II Guerra Mundial a preocupação foi, inicialmente, com a reconstrução do parque industrial quase totalmente destruído. Portanto, a consciência ecológica nesse momento histórico não existia, pois a prioridade era satisfazer as necessidades da sociedade por produtos.

Para Viterbo Jr. (1998), nesta época, a gestão ambiental torna-se parte integrante e indissolúvel da gestão pela qualidade total e, se por um lado não existe isoladamente como sistema de administração dos negócios, por outro, todas as organizações que vêm adotando a gestão pela qualidade total necessitam aperfeiçoar a gestão para a satisfação da parte interessada, comunidade vizinha (e também da própria sociedade), através, por exemplo, da adequação à norma ISO 14001, para terem verdadeiramente implementada a GQT.

A expansão da consciência coletiva em relação ao meio ambiente e a complexidade dos contextos sociais, econômicos, culturais, educacionais e políticos exigem das organizações novas posturas e posicionamentos em relação ao seu funcionamento eficaz.

A partir das duas grandes crises do petróleo, em 1973 e 1979, o controle ambiental passou a ser integrado às práticas e processos produtivos, deixando de ser apenas uma atividade de controle da poluição, passando a ser uma função da produção e desenvolvimento. Contribuindo, dessa forma, para a redução de custos e passivos ambientais, e melhoria das condições de trabalho e da imagem da empresa, facilitando, também, a implantação de programas de qualidade. Nessa segunda fase, o princípio básico passou a ser o da prevenção, envolvendo: a substituição de equipamentos, máquinas, materiais e recursos energéticos, o desenvolvimento de novos processos e produtos, o reaproveitamento e economia de materiais e energia, a reciclagem de resíduos e geração de menos poluentes e passivos ambientais. Conforme Barbieri (1997), as tecnologias de prevenção da poluição focalizam as mudanças sobre produtos e processos, a fim de reduzir ou eliminar todo o tipo de rejeitos e prevenir a contaminação do ambiente. Nessa fase, a poluição, gerada pelo processo de produção, é considerada como um recurso aplicado de modo improdutivo.

Ao atingir o mercado, no final da década de 1980, a proteção ao meio ambiente deixou de ser somente uma exigência punida com multas e sanções, passando a se configurar em um quadro de ameaças e oportunidades, em que as conseqüências passaram a significar a própria permanência ou saída do mercado, já competitivo, da época. O mercado de capitais também captou prontamente essa tendência e passou a levar crescentemente em consideração o aspecto ambiental em suas decisões de investimento, levando as organizações a integrar o controle ambiental em sua gestão administrativa.

Assim, configura-se a terceira fase, em uma perspectiva estratégica, onde a proteção ambiental deixou de ser uma função exclusiva da produção para tornar-se, também, uma função da administração. Nessa fase, a gestão ambiental passa a ser contemplada na estrutura organizacional, interferindo no planejamento estratégico e tornando-se uma atividade importante na organização da empresa, tanto no desenvolvimento das atividades de rotina, como na discussão dos cenários alternativos, gerando políticas, metas e planos de ação.

Backer (2002) afirma que o processo de conscientização ambiental desenvolvido nas décadas de 1980 e 1990 tornou possível o surgimento de um novo setor econômico de atividade, a indústria do meio ambiente. A indústria do meio ambiente está fundamentada em três grandes setores:

- **produtos de consumo** - a indústria do meio ambiente nesse setor visa substituir produtos altamente poluidores por outros que poluam menos e, assim, diminuam a degradação ambiental. Entre esses produtos de consumo estão os seguintes: eliminação dos metais pesados (pilhas, eletrônica); plásticos biodegradáveis (embalagens, ferramentas, utensílios); detergentes; gases nocivos normais (vaporizadores e calefação).

- **os investidores industriais** - a indústria do meio ambiente nesse setor visa ao investimento em inovação industrial, de modo a minimizar o dano ambiental. Esses investimentos industriais ocorrem, basicamente, em três setores: as indústrias de reciclagem e de limpeza; a engenharia das tecnologias limpas e a indústria de medida e controle.

- **os serviços** - em paralelo com os investimentos industriais também surgiu o setor dos serviços de gestão do meio ambiente como essencial à economia dos países. Entre os possíveis serviços de gestão do meio ambiente estão: da medida, diagnóstico e controle em tempo real; da avaliação de incidentes e sistemas especializados; da elaboração de softwares de serviços; da supervisão humana; de financiamentos e seguros; da formação e sensibilização ambiental.

A preocupação com o meio ambiente é um fato novo no mundo e, mais ainda, no Brasil. Teve seu início, enquanto preocupação governamental, na década de 1960 e somente no final da década de 1990 é que se tornou preocupação no meio empresarial.

A consciência ecológica da sociedade a partir dos anos 1990 obrigou a adoção de novas posturas organizacionais. Essa nova exigência e consciência ecológica dos consumidores exigiram e continuarão continuamente a exigir novas práticas administrativas, agora pautadas no desenvolvimento sustentável. Isso trouxe como implicações para as organizações uma série de transformações, pois agora é preciso aumentar a lucratividade e reduzir gastos, mas com um produto/serviço de qualidade e ecologicamente correto. Ou seja, um produto com qualidade, competitivo e que não agrida o meio ambiente. Exige-se uma nova postura profissional e organizacional em uma nova sociedade.

Segundo Andrade, Tachizawa e Carvalho (2002), a proteção ambiental deslocou-se uma vez mais, deixando de ser uma função exclusiva de proteção para tornar-se também uma função da Administração. Contemplada na estrutura organizacional e interferido no planejamento estratégico, passou a ser uma atividade importante na empresa, seja no desenvolvimento das atividades de rotina, seja nas discussões dos cenários alternativos, e a conseqüente análise de sua evolução acabou gerando políticas, metas e planos de ação. Essa atividade dentro da organização passou a ocupar interesse dos presidentes e diretores e a exigir uma nova função administrativa na estrutura, que pudesse abrigar um corpo técnico específico e um sistema gerencial especializado, com a finalidade de propiciar à empresa uma integração articulada e bem conduzida de todos os seus setores e a realização de um trabalho de comunicação social moderno e consciente.

Essas novas exigências e transformações ocorridas na sociedade e que conduzem a novas práticas administrativas, pautadas em novos valores e princípios, não significam que as organizações não tenham mais como meta última a maior lucratividade. Apenas essa busca pela maior competitividade, maior lucratividade e pela redução de custos deve estar pautada em novos valores e princípios, quais sejam: a qualidade dos produtos/serviços e o desenvolvimento sustentável.

Nessa perspectiva estratégica, busca-se reduzir sistematicamente os custos via produção mais limpa, aproveitando as oportunidades geradas pela valorização da consciência ambiental, por meio de diferenciação na produção e comercialização de produtos e embalagens de baixo impacto ambiental, e de tecnologia resultante de sua própria experiência na solução dos problemas ambientais. Segundo Barbieri (1997), foi a partir dessa fase que os selos verdes (ou rótulos ambientais) tiveram seu maior impacto.

É possível conciliar a preocupação ambiental da empresa sem aumento de despesas, custos e, em alguns casos, até transformar em fonte de recursos adicionais.

Assim, sintetizando as três posturas empresariais identificadas, do ponto de vista ambiental, qualquer solução de remediação ou *end of pipe* sempre será insatisfatória. Pois, o que ocorre é a troca de um tipo de poluição por outro e, do ponto de vista empresarial, essa abordagem será encarada pelos tomadores de decisão como elevação de custos de produção, que dificilmente podem ser reduzidos face às exigências legais, tendendo, inclusive, a aumentar se as exigências se tornarem mais rigorosas. A implementação de um processo limpo de modo isolado, seguido de inovações incrementais ao longo da vida útil caracteriza a segunda fase, cujo limite para a terceira fase ocorre na medida em que os benefícios auferidos a longo prazo passem a desempenhar um papel vital para a empresa, adquirindo uma dimensão competitiva fundamental para ela.

Para Donaire (1999), a repercussão da gestão ambiental dentro da organização e o crescimento de sua importância ocorrem a partir do momento em que a empresa se dá conta de que essa atividade, em lugar de ser uma área que só lhe propicia despesas, pode transformar-se em um excelente local de oportunidades de redução dos custos, o que pode ser viabilizado, seja através do reaproveitamento e venda dos resíduos e aumento das possibilidades de reciclagem, seja por meio da descoberta de novos componentes e novas matérias-primas que resultem em produtos mais confiáveis e tecnologicamente mais limpos. Essa repercussão fica fácil de ser compreendida se entendermos que qualquer melhoria que possa ser conseguida na performance ambiental da empresa, através da diminuição do nível de efluentes ou de melhor combinação de insumos, sempre representará, de alguma forma, algum ganho de energia, ou de matéria contida no processo de produção.

Diante disso, as empresas que se caracterizam pelo conceito moderno de gerenciamento ambiental integram o controle ambiental nos três níveis citados: nas saídas, nas práticas e processos industriais e na gestão administrativa em suas estratégias e tomada de decisão. É nessas empresas que o gerenciamento ambiental encontra espaço e os SGA passam a ser uma ferramenta integrada à todos os níveis da organização.

O pesquisador Takeshi Tachizawa (2005) apresenta em seu livro "Gestão ambiental e responsabilidade social corporativa" alguns dados de pesquisas realizadas que comprovam que a temática da gestão ambiental e da conservação ambiental não tende a ser um fato passageiro ou um modismo empresarial, pois a tendência de preservação ambiental e ecológica por parte das organizações deve continuar de forma permanente e definitiva; os resultados econômicos passam a depender cada vez mais de decisões empresariais que levem em conta que: (a) não há conflito entre lucratividade e a questão ambiental; (b) o movimento ambientalista cresce em escala mundial; (c) clientes e comunidade em geral passam a valorizar cada vez mais a proteção do meio ambiente; (d) a demanda e, portanto, o faturamento das empresas passam a sofrer cada vez mais pressões e a depender diretamente do comportamento de consumidores que enfatiza suas preferências para produtos e organizações ecologicamente corretos. (p.23-24)

Assim, a gestão ambiental tornou-se e deverá ainda tornar-se, em ritmo crescente, importante instrumento de gerenciamento no sentido de tornar as empresas competitivas.

Portanto, a organização do futuro deverá caracterizar-se pelo conceito contemporâneo de gestão ambiental e fazer com que a preocupação ambiental torne-se uma vantagem competitiva.

O questionamento que se pode fazer é o seguinte: por que as organizações deveriam adotar a gestão ambiental? A seguir apresentaremos algumas possíveis explicações:

- a legislação ambiental vigente;
- as necessidades e exigências dos consumidores;
- a concorrência e o mercado;
- o aumento dos padrões de qualidade das mercadorias produzidas;
- a necessidade de criar condições para exportações;
- melhorar a imagem das organizações;
- desempenhar seu papel social na comunidade;
- as pressões de ONGs ambientalistas.

Para Tachizawa (2005), a gestão ambiental é uma resposta natural das organizações ao "novo" cliente, que exige novos produtos e serviços. E afirma que esse novo cliente é denominado de consumidor verde e ecologicamente correto. Faz-se, dessa forma, necessário compreender que não há ou pelo menos não deveria haver contradição entre produção e desenvolvimento econômico e conservação ambiental, não há antagonismos, pois ambos podem e devem conviver juntos nesse novo contexto.

Pode-se afirmar que a preocupação dos Administradores com o meio ambiente entrelaçam-se em torno de três questões fundamentais:

- a escassez de recursos naturais
- a poluição do meio ambiente;
- a conscientização da sociedade com as questões de conservação e preservação do meio ambiente.

Backer (2002) apresenta duas razões fundamentais que podem explicar a hesitação e a própria recusa dos Administradores em considerarem a variável ambiental nas estratégias organizacionais:

- a compreensão da noção de oposição entre ecossistema natural e ecossistema industrial, isso faz com que os Administradores compreendam que essa relação dicotômica entre indústria e meio ambiente seja um problema para a outra. Ou seja, cada uma das variáveis é vista como um problema para o outro.

- A segunda razão é que a formação profissional dos Administradores não contempla essa preocupação ambiental, portanto, os Administradores não receberam uma formação adequada para compreenderem que não existe dicotomia às referidas variáveis.

Backer (2002) afirma que faz-se necessária, nessa nova fase do processo de industrialização, uma nova postura dos Administradores, de modo a aprender sobre o meio ambiente; saber explicar as necessidades em matéria de defesa ou melhoria do meio ambiente; dispor de ferramentas de gestão ambiental; saber negociar o ecossistema que ele contribuiu para criar.

Portanto, faz-se necessário harmonizar e equilibrar os objetivos organizacionais com os objetivos ambientais.

A expansão da consciência coletiva com relação ao meio ambiente e a complexidade dos contextos sociais, econômicos, culturais, educacionais e políticos, exige das organizações novas posturas e posicionamentos em relação ao seu funcionamento.

Backer (2002) afirma que a criação de uma estratégia ecológica possui quatro fases:

- **primeira fase** - a identificação das prioridades - o esquema global;
- **segunda fase** - o diagnóstico da empresa, por setor;
- **terceira fase** - os planos de ação por setor da empresa;
- **quarta fase** - hierarquização e integração dos planos de ação de uma estratégia global.

Para enfrentar os problemas da degradação do meio ambiente surgiram inúmeros acordos internacionais que visavam proteger o meio ambiente contra a agressão humana. Em termos internacionais e no âmbito das políticas nacionais de proteção ao meio ambiente pode-se falar em uma Ordem Ambiental Internacional, dividida em três fases distintas e complementares:

- **Primeira Fase** – no início do século XX, momento em que surgem os primeiros acordos multilaterais de preservação ambiental
- **Segunda Fase** – Período da Guerra Fria
- **Terceira Fase** – Período Pós-Guerra Fria

No Brasil, a classificação da Gestão Ambiental em fases é apresentada por vários pesquisadores. A seguir far-se-á uma apresentação da classificação proposta pelos autores para posteriormente apresentar-se nossa percepção das fases da Gestão Ambiental.

Viterbo Jr. (1998), divide o processo de conscientização e preocupação ambiental em quatro fases distintas e complementares:

- **período de conscientização** – até o início da década de 1970
- **período de controle da poluição** – a partir de 1972
- **período de planejamento ambiental** – década de 1980
- **período de gerenciamento ambiental** – década de 1990

Já para Donaire (1999), a consciência ambiental no meio empresarial pode ser percebida em três fases:

- **Primeira Fase** – Controle ambiental das indústrias
- **Segunda Fase** – Prevenção ambiental
- **Terceira Fase** – Conceito moderno de gerenciamento ambiental – nesse momento a proteção ambiental desloca-se da produção para uma preocupação de toda a organização.

Barbieri (2004) classifica o processo de transformação da gestão ambiental em três fases, assim representadas:

- **Primeira Fase** – período que compreende o início do século XX até 1972. Esse momento histórico é caracterizado por um tratamento pontual das questões ambientais e desvinculado de uma preocupação com os processos de desenvolvimento.

- **Segunda Fase** – corresponde ao período compreendido entre 1972 até 1992. Essa fase inicia-se com a Conferência das Nações Unidas para o Meio Ambiente Humano, realizada em Estocolmo em 1972. Essa segunda fase apresenta como marca principal a busca de uma nova relação entre o meio ambiente e o desenvolvimento econômico.

- **Terceira Fase** – corresponde ao período iniciado em 1992 e prolonga-se aos nossos dias. Essa fase começa com a realização da Conferência das Nações Unidas para o Meio Ambiente e Desenvolvimento (CNUMAD), ocorrida em 1992 no Rio de Janeiro.

Como não há consenso entre os pesquisadores da área sobre a quantidade de fases que compõem o processo de transformação da gestão ambiental, decidiu-se apresentar uma nova proposta das fases da gestão ambiental, baseada nos pesquisadores da área e também na estrutura apresentada por Shigunov Neto e Campos (2004), formulada para a gestão da qualidade.

A Figura IV apresenta nossa concepção sobre as fases da Gestão Ambiental.

Figura IV – Fases da Gestão Ambiental

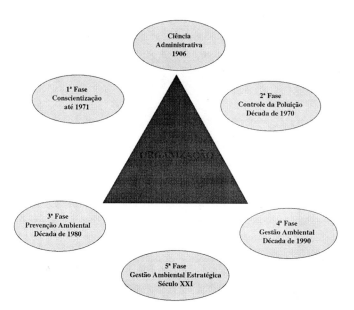

Nossa percepção das fases da gestão ambiental é constituída por seis momentos distintos e complementares, assim estruturados:

- **Primeira Fase** – Conscientização Ambiental – até 1971
- **Segunda Fase** – Controle da Poluição – década de 1970
- **Terceira Fase** – Prevenção Ambiental – década de 1980
- **Quarta Fase** – Gestão Ambiental – década de 1990
- **Quinta Fase** – Gestão Ambiental Estratégica – século XXI

Essas fases da Gestão Ambiental se entrecruzam e, em muitos momentos, se confundem com as fases da legislação ambiental. Pois, ao mesmo tempo em que os órgãos públicos responsáveis pela proteção, conservação e preservação do meio ambiente formulavam e regulamentavam sobre questões ambientais, também as organizações precisavam acompanhar tais alterações e transformações.

CAPÍTULO III
LEGISLAÇÃO AMBIENTAL BRASILEIRA

O meio ambiente deve ser preocupação central da humanidade, pois toda agressão ao meio ambiente pode trazer implicações irreversíveis e de impacto para todas as pessoas. Em função disso, e com o intuito de proteger o meio ambiente contra a atuação destruidora e maléfica do homem, é que surgem instrumentos legais de proteção ao meio ambiente, também denominados de legislações ambientais. Portanto, cabe à legislação ambiental regulamentar sobre a proteção ao meio ambiente.

Cabe destacar que a proteção, conservação e preservação ambientais somente ocorrerão se a legislação ambiental for aplicada e fiscalizada eficazmente. Ou seja, se os órgãos de fiscalização forem instrumentalizados e dadas as condições necessárias para sua atuação. Além disso, para que a legislação se torne eficaz faz-se necessário, também, que os órgãos responsáveis pela aplicação da lei, e os próprios juízes, estejam habilitados para uma atuação eficaz, portanto, que profissionais do poder judiciário tenham formação específica na área ambiental.

Essa preocupação com a preservação e conservação do meio ambiente está presente em todos os povos, entretanto, a grande diferença está no grau de aplicação das leis por parte dos Governos nacionais.

Mais recentemente os povos de todo o mundo tiveram seus olhos voltados ao meio ambiente. Tanto é verdade que existem várias organizações não governamentais defendendo o meio em que vivemos contra atos lesivos praticados por quem quer que seja. Eles têm representantes praticamente em todos os países do globo, e pretendem alertar o Poder Público, em especial, e a comunidade, de modo geral, quanto à necessidade de se proteger o nosso sistema ecológico de agentes nocivos à saúde e à qualidade de vida desta e da futura geração. A par disso, e como não podia deixar de ser, nosso legislador passou a editar leis mais específicas, colocando instrumentos mais eficazes em defesa do meio ambiente. Nas décadas de oitenta e noventa houve um desenvolvimento enorme em nosso país no que tange à proteção ao meio ambiente; vários livros e artigos doutrinários foram publicados; inúmeras leis foram criadas nesse período. Houve também uma repercussão benéfica com a divulgação pela mídia de algumas decisões judiciais favoráveis às ações públicas impetradas pelo Ministério Público. Foi com o advento da Lei nº 7.347, de 24 de julho de 1985, que a defesa do meio ambiente se fortaleceu. (Sirvinskas, 2003, p.20-21)

A temática da legislação ambiental brasileira tornou-se objeto de estudo de consagrados pesquisadores nacionais a partir da década de 1990, logo após a promulgação da Constituição Federal de 1988. Entre os principais pesquisadores nacionais que se dedicam ao estudo da legislação ambiental destacam-se: Mukai (1992), Fiorillo e Rodrigues (1997), Rocha (1997), Leme Machado (1998), Silva (1997), Antunes (1995), Carvalho (2001), Freitas e Freitas (2001), Milaré (2001), Séguin e Carrera (2001), Antunes (2002), Rebello Filho e Bernardo (2002), Sirvinskas (2003) e Fiorillo (2004).

O objetivo deste capítulo é realizar uma análise da legislação ambiental brasileira. A opção pelo tema Legislação Ambiental, num primeiro momento, justifica-se pelo interesse em investigar como a legislação ambiental brasileira consolidou-se como uma das mais complexas do mundo, sem, contudo, poder ser considerada a mais eficaz e eficiente, em função de inúmeros fatores; para, num segundo momento, analisar as suas implicações para a sociedade brasileira. Para tanto, tomar-se-ão como referencial as Constituições Brasileiras e a legislação específica sobre Meio Ambiente.

No caso específico deste capítulo, nossa obra apresenta algumas inovações e complementações em relação aos livros publicados por pesquisadores nacionais e presentes no mercado editorial brasileiro, tais como:

- divide didaticamente o processo de transformação da legislação ambiental brasileira de acordo com a história da humanidade;
- apresenta uma linha imaginária do tempo com as principais fases da legislação ambiental brasileira;
- apresenta uma análise detalhada, clara e objetiva, da legislação ambiental brasileira, levando em conta que o livro destina-se a profissionais de outras áreas e não do direito, ou seja, são leigos em termos jurídicos.

Desse modo, e visando atingir os objetivos propostos, estruturou-se o presente capítulo em quatro partes assim definidas:

- O Direito Ambiental
- As questões ambientais nas Constituições brasileiras: aspectos históricos da legislação ambiental
- Lei nº 6.938/81 - Política Nacional do Meio Ambiente
- Lei nº 9.605/98 - Sanções penais e administrativas derivadas de condutas e atividades lesivas ao meio ambiente

3.1 – O DIREITO AMBIENTAL

A Gestão Ambiental teve início com a atuação dos Governos nacionais e, posteriormente, desenvolveu-se para outras instâncias da sociedade. Essas iniciativas governamentais, num primeiro momento, foram de cunho corretivo e punitivo. Assim, as iniciativas eram fragmentadas, pontuais e ineficazes, pois sua aplicação ocorria após a degradação ambiental, ou seja, depois que não havia mais nada a fazer contra a destruição do meio ambiente. Num segundo momento, as políticas governamentais de proteção ambiental alteram seu foco de caráter corretivo e punitivo e passam a ter um cunho preventivo. Portanto, as políticas públicas de proteção ambiental visam evitar a destruição ambiental. Outro aspecto importante a destacar é que, agora, as iniciativas públicas ambientais são integradas a um conjunto de medidas e não mais representam iniciativas esparsas, isoladas e pontuais. (Barbieri,2004)

A Gestão Ambiental Pública é a maneira como o Poder Público, utilizando-se de políticas públicas ambientais, conduz o processo de proteção do meio ambiente e, paralelamente, o desenvolvimento econômico do país.

Tabela II – Instrumentos de Política Pública Ambiental

GÊNERO	ESPÉCIES
Comando e Controle	Padrão de emissão
	Padrão de qualidade
	Padrão de desempenho
	Padrões tecnológicos
	Proibições e restrições sobre produção, comercialização e uso de produtos e processos
	Licenciamento ambiental
	Zoneamento ambiental
	Estudo prévio de impacto ambiental
Econômico	Tributação sobre poluição
	Tributação sobre uso de recursos naturais
	Incentivos fiscais para reduzir emissões e conservar recursos
	Financiamentos em condições especiais
	Criação e sustentação de mercados de produtos ambientalmente saudáveis
	Permissões negociáveis
	Sistema de depósito-retorno
	Poder de compra do Estado
Outros	Apoio ao desenvolvimento científico e tecnológico
	Educação ambiental
	Unidades de conservação
	Informação ao público

Fonte: Barbieri (2004)

A tabela II apresenta dois tipos de instrumentos, que os Governos possuem, de políticas públicas ambientais para a proteção do meio ambiente: os instrumentos explícitos, que são aqueles criados especialmente para proteger eficazmente o meio ambiente. Já os instrumentos implícitos são aqueles que não foram criados com a finalidade exclusiva de proteção do meio ambiente, mas seus resultados poderão contribuir para a proteção do meio ambiente. Os instrumentos explícitos de políticas públicas ambientais podem ser classificados em três grandes grupos, conforme apresenta Barbieri (2004):

- **Instrumentos de comando e controle** – também conhecidos por instrumentos de regulação direta, visam proteger o meio ambiente por meio de proibição, restrições e obrigações impostas aos cidadãos e organizações, sempre por intermédio das leis.

- **Instrumentos econômicos** – esses tipos de instrumentos objetivam influenciar o comportamento dos cidadãos e organizações em relação ao meio ambiente, por meio de medidas que trarão benefícios ou custos. Tais instrumentos podem ser de dois tipos: fiscais e de mercados.

Após essa breve explicação das políticas públicas ambientais e seus objetivos, e antes do início da análise da legislação ambiental brasileira, faz-se necessário definir o conceito de direito ambiental.

O direito ambiental derivou do direito administrativo e adquiriu autonomia com a aprovação da lei nº 6.938 de 31 de agosto de 1981. Pode-se afirmar que o direito ambiental foi elevado à condição de área de conhecimento da ciência jurídica com a criação da Lei da Política Nacional do Meio Ambiente. Dessa forma, essa lei trouxe em seu bojo todos os requisitos necessários para tornar o direito ambiental uma ciência jurídica independente, ou seja, com regime jurídico próprio, definições e conceitos de meio ambiente e de poluição, objeto do estudo da ciência ambiental, objetivos, princípios, diretrizes, instrumentos, sistema nacional do meio ambiente (órgãos) e a indispensável responsabilidade objetiva. (Sirvinskas,2003,p.27-28)

O Direito Ambiental é uma disciplina do Direito Brasileiro relativamente nova, porém, autônoma. Internacionalmente, o direito ambiental surgiu com os princípios da Política Global do Meio Ambiente, formulados pela primeira vez na Conferência de Estocolmo de 1972 e ampliados, posteriormente, na Eco-92. Para Servinskas (2003,p.27), o direito ambiental é a "ciência jurídica que estuda, analisa e discute as questões e os problemas ambientais e sua relação com o ser humano, tendo por finalidade a proteção do meio ambiente e a melhoria das condições de vida no planeta".

Por meio do artigo 225 da Constituição Federal visa-se estabelecer um ambiente ecologicamente equilibrado para a sadia qualidade de vida. Isso significa dizer que há uma indissociável relação econômica do bem ambiental com o lucro que pode gerar, bem como com a sobrevivência do próprio meio ambiente. Assim, pode-se afirmar que o direito ambiental teria por objeto a tutela de toda e qualquer vida, ou seja, a conservação do meio ambiente destina-se à satisfação das necessidades humanas e, em última instância, à sobrevivência do ser humano.

Assim, temos que o art. 225 estabelece quatro concepções fundamentais no âmbito do direito ambiental: a) de que todos têm direito ao meio ambiente ecologicamente equilibrado: b) de que o direito ao meio ambiente ecologicamente equilibrado diz respeito à existência de um bem de uso comum do povo e essencial à sadia qualidade de vida, criando em nosso ordenamento o bem ambiental; c) de que a Carta Maior determina tanto ao Poder Público como à coletividade o dever de defender o bem ambiental, assim como o dever de preservá-lo; d) de que a defesa e a preservação do bem ambiental estão vinculadas não só às presentes como também às futuras gerações. (Fiorillo, 2004, p.15)

Portanto, o direito ambiental é uma das áreas de conhecimento da ciência jurídica que possui como objeto de estudo as questões e os problemas ambientais e sua relação com o homem. Seu objetivo é regulamentar sobre o desenvolvimento sustentável de modo a equilibrar a satisfação das necessidades humanas e a conservação do meio ambiente.

Dessa forma, o conceito de direito ambiental que permeará nosso livro será o seguinte: **o direito ambiental é uma das áreas de conhecimento da ciência jurídica que possui, como objeto de estudo, as questões e os problemas ambientais e sua relação com o homem. Seu objetivo é regulamentar sobre o desenvolvimento sustentável de modo a equilibrar a satisfação das necessidades humanas e a conservação do meio ambiente.**

O direito ambiental, para atingir seus objetivos, precisa estar fundamentado em princípios gerais e específicos que norteiam suas regulamentações e determinações. Sirvinskas (2003) afirma que existem sete princípios do direito

94 | Fundamentos da Gestão Ambiental

ambiental: princípio do direito humano, princípio do desenvolvimento sustentável, princípio democrático, princípio da prevenção (precaução ou cautela), princípio do equilíbrio, princípio do limite e princípio do poluidor-pagador.

Segundo Sirvinskas (2003), são inúmeros os princípios ambientais arrolados pelos doutrinadores, a saber: o princípio do dever de todos os Estados de proteger o ambiente; princípio da obrigatoriedade de informações e da consulta prévia; princípio da precaução; princípio do aproveitamento eqüitativo, ótimo e razoável dos recursos naturais; princípio do poluidor-pagador; princípio da igualdade; princípios da vida sustentável consubstanciadas em: 1) respeitar e cuidar da comunidade dos seres vivos; 2) melhorar a qualidade da vida humana; 3) conservar a vitalidade e a diversidade do planeta Terra; 4) minimizar o esgotamento de recursos não renováveis; 5) permanecer nos limites da capacidade de suporte do planeta Terra; 6) modificar atitudes e princípios do direito humano fundamental; princípio da supremacia do interesse público nas práticas pessoais; 7) permitir que as comunidades cuidem de seu próprio meio ambiente; 8) gerar uma estrutura nacional para a integração de desenvolvimento e conservação; 9) constituir uma aliança global; princípio da proteção do meio ambiente em relação aos interesses privados; princípio da indisponibilidade do interesse público na proteção do meio ambiente; princípio da obrigatoriedade da intervenção estatal; princípio da prevenção; princípio do desenvolvimento sustentável; princípio da proteção da biodiversidade; princípio da defesa do meio ambiente; princípio da responsabilidade pelo dano ambiental; princípio da exibilidade do estudo prévio do impacto ambiental; princípio da educação ambiental; princípio do ambiente ecologicamente equilibrado como direito fundamental da pessoa humana; princípio da natureza pública da proteção ambiental; princípio do controle poluidor pelo Poder Público; princípio da consideração da variável ambiental no processo decisório de políticas de desenvolvimento; princípio da participação comunitária; princípio do poluidor; princípio da prevenção; princípio da função sócio-ambiental da propriedade; princípio do direito ao desenvolvimento sustentável; princípio da cooperação entre os povos; princípio da ubiqüidade; princípio do desenvolvimento sustentável; princípio do poluidor-pagador. (p.32-33)

No caso específico do Brasil, os princípios norteadores do direito ambiental estão expressos na Lei nº 6.938/81 e Constituição Federal de 1988.

Vale esclarecer que o advento da Constituição proporcionou a recepção da lei n° 6.938/81 em quase todos os seus aspectos, além da criação de competências legislativas concorrentes (incluindo as complementares e suplementares dos municípios, previstas no art. 3°, I e II da Constituição Federal), dando prosseguimento à Política Nacional de Defesa Ambiental. Essa política ganha destaque na Carta Constitucional, ao ser utilizada a expressão "ecologicamente equilibrado", porquanto isso exige harmonia em todos os aspectos facetários que compõem o meio ambiente. Nota-se não ser proposital o uso da referida expressão (política) pela lei n° 6.938/81, na medida em que pressupõe a existência de seus princípios norteadores.

Aludidos princípios constituem pedras basilares dos sistemas político-jurídicos dos Estados civilizados, sendo adotados internacionalmente como fruto da necessidade de uma ecologia equilibrada e indicativos do caminho adequado para a proteção ambiental, em conformidade com a realidade social e os valores culturais de cada Estado. (Fiorillo,2004,p.24)

Já Fiorillo (2004) apresenta cinco princípios norteadores do direito ambiental brasileiro:

- o princípio de desenvolvimento sustentável;
- o princípio do poluidor-pagador - a responsabilidade civil objetiva, a prioridade da reparação específica do dano ambiental, o poluidor, o dano ambiental, o dano e suas classificações e solidariedade para suportar os danos causados ao meio ambiente;
- o princípio da prevenção;
- o princípio da participação - informação ambiental e educação ambiental e Política Nacional de Educação Ambiental;
- o princípio da ubiqüidade.

O princípio do desenvolvimento sustentável é aquele que sustenta que o desenvolvimento econômico de um país deve atender às necessidades presentes da sociedade sem, entretanto, comprometer as futuras gerações. Portanto, esse princípio está fundamentado na idéia que é possível, e necessário, que o desenvolvimento econômico de um país ocorra sem a destruição do meio ambiente, ou seja, que exista um equilíbrio entre desenvolvimento econômico e meio ambiente.

O princípio do poluidor-pagador define claramente quem é o pagador e quem é poluidor. A legislação ambiental denomina de pagador aquele que deverá responder civilmente pelo dano causado ao meio ambiente. Já o poluidor é aquela pessoa causadora de dano e degradação ambiental, levando em conta que a poluição ocorrerá sempre que houver a degradação da qualidade ambiental, ou seja, com a ocorrência de qualquer alteração adversa das características do meio ambiente.

O princípio da prevenção ambiental está presente na aplicação da legislação ambiental em relação aos dois planos de ação para punição da pessoa causadora do dano ambiental: o primeiro plano de ação possui um caráter preventivo, que busca evitar a ocorrência de danos ambientais. Um segundo plano de ação apresenta um caráter representativo, que visa recuperar o dano ambiental. Ou seja, em um primeiro momento são estabelecidas sanções, ao causador, pelo dano ambiental, de modo a arcar com as despesas com a prevenção do mesmo. Em um segundo momento, havendo o dano ambiental, o poluidor responsável ficará encarregado de reparar seu dano ao meio ambiente. Dessa forma, a pessoa responsável pelo dano causado ao meio ambiente responderá civilmente por seu crime. O ressarcimento do dano ambiental pode ser feito de duas formas: o ressarcimento "in natura" que é a reparação natural em que o poluidor deverá repor a natureza destruída; e a indenização em dinheiro.

> *Todavia, isso não significa que a reparação pode, indiferentemente, ser feita por um modo ou outro. Pelo contrário, primeiramente, deve-se verificar se é possível o retorno ao* status quo *ante por via da específica reparação e, só depois de infrutífera tal possibilidade é que deve recair a condenação sobre um* quantum *pecuniário, até mesmo porque, por vezes, é difícil a determinação do* quantum *a ser ressarcido pelo causador do ato feito, sendo sempre preferível a reparação natural, pela recomposição efetiva e direta do ambiente prejudicado. (Fiorillo,2004,p.30-31)*

Portanto, a legislação ambiental brasileira atua, num primeiro momento, sempre com a prevenção ao dano ambiental para, num segundo momento, atuar de forma punitiva. Isso pode ser explicado pelo simples fato de que qualquer tipo de degradação sempre causará danos ao meio ambiente. Dessa forma, o direito ambiente visa sempre, em última instância, evitar qualquer tipo de dano ambiental. Isso também pode ser verificado nos dois tipos de ressarcimento do dano ambiental, que a legislação ambiental exige sempre que seja feita a reparação "in natura" do meio ambiente, isto é, que seja feita a recuperação do meio ambiente danificado. Portanto, o princípio da prevenção é preceito fundamental do direito ambiental pois, na maioria das vezes, os danos ambientais são irreversíveis e irreparáveis.

O princípio da participação refere-se à necessidade e importância da ação conjunta da sociedade civil organizada, dos órgãos públicos responsáveis pela fiscalização e punição e das ONGs para proteção, conservação e preservação do meio ambiente.

O princípio da ubiguidade refere-se à idéia de que o direito ambiental deve estar presente em toda a regulamentação da sociedade, ou seja, presente em todos os níveis, setores e locais da sociedade.

Portanto, pode-se afirmar que os princípios do direito ambiental têm por finalidade proteger toda espécie de vida na terra, de modo a propiciar uma qualidade de vida satisfatória ao ser humano no presente e, também, no futuro.

Antes de finalizarmos esta primeira parte do capítulo faz-se necessário apresentar e definir cada uma das fases da legislação ambiental. Entretanto, é importante frisar que cada pesquisador pode apresentar uma classificação diferente para as fases do processo de transformação da legislação ambiental.

Sirvinskas (2003) divide a proteção jurídica do meio ambiente no Brasil em três períodos distintos:

- **Primeira fase (1500-1808)** - compreende o momento histórico do descobrimento do Brasil até a vinda da Família Real. Esse período é caracterizado por algumas normas isoladas de proteção aos recursos naturais que se escasseavam na época no Brasil.

- **Segunda fase (1808-1981)** - corresponde a um período histórico bem menor que o de sua antecessora, inicia-se com a vinda da Família Real para o Brasil e termina com a criação da Lei da Política Nacional de Meio Ambiente. As peculiaridades desse momento histórico são a exploração desregrada do meio ambiente, há uma preocupação pontual com o meio ambiente, preocupa-se com sua conservação e não com a preservação, as questões ambientais eram solucionadas pelo Código Civil, procurou-se proteger categorias mais amplas dos recursos naturais, protegia-se somente aquilo que tivesse interesse econômico.

- **Terceira fase (1981 -)** - essa fase iniciou em 1981 com a criação da Lei da Política Nacional do Meio Ambiente e prolonga-se até os nossos dias. Esse período denomina-se de fase holística, apresentando como característica fundamental a proteção do meio ambiente de forma integral por meio de um sistema ecológico integrado.

A seguir, apresentar-se-á a classificação das fases do processo de transformação da legislação ambiental brasileira tomando, por base, a própria história da nação denominada Brasil. Acredita-se que esse longo processo, que percorreu a legislação ambiental brasileira, possa ser classificado em oito fases distintas e complementares, que caminham juntas com o próprio processo de transformação da sociedade brasileira. Processo esse que se inicia já no período da colonização brasileira e prolonga-se até nossos dias e que, pela sua complexidade, deram o título de uma das mais completas legislações ambientais do mundo. Entretanto, apesar desse "título", muito pouco se tem a comemorar em função da ineficácia para aplicação das leis ambientais.

Assim, consideramos que a legislação ambiental brasileira esteja dividida em oito fases, assim estruturadas:

- **Primeira Fase (1500-1821)** – Brasil Colônia
- **Segunda Fase (1822-1888)** – Brasil Império
- **Terceira Fase (1889-1929)** – Primeira República
- **Quarta Fase (1930-1945)** - Era Getúlio Vargas
- **Quinta Fase (1946-1967)** – Modelo Nacional-Desenvolvimentista de Industrialização
- **Sexta Fase (1968-1980)** – Regime Militar
- **Sétima Fase (1981-1988)** – Período de Transição entre Regime Militar e Democrático
- **Oitava Fase (1989-)** - Contemporaneidade

Figura V - Fases da legislação ambiental brasileira

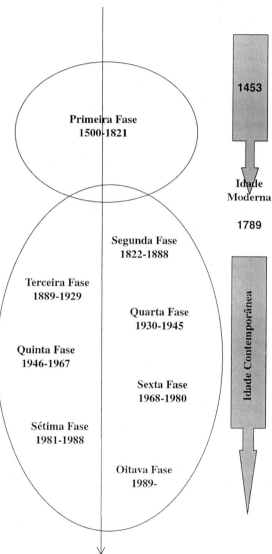

O próximo item de nosso livro proporcionará, ao leitor, a visualização das oito fases que caracterizam o processo de transformação da legislação ambiental brasileira, e que possibilitaram que a mesma pudesse ser reconhecida como uma das mais completas legislações mundiais sobre as questões ambientais.

3.2 - AS QUESTÕES AMBIENTAIS NAS CONSTITUIÇÕES BRASILEIRAS: ASPECTOS HISTÓRICOS DA LEGISLAÇÃO AMBIENTAL

O Brasil, ao longo de sua história, formulou oito Cartas Constitucionais, que durante certo período de tempo, regeram o país. Dessas, apenas uma delas foi promulgada durante o período imperial (Constituição de 1824), enquanto que as demais tiveram vigência após a Proclamação da República.

O quadro I, a seguir, apresenta algumas informações sobre as Constituições brasileiras e seu período de vigência.

Quadro I – As Constituições brasileiras

Carta Constitucional	Início de Vigência	Término da Vigência	Nº de Emendas	Duração
Constituição de 1824	1824	1889	01	65 anos
Constituição de 1891	1891	1930	01	40 anos
Constituição de 1934	1934	1937	01	3 anos
Constituição de 1937	1937	1945	21	8 anos
Constituição de 1946	1946	1967	27	21 anos
Constituição de 1967	1967	1969	-	2 anos
Constituição de 1969	1969	1987	26	18 anos
Constituição de 1988	1988	em vigor	-	17 anos

Fonte: Nogueira (1999)

Pela análise do quadro I pode-se verificar que, normalmente, as Cartas Constituintes brasileiras que tiveram maior duração foram aquelas que antecediam a queda e o aparecimento de uma nova forma de Governo ou regime político. Isso pode ser verificado com a Constituição de 1824, que teve seu início e término no período imperial, vigorando por 65 anos. Já a primeira constituição republicana vigorou por 40 anos, exatamente durante o período denominado de Primeira República (1889-1929). Verifica-se, também, que a média de vigência das Cartas Constitucionais brasileiras é de, aproximadamente, vinte e dois anos. Tomando-se em consideração estes dados pode-se intuir que nossa atual Constituição ainda deverá ter, no mínimo, mais uns dez anos de expectativa de vida.

A primeira Assembléia Constituinte Brasileira, convocada pelo decreto de 03 de junho de 1822, somente se reuniu pela primeira vez em maio de 1823, organizada, principalmente, pela aristocracia agrária e composta de noventa deputados. Entretanto, a Assembléia Constituinte não chegou a completar sua missão, pois foi dissolvida em 13 de novembro de 1823 por D. Pedro I, que não aceitava a proposta de limitação constitucional de seus poderes.

A dissolução da Assembléia Constituinte provocou manifestações de descontentamento que fizeram com que D. Pedro I nomeasse o Conselho de Estado – comissão composta por dez membros – que deveria terminar o trabalho iniciado pela Constituinte. O Conselho, incumbido de sua tarefa, tratou de agilizar seus trabalhos, fundamentando-se no projeto elaborado pela Constituinte de 1823, e formulou sua proposta, que foi entregue em 25 de março de 1824 ao príncipe regente, que, após revisões, outorgou a Primeira Constituição do Brasil.

O êxito e o tempo de permanência em vigor da Carta Constitucional de 1824 devem-se ao fato de,

> *(...) inspirados nos princípios do constitucionalismo inglês, segundo o qual é constitucional apenas aquilo que diz respeito aos poderes do Estado e aos direitos e garantias individuais, os autores do texto outorgado por D. Pedro I transportaram para o art. 178 o que seguramente constitui a chave do êxito e da duração da Carta Imperial. (Nogueira,1999,p.15)*

Por conseguinte, a longevidade da Carta Constitucional de 1824, que durou sessenta e cinco anos e teve apenas uma emenda constitucional – o Ato Adicional de 1834 –, apresenta na redação de seu artigo 178 – *É só Constitucional o que diz respeito aos limites e atribuições respectivas dos Poderes Públicos e aos Direitos Políticos e individuais dos cidadãos. Tudo o que não é Constitucional pode ser alterado sem as formalidades referidas pelas Legislaturas ordinárias.*

102 | Fundamentos da Gestão Ambiental

A Constituição de 1824, inspirada na Constituição francesa de Luís XVIII, consagrava os direitos e liberdades individuais e os direitos políticos, segundo os princípios liberais[11]. Constituída por seus oito Títulos, dezoito Capítulos e cento e oitenta e sete artigos, apresentava a seguinte estrutura:

Título 1º – Do Império do Brasil, seu Território, Governo, Dinastia e Religião (artigo 1º a 5º)

Título 2º – Dos Cidadãos Brasileiros (artigo 6º a 8º)

Título 3º – Dos Poderes e Representação Nacional (artigo 9º a 12)

Título 4º – Do Poder Legislativo

    Capítulo I – Dos Ramos do Poder Legislativo e suas Atribuições (artigo 13 a 34)

    Capítulo II – Da Câmara dos Deputados (artigo 35 a 39)

    Capítulo III – Do Senado (artigo 40 a 51)

    Capítulo IV – Da Proposição, Discussão, Sanção e Promulgação das Leis (artigo 52 a 70)

    Capítulo V – Dos Conselhos Gerais de Província e Suas Atribuições (artigo 71 a 89)

    Capítulo VI – Das Eleições (artigo 90 a 97)

Título 5º – Do Imperador

    Capítulo I – Do Poder Moderador (artigo 98 a 101)

    Capítulo II – Do Poder Executivo (artigo 102 a 104)

    Capítulo III – Da Família Imperial e sua Dotação (artigo 105 a 115)

    Capítulo IV – Da Sucessão do Império (artigo 116 a 120)

---

11 O termo liberalismo deriva do latim *liber* que significa livre, e os ideólogos do liberalismo, ao se apossarem do conceito, denominaram-no de filosofia da liberdade. O pensamento liberal, enquanto doutrina política e econômica surgiu no século XVIII, em oposição às monarquias absolutas e contra o mercantilismo, teve seu apogeu no século XIX. Entre alguns ilustres nomes que figuram entre os pregadores do pensamento liberal encontram-se, John Locke (1632-1704), Adam Smith (1723-1790), Benjamin Constant (1767-1830), Jean Baptiste Say (1767-1832), François Pierre Guilherme Guizot (1784-1882), Alexis de Tocqueville (1805-1859), John Stuart Mill (1807-1873), John Maynard Keynes (1883-1946) e Benedetto Croce (1866-1952). A doutrina liberal é constituída por um, conjunto de princípios apresentando, como premissas básicas, a defesa da economia de mercado, a liberdade da iniciativa econômica e a limitação do Estado, tanto em relação aos seus poderes, denominado por Estado de direito, quanto às suas funções – Estado mínimo.

Capítulo V – Da Regência na Menoridade, ou Impedimento do Imperador (artigo 121 a 130)

Capítulo VI – Do Ministério (artigo 131 a 136)

Capítulo VII – Do Conselho de Estado (artigo 137 a 144)

Capítulo VIII – Da Força Militar (artigo 145 a 150)

Título 6º – Do Poder Judicial

Capítulo Único – Dos Juízes e Tribunais de Justiça (artigo 151 a 164)

Título 7º - Da Administração e Economia das Províncias

Capítulo I – Da Administração (artigo 165 e 166)

Capítulo II – Das Câmaras (artigo 167 a 169)

Capítulo III – Da Fazenda Nacional (artigo 170 a 172)

Título 8º – Das Disposições Gerais e Garantias dos Direitos Civis e Políticos dos Cidadãos Brasileiros (artigo 173 A 179)

Disposições Transitórias – (artigo 1º a 8º)

A Carta Constitucional de 1824 se caracterizava por seu rigor no Estado unitário e pela centralização política e administrativa na pessoa do Imperador.

Apesar da Constituição brasileira de 1824 não dedicar nenhum artigo nem, ao menos, fazer menção às questões ambientais, o Código Criminal de 1830 e a Constituição de 1824 previam o crime de corte ilegal de árvores e a proteção cultural.

Em 1850 foi aprovada a Lei nº 601, que estabelecia sanções administrativas e penais para quem derrubasse matas e realizasse queimadas.

Com a queda do Império, o novo regime republicano assumiu o rumo político do Brasil e, na tentativa de consolidar-se rapidamente, inicia a construção do Estado Republicano, apagando os resquícios do regime anterior. Assim, na tentativa de institucionalizar rapidamente a República, foi instituído o Governo Provisório.

104 | Fundamentos da Gestão Ambiental

O Governo Provisório foi instituído por meio do Decreto nº 1 de 15 de novembro de 1889 e, com a criação do Governo Provisório, foi proclamada, provisoriamente, como forma de governo do Brasil, a República Federativa, estabelecendo as normas pelas quais se deveriam reger os Estados Federais. Chefiado pelo Marechal Deodoro da Fonseca[12], o Governo Provisório permaneceu até janeiro de 1891, quando seus membros pediram exoneração. Entre as principais providências tomadas pelo Governo Provisório estão: transformação das províncias em Estados; subordinação das forças armadas ao novo regime; estabelecimento da sede do Governo federal no Rio de Janeiro; abolição da vitaliciedade senatorial; extinção da Câmara dos Deputados e do Senado; reconhecimento dos compromissos assumidos pelo Governo imperial; instituição da bandeira republicana; estabelecimento da grande naturalização, para todos os estrangeiros que a desejassem; convocação de uma Assembléia Constituinte, para elaboração da Constituição Republicana; separação entre a Igreja e o Estado e a instituição do casamento civil; reforma no Código Penal; entre outras medidas. (Shigunov Neto,2006)

Instalado em novembro de 1890, o Congresso Constituinte terminou seus trabalhos em fevereiro de 1981, quando foi promulgada a primeira Constituição republicana. Composta por 205 deputados e 63 senadores, os seus membros, igualmente, como na Constituinte de 1824, eram, na sua grande maioria, profissionais liberais e representantes das classes médias, sendo 46 militares.

A constituição da República dos Estados Unidos do Brasil, promulgada em 24 de fevereiro de 1891, se inspirou nos princípios das Constituições dos Estados Unidos, Argentina e Suíça, reafirmando os princípios apregoados por sua predecessora, contudo sob uma nova forma de Governo. Integrada por cinco Títulos, dez Capítulos, cinco Seções e noventa e nove artigos, apresentava a seguinte estrutura:

---

12 Marechal de Campo Manoel Deodoro da Fonseca governou entre 15 de novembro de 1889 e 24 de fevereiro de 1891. O presidente Marechal Deodoro da Fonseca teve, durante seu mandato, três Ministros da Fazenda: Rui Barbosa (15/11/1889 a 17/01/1891), Tristão de Alencar Araripe (22/01/1891 a 22/05/1891) e Henrique Pereira de Lucena (04/07/1891 a 23/11/1891).

Título I – Da Organização Federal (artigo 1º a 15)

    Seção I – Do Poder Legislativo

        Capítulo I – Disposições Gerais (artigo 16 a 27)

        Capítulo II – Da Câmara dos Deputados (artigo 28 e 29)

        Capítulo III – Do Senado (artigo 30 a 33)

        Capítulo IV – Das Atribuições do Congresso (artigo 34 e 35)

        Capítulo V – Das Leis e Resoluções (artigo 36 a 40)

    Seção II – Do Poder Executivo

        Capítulo I – Do Presidente e do Vice-Presidente (artigo 41 a 46)

        Capítulo II – Da Eleição do Presidente e do Vice-Presidente (artigo 47)

        Capítulo III – Das Atribuições do Poder Executivo (artigo 48)

        Capítulo IV – Dos Ministros de Estado (artigo 49 a 52)

        Capítulo V – Da Responsabilidade do Presidente (artigo 53 e 54)

    Seção III – Do Poder Judiciário (artigo 55 a 62)

Título II – Dos Estados (artigo 63 a 67)

Título III – Do Município (artigo 68)

Título IV – Dos Cidadãos Brasileiros

    Seção I – Das qualidades do cidadão brasileiro (artigo 69 a 71)

    Seção II – Declaração de Direitos (artigo 72 a 78)

Título V – Disposições Gerais (artigo 79 a 91)

Disposições Transitórias – (artigo 1º a 8º)

Em relação às questões ambientais, a Carta Constitucional de 1891 apresenta-se como um progresso em relação a sua antecessora pois, em dois momentos, apresenta suas regulamentações.

No capítulo IV, da seção I, do Título I da Constituição, o artigo 34, inciso 29, atribui a competência, privativamente, ao Congresso Nacional para legislar sobre terras e minas de propriedade da União.

106 | Fundamentos da Gestão Ambiental

Já o artigo 72 da seção II, do Título IV, regulamenta sobre o direito de propriedade § 17 – O direito de propriedade mantém-se em toda a plenitude, salvo a desapropriação por necessidade ou utilidade pública, mediante indenização prévia.

As minas pertencem aos proprietários do solo, salvo as limitações que forem estabelecidas por lei a bem da exploração deste ramo de indústria.

A Primeira República (1889-1929) configura, portanto, um período de transição de uma sociedade essencial agrária para uma sociedade industrial. Portanto, a Primeira República caracterizou-se pela luta pela hegemonia e manutenção da estrutura de poder – luta entre a situação (representada pelo grupo sustentado pela sociedade agrário-exportador e pela consolidação de uma sociedade pautada no modelo urbano-industrial). Os primeiros dez anos da República foram ocasião de profundas transformações, principalmente nos setores político e econômico da sociedade brasileira. No âmbito econômico, sucederam-se importantes transformações estruturais, destacadamente, a difusão do trabalho assalariado em substituição ao trabalho escravo, principalmente na zona rural; o reordenamento da inserção do país na conjuntura econômica internacional; e a intensificação das relações financeiras do Brasil com o mercado internacional. Tais transformações constituíram a base da abertura financeira da década de 10 do século passado. (Shigunov Neto,2006)

No momento em que foi outorgada a Constituição de 34 o país atravessava um período de profundas transformações, ocorridas, em parte, devido ao grande crescimento da população, ao crescimento urbano desordenado, à imigração e pelo processo de industrialização nacional.

A população brasileira reivindicava por justiça social, melhor distribuição da renda, diminuição das desigualdades sociais e melhores condições de vida.

A Constituição da República dos Estados Unidos do Brasil de 16 de julho de 1934, inspirada na Constituição Mexicana (1917), Constituição Alemã de Weimar[13] (1919) e na Constituição Republicana Espanhola de 1931, pode ser

---

13 A Constituição de Weimar institucionalizou a social-democracia, procurando conciliar a liberdade individual com a imperativa necessidade de um Novo Estado, com nova atuação.

considerada uma das mais completas Constituições Nacionais. Continha duzentos e treze artigos divididos em sete Títulos, dez Capítulos e dezoito Seções, apresentando as normas que regulamentariam a nação brasileira no que se refere aos aspectos de ordem econômica e social, da família, da educação e cultura, dos funcionários públicos e da segurança nacional.

Título I – Da Organização Federal (artigo 1º a 103)

Capítulo I – Disposições Preliminares (artigo 1º a 21)

Capítulo II – Do Poder Legislativo (artigo 22 a 50)

Seção I – Disposições Preliminares (artigo 22 a 38)

Seção II – Das atribuições do Poder Legislativo (artigo 39 e 40)

Seção III – Das leis e resoluções (artigo 41 a 49)

Seção IV – Da elaboração do orçamento (artigo 50)

Capítulo III – Do Poder Executivo (artigo 51 a 62)

Seção I – Do Presidente da República (artigo 51 a 55)

Seção II – Das atribuições do Presidente da República (artigo 56)

Seção III – Da responsabilidade do Presidente da República (artigo 57 e 58)

Seção IV – Dos Ministros de Estado (artigo 59 a 62)

Capítulo IV – Do Poder Judiciário (artigo 63 a 87)

Seção I – Disposições preliminares (artigo 63 a 72)

Seção II – Da Corte Suprema (artigo 73 a 77)

Seção III – Dos Juízes e Tribunais Federais (artigo 78 a 81)

Seção IV – Da Justiça Eleitoral (artigo 82 e 83)

Seção V – Da Justiça Militar (artigo 84 a 87)

Capítulo V – Da coordenação dos Poderes (artigo 88 a 94)

Seção I – Disposições preliminares (artigo 88 e 89)

Seção II – Das atribuições do Senado Federal (artigo 90 a 94)

Capítulo VI – Dos órgãos de cooperação nas atividades governamentais (artigo 95 a 103)

Seção I – Do Ministério Público (artigo 95 a 98)

Seção II – Do Tribunal de Contas (artigo 99 a 102)

Seção III – Dos conselhos técnicos (artigo 103)

Título II – Da justiça dos Estados, do Distrito Federal e dos Territórios (artigos 104 e 105)

Título III – Da declaração de direitos (artigo 106 a 114)

Capítulo I – Dos direitos políticos (artigo 106 a 112)

Capítulo II – Dos direitos e das garantias individuais (artigo 113 e 114)

Título IV – Da ordem econômica e social (artigo 115 a 143)

Título V – Da família, da educação e da cultura (artigo 144 a 158)

Capítulo I – Da família (artigo 144 a 147)

Capítulo II – Da educação e da cultura (artigo 148 a 158)

Título VI – Da segurança nacional (artigo 159 a 167)

Título VII – Dos funcionários públicos (artigo 168 a 173)

Título VII – Disposições Gerais (artigo 174 a 187)

Disposições Transitórias – (artigo 1º a 26)

Para Tácito (1999), a partir de 1934 inaugura-se uma nova fase na vida política brasileira, pois,

> *(...) as sucessivas Constituições, a partir de então, refletem, como um sismógrafo, a progressiva passagem do Estado Liberal para o Estado Social. Aos direitos políticos e individuais, da era clássica, são acrescidas as modernas garantias de direitos sociais e a regulação da ordem econômica e social. As novas tendências do direito público e a política de intervenção do estado na economia imprimem sua síntese na Constituição de 1934, 1937, 1946 e 1967, com variações próprias de tratamento. (p. 25)*

Em 14 de novembro de 1930, Getúlio Vargas[14], então Chefe do Governo Provisório da República do Brasil, cria, por meio do decreto n° 19.402, a Secretaria de Estado com a denominação de Ministério dos Negócios da Educação e Saúde Pública, estando a seu cargo o estudo e despacho de todos os assuntos relativos ao ensino, saúde pública e assistência hospitalar. A Carta Constitucional de 1934 foi elaborada e promulgada em plena era Vargas, um período de profundas transformações na sociedade brasileira. A industrialização brasileira teve seu arranque a partir das transformações ocorridas ao longo da década de 30. Estabeleceram-se, então, os contornos iniciais da implantação de um núcleo de indústrias de base, assim como a definição de um novo papel do Estado em matéria econômica. Mas os dois principais fatores que propiciaram o desenvolvimento industrial nesse período foram: a oportunidade econômica para investimentos industriais, proporcionado pela crise de 1929 e a Revolução de 1930. Assim, no período subseqüente à 1930 ocorreram transformações nos setores econômicos, sociais, culturais e políticos da sociedade brasileira, que possibilitarão uma alavancagem no processo de industrialização brasileiro. A oportunidade de investimentos industriais, após a crise de 1929, é condicionada pelo aumento do mercado interno, que manteve-se constante, apesar da crise ter afetado as exportações; os produtos industrializados tiveram um crescimento; o poder aquisitivo interno manteve-se estável; os produtos importados tiveram um grande aumento de preços, com conseqüente queda na procura. (Shigunov Neto,2006)

No Título I, capítulo I, o artigo 5°, inciso XIX regulamenta sobre a competência exclusiva da União para legislar sobre bens do domínio federal, riquezas do subsolo, mineração, metalurgia, águas, energia hidroelétrica, florestas, caça e pesca e a sua exploração.

Já o artigo 10 da Constituição estabelecia a competência concorrente da União e dos Estados para proteger as belezas naturais e os monumentos de valor histórico, além de poder impedir a evasão de obras de arte. Entretanto, foi

---

14 Getúlio Dorneles Vargas (1882-1954) nasceu em 19 de abril de 1882 em São Borja no Rio Grande do Sul, filho de fazendeiro. Foi eleito deputado estadual e federal. Foi ministro da Fazenda do presidente Arthur Bernardes. Em agosto de 1954 suicidou-se com um tiro no coração. Getúlio Vargas assumiu a presidência da República em 03 de novembro de 1930 e deixou o cargo em 29 de outubro de 1945.

110 | FUNDAMENTOS DA GESTÃO AMBIENTAL

grave a omissão constitucional em relação aos Municípios, que ficaram sem previsão expressa do poder de polícia para a proteção de suas riquezas naturais. Ainda, no mesmo artigo, inciso IV, estabelecia a competência da União e dos Estados para promover a colonização.

Foi com a promulgação da Carta Constitucional de 34 que começou a dedicar-se uma maior atenção aos assuntos referentes a ordem econômica e social, tanto é assim que dedica-se um Título IV – Da ordem econômica e social para regulamentar sobre essas temáticas, inclusive definindo os princípios básicos do direito do trabalho.

Artigo 115 – A ordem econômica deve ser organizada conforme os princípios de justiça e as necessidades da vida nacional, de modo que possibilite a todos existência digna. Dentro desses limites, é garantida a liberdade econômica.

Ainda, no ano de 1934, verifica-se um avanço na legislação brasileira com a introdução do Código Florestal Brasileiro, instituído pelo Decreto-Lei nº 23.793, de 23 de janeiro de 1934 e, posteriormente, revogado pela Lei nº 4.771 de 15 de setembro de 1965. Um dos significativos avanços introduzidos pelo Código está na ampliação do conceito das florestas de preservação permanentes, que no primitivo Código de 1934 eram denominadas protetoras. Essas florestas de preservação permanentes são classificadas em florestas ao longo dos rios ou de qualquer outro curso de água; florestas de proteção física do solo e das reservas naturais; florestas de proteção das ferrovias e das rodovias; florestas de defesa do território nacional; floresta de conservação dos valores estéticos; florestas de conservação dos valores científicos ou históricos; florestas de proteção da flora e fauna locais; florestas de conservação do ambiente das populações silvícolas; florestas para assegurar condições de bem-estar público e florestas situadas nas áreas metropolitanas definidas em lei (este tipo de florestas foi introduzido pela Lei nº 6.535 de 15 de junho de 1978).

A importância desta classificação está na destinação do solo das áreas de preservação florestal, que só pode ser alterada na hipótese de revogação do Código Florestal. Os Poderes Públicos do Estado não têm competência para determinar uma construção, autorizar a instalação de indústria ou empreendimento hoteleiro nesses locais.

O golpe de 1937 instaurou o Estado Novo – era a aliança de Getúlio Vargas com os militares. A estabilidade do novo Governo estava pautada nos compromissos políticos de Vargas com os militares, no uso intensivo da força, da repressão e da propaganda ideológica. Mas, também, necessitava de legitimação para conduzir o país, que foi buscada junto à categoria dos operários, à valorização do trabalho e à manutenção da ordem social, somente assim o país poderia atingir o progresso.

No plano político, a Constituição de 37, fundamentada nos princípios fascistas, acabou com o poder do Congresso Nacional e o sistema representativo, enquadrando-se, desse modo, no sistema ditatorial fascista. Tanto que, em dezembro de 1937, o Governo decreta o fechamento dos partidos políticos. O caráter fascista da Constituição de 1937 apenas confirmava a situação presente desde 1934 – o clima de terror, a repressão, o estado de sítio seguido do estado de guerra, a perda dos direitos políticos e civis da população.

A Constituição dos Estados Unidos do Brasil promulgada em 10 de novembro de 1937 inspirou-se na Constituição Polonesa de Pilsudsky de 1935. Manteve, praticamente, a mesma estrutura da Carta Constitucional de 1934, entretanto, a diferença fundamental centra-se na tentativa de manutenção do poder pelos grupos dominantes.

A Carta Constitucional de 1937 era composta de cento e oitenta e sete artigos e ficou assim constituída:

Da Organização Nacional (artigo 1º a 37)

Do Poder Legislativo (artigo 38 a 45)

Da Câmara dos Deputados (artigo 46 a 49)

Do Conselho Federal (artigo 50 a 56)

Do Conselho da Economia Nacional (artigo 57 a 63)

Das Leis e Resoluções (artigo 64 a 66)

Da Elaboração Orçamentária (artigo 67 a 72)

Do Presidente da República (artigo 73 a 84)

Da Responsabilidade do Presidente da República (artigo 85 a 87)

Dos Ministros de Estado (artigo 88 e 89)

Do Poder Judiciário (artigo 90 a 96)

Do Supremo Tribunal Federal (artigo 97 a 102)

Da Justiça dos Estados, do Distrito Federal e dos Territórios (artigo 103 a 113)

Do Tribunal de Contas (artigo 114)

Da Nacionalidade e da Cidadania (artigo 115 a 121)

Dos Direitos e Garantias Individuais (artigo 122 e 123)

Da Família (artigo 124 a 127)

Da Educação e da Cultura (artigo 128 a 134)

Da Ordem Econômica (artigo 135 a 155)

Dos Funcionários Públicos (artigo 156 a 159)

Dos Militares de Terra e Mar (artigo 160)

Da Segurança Nacional (artigo 161 a 165)

Da Defesa do Estado (artigo 166 a 173)

Das Emendas à Constituição (artigo 174)

Disposições Transitórias e Finais – (artigo 175 a 187)

Em relação à legislação ambiental, o artigo 16, inciso XIV, determinava a competência privativa da União para legislar sobre os bens de domínio federal, minas, metalurgia, energia hidráulica, águas, florestas, caça e pesca e sua exploração, não incluindo expressamente (a exemplo da constituição de 1934), a competência para legislar sobre as riquezas do subsolo.

Já o artigo 134, estendia a competência da União e dos Estados também aos Municípios, para proteger os monumentos históricos, artísticos e naturais, assim como as paisagens ou os locais particularmente dotados pela natureza.

Artigo 134 – Os monumentos históricos, artísticos e naturais, assim como as paisagens ou os locais particularmente dotados pela natureza, gozam da proteção e dos cuidados especiais da Nação, dos estados e dos municípios. Os atentados contra eles cometidos serão equiparados aos cometidos contra o patrimônio nacional.

O artigo 143 da Constituição regulamentava sobre a exploração do subsolo da seguinte maneira

Artigo 143 – As minas e demais riquezas do subsolo, bem como as quedas d'água, constituem propriedade distinta da propriedade do solo para o efeito de exploração ou aproveitamento industrial. O aproveitamento industrial das minas e jazidas minerais, das águas, e da energia hidráulica, ainda que de propriedade privada, depende de autorização federal.

O decreto-lei nº 25 de 30 de novembro de 1937, que continua em vigor até os dias atuais, organizou a proteção do patrimônio histórico e artístico nacional. Por esta norma federal, quaisquer bens móveis e imóveis, bem como os particulares, são passíveis de tombamento. Para tanto, basta que os bens tenham memorável valor histórico para o Brasil ou excepcional valor arqueológico, etnográfico, bibliográfico ou artístico, não tendo a norma jurídica delimitado os parâmetros das expressões "memorável" e "excepcional".

O Decreto-lei nº 2.014 de 13 de fevereiro de 1940 autorizou os governos estaduais a promoverem a guarda e fiscalização das florestas.

Pelo Decreto-lei nº 3.583 de 03 de setembro de 1941 foi proibida a derrubada dos cajueiros, sendo que tal proibição já havia sido várias vezes editada durante o período de conquista holandesa, no início do século XVII no nordeste brasileiro.

Em 29 de setembro de 1944, por meio do Decreto-lei nº. 6.912, foi reorganizado o Serviço Florestal e, na mesma data, modificado o regimento desse serviço, criado para proteger, guardar e conservar, de acordo com o Código Florestal, os parques nacionais, as reservas florestais e as florestas típicas.

A constituição da República dos Estados Unidos do Brasil promulgada em 18 de setembro de 1946 inspirou-se nos princípios das Constituições dos Estados Unidos, Argentina e Suíça, reafirmando os princípios apregoados por sua

114 | Fundamentos da Gestão Ambiental

predecessora, contudo, sob uma nova forma de Governo. Integrada por nove Títulos, oito Capítulos, dezesseis Seções e duzentos e vinte e dois artigos apresentava a seguinte estrutura:

Título I – Da Organização Federal (artigo 1º a 123)

Capítulo I – Disposições Preliminares (artigo 1º a 36)

Capítulo II – Do Poder Legislativo (artigo 37 a 77)

Seção I – Disposições Preliminares (artigo 37 a 55)

Seção II – Da Câmara dos Deputados (artigo 56 a 59)

Seção III – Do Senado Federal (artigo 60 a 64)

Seção IV – Das atribuições do Poder Legislativo (artigo 65 e 66)

Seção V – Das leis (artigo 67 a 72)

Seção VI – Do orçamento (artigo 73 a 77)

Capítulo III – Do Poder Executivo (artigo 78 a 93)

Seção I – Do Presidente e do Vice-Presidente da República (artigo 78 a 86)

Seção II – Das atribuições do Presidente da República (artigo 87)

Seção III – Da responsabilidade do Presidente da República (artigo 88 e 89)

Seção IV – Dos Ministros de Estado (artigo 90 a 93)

Capítulo IV – Do Poder Judiciário (artigo 94 a 123)

Seção I – Disposições preliminares (artigo 94 a 97)

Seção II – Do Supremo Tribunal Federal (artigo 98 a 102)

Seção III – Do Tribunal Federal de Recursos (artigo 103 a 105)

Seção IV – Dos Juízes e Tribunais Militares (artigo 106 a 108)

Seção V – Dos Juízes e Tribunais Eleitorais (artigo 109 a 121)

Seção VI – Dos Juízes e Tribunais do Trabalho (artigo 122 e 123)

Título II – Da justiça dos Estados (artigo 124)

Título III – Do Ministério Público (artigo 125 a 128)

Título IV – Da Declaração de Direitos (artigo 129 a 144)

Capítulo I – Da nacionalidade e da cidadania (artigo 129 a 140)

Capítulo II – Dos direitos e das garantias individuais (artigo 141 a 144)

Título IV – Da ordem econômica e social (artigo 145 a 162)

Título V – Da família, da educação e da cultura (artigo 163 a 175)

Capítulo I – Da família (artigo 163 a 165)

Capítulo II – Da educação e da cultura (artigo 166 a 175)

Título VI – Das Forças Armadas (artigo 176 a 183)

Título VII – Dos funcionários públicos (artigo 168 a 173)

Título VII – Disposições Gerais (artigo 195 a 222)

A legislação ambiental, regulamentada por intermédio do artigo 5º, inciso XV, volta a atribuir à União competência para Legislar sobre as riquezas do subsolo, além da mineração, metalurgia, águas, energia elétrica, florestas e caça e pesca.

O artigo 143 da Constituição de 1937, que regulamenta a exploração do subsolo, é mantido mas, agora, transformado em Artigo 152.

A nova Constituição apresentou uma inovação em relação à sua antecessora ao regulamentar sobre a fixação do homem no campo.

Artigo 156 – A lei facilitará a fixação do homem no campo, estabelecendo planos de colonização e de aproveitamento das terras públicas.

Para esse fim, serão preferidos os nacionais e, dentre eles, os habitantes das zonas empobrecidas e os desempregados.

Em relação ao tombamento, o artigo 175 estatuiu a competência concorrente da União, Estados e Municípios para legislar sobre a proteção especial das obras, monumentos e documentos de valor histórico e artístico, bem como os documentos naturais, as paisagens e os locais dotados de particular beleza.

116 | Fundamentos da Gestão Ambiental

Artigo 175 – As obras, os monumentos e documentos de valor histórico e artístico, bem como os monumentos naturais, as paisagens e os locais dotados de particular beleza, ficam sob a proteção do Poder Público.

Em 1948 o decreto legislativo nº 3, de 13 de fevereiro, aprovou a Convenção para proteção da flora, da fauna e das belezas cênicas naturais dos países da América, que havia sido assinada pelo Brasil, a 27 de dezembro de 1942.

Entre outras contribuições, esta norma conceituou parques nacionais (no Brasil regulamentado pelo Decreto nº 84.017), reservas nacionais, monumentos naturais, reservas de regiões virgens e aves migratórias.

O qüinqüênio 1956/61 foi o período áureo do desenvolvimento econômico nacional, nesse período se consolida a primeira fase do processo de industrialização nacional. É nesse momento que se tem a instalação da indústria automobilística no Brasil, com seu fundamental papel a ser desempenhado a partir de então. Há um vertiginoso crescimento da instalação das empresas multinacionais, seguido de crescimento considerável das taxas de lucros das indústrias, que não foi acompanhado por aumentos salariais, o que acabou gerando grande insatisfação dos trabalhadores, reivindicações e greves. O papel do Estado durante o Governo de Juscelino Kubitscheck alterou-se em relação aos governos anteriores, transformando-se, pela primeira vez, em instrumento deliberativo e efetivo do desenvolvimento industrial nacional. Enquanto que nos anos de 1930 o Poder Público pouca atenção dera ao processo de industrialização, devido a sua vinculação aos setores agrário-exportadores, após a Revolução de 30 esse panorama alterou-se. A partir dos dois mandatos de Getúlio Vargas houve a implementação de políticas de apoio à industrialização, que foi complementada pela política desenvolvimentista de Juscelino Kubitscheck. O Brasil teve uma grande expansão no setor industrial durante o mandato do presidente Juscelino Kubitscheck e, nesse sentido, esse momento pode ser considerado como aquele que proporcionou condições para que a indústria nacional se estruturasse por definitivo, em função, fundamentalmente, das políticas de incentivo à industrialização e à entrada de capitais estrangeiros, investindo na indústria nacional. Como medidas protecionistas da indústria nacional, o Poder Público deu continuidade às políticas dos Governos Getúlio Vargas e Gaspar Dutra, na imposição de barreiras alfandegárias contra os produtos importados. (Shigunov Neto,2006)

Em 1961 foi regulamentada a Lei nº 3.964 que protegia os monumentos arqueológicos e pré-históricos.

O conceito de poluição foi fornecido pelo Decreto nº 50.877, de 29 de junho de 1961, que dispunha sobre o lançamento de resíduos tóxicos ou oleosos nas águas interiores ou litorâneas do País, como sendo: "qualquer alteração das propriedades físicas, químicas e biológicas das águas, que possa importar em prejuízo à saúde, à segurança e ao bem estar das populações e ainda comprometer a sua utilização para fins agrícolas, industriais, comerciais, principalmente, a existência normal da fauna aquática".

Em 1962, a Lei nº 4.132, definiu os casos de desapropriação de terras por interesse social (art.2º, inciso VI), na hipótese de proteção do solo e preservação de cursos e mananciais de água, bem como as reservas florestais.

Também do mesmo ano, a Lei Delegada nº 10 criava a superintendência do Desenvolvimento da Pesca (SUDEPE), tendo sido extinta pela Lei nº 7.735, 22.2.1989, cujas atribuições passaram, dessa forma, para o Instituto Brasileiro do Meio Ambiente e dos Recursos Renováveis - IBAMA.

Posteriormente, a Lei nº 4.504, de 30 de novembro de 1964, que dispunha sobre o estatuto da terra, trouxe em seu texto o sentido da função social da terra (hoje consagrado nos artigos 182, § 2º e 186 da Constituição Federal). A propriedade da terra fica vinculada à sua função social, podendo o poder público ainda desapropriá-la, para assegurar a conservação dos recursos naturais, de forma a preservar a terra, quando seus proprietários não ponham em prática normas de conservação de recursos naturais.

O decreto nº 55.795 de 24 de fevereiro de 1965 instituiu no Brasil a festa anual da árvore, com objetivo de difundir ensinamentos sobre a preservação florestal e estimular a prática dos mesmos.

A constituição da República Federativa do Brasil, promulgada em 24 de janeiro de 1967, era composta por cinco Títulos, treze Capítulos, vinte e quatro Seções e duzentos e dezessete artigos e apresentava a seguinte estrutura:

Título I – Da Organização Nacional (artigo 1° a 144)

Capítulo I – Disposições Preliminares (artigo 1° a 7°)

Capítulo II – Da União (artigo 8° a 12)

Capítulo III – Dos Estados e Municípios (artigo 13 a 16)

Capítulo IV – Do Distrito Federal e dos Territórios (artigo 17)

Capítulo V – Do Sistema Tributário (artigo 18 a 26)

Capítulo VI – Do Poder Legislativo (artigo 27 a 72)

Seção I – Disposições Gerais (artigo 27 a 38)

Seção II – Da Câmara dos Deputados (artigo 39 a 40)

Seção III – Do Senado Federal (artigo 41 e 42)

Seção IV – Das atribuições do Poder Legislativo (artigo 43 a 45)

Seção V – Do processo legislativo (artigo 46 a 59)

Seção VI – Do orçamento (artigo 60 a 69)

Seção VII – Da Fiscalização Financeira e Orçamentária (artigo 70 a 72)

Capítulo VII – Do Poder Executivo (artigo 73 a 111)

Seção I – Do Presidente e do Vice-Presidente da República (artigo 73 a 80)

Seção II – Das atribuições do Presidente da República (artigo 81)

Seção III – Da responsabilidade do Presidente da República (artigo 82 e 83)

Seção IV – Dos Ministros de Estado (artigo 84 e 85)

Seção V – Da Segurança Nacional (artigo 86 a 89)

Seção VI – Das Forças Armadas (artigo 90 a 93)

Seção VII – Do Ministério Púbico (artigo 94 a 96)

Seção VIII – Dos Funcionários Públicos (artigo 97 a 111)

Capítulo VIII – Do Poder Judiciário (artigo 112 a 144)

Seção I – Disposições preliminares (artigo 112 a 117)

Seção II – Do Supremo Tribunal Federal (artigo 118 e 119)

Seção III – Do Conselho Nacional de Magistratura (artigo 120)

Seção IV – Do Tribunal Federal de Recursos (artigo 121 e 122)

Seção V – Dos Juízes Federais (artigo 123 a 126)

Seção VI – Dos Tribunais e Juízes Militares (artigo 127 a 129)

Seção VII – Dos Juízes e Tribunais Eleitorais (artigo 130 a 140)

Seção VIII – Dos Juízes e Tribunais do Trabalho (artigo 141 a 143)

Seção IX – Dos Tribunais e Juízes Estaduais (artigo 144)

Título II – Da declaração de direitos (artigo 145 a 159)

Capítulo I – Da Nacionalidade (artigo 145 e 146)

Capítulo II – Dos direitos políticos (artigo 147 a 151)

Capítulo III – Dos partidos políticos (artigo 152)

Capítulo IV - Dos direitos e das garantias individuais (artigo 153 e 154)

Capítulo V – Das medidas de emergência, do estado de sítio e do estado de emergência (artigo 155 a 159)

Título III – Da ordem econômica e social (artigo 160 a 174)

Título IV – Da família, da educação e da cultura (artigo 175 a 180)

Título V – Disposições gerais e transitórias (artigo 181 a 217)

A Constituição Federal de 1967 que respaldou em nosso país um regime autoritário, não trouxe maiores mudanças quanto à legislação ambiental.

O art. 8º, inciso XVII, letras h e i, especificou a competência da União para legislar sobre jazidas, minas e outros recursos minerais, além de legislar sobre metalurgia, florestas, caça e pesca, água, energia elétrica e telecomunicações.

O art. 180, parágrafo único, manteve a prerrogativa do Poder Público para legislar sobre a proteção dos documentos, obras, locais de valor histórico ou artístico, monumentos e paisagens naturais notáveis, bem como sobre jazidas arqueológicas.

A Emenda Constitucional nº 1, de 1969, alterou a redação de alguns artigos da Constituição de 1967, entretanto, no que concerne as regulamentações ambientais, conservou sem maiores alterações as determinações de sua antecessora. Portanto, em termos de legislação ambiental a nova Carta constitucional não trouxe inovações.

Com efeito, a sociedade foi despertada para a consciência ecológica a partir da famosa conferência realizada em Estocolmo, em 1972, sob o patrocínio das Nações Unidas. Durante a realização desta conferência foram estabelecidos, entre outros princípios, em benefício das gerações atuais e futuras, a preservação de recursos naturais da terra, incluindo ar, água, solo, a fauna e a flora.

Posteriormente, o Decreto-Lei nº 303, de 28 de fevereiro de 1967, que criou o Conselho Nacional de Controle da Poluição Ambiental (extinto pela Lei nº. 5318 de 26 de setembro de 1967), ampliou o conceito formulado restrito as águas, para defini-lo como sendo qualquer "alteração das propriedades físicas, químicas ou biológicas do meio ambiente (solo, água e ar).

O Decreto Lei nº 221, que dispunha sobre a proteção de estímulo à pesca, voltou a definir a poluição das águas (art. 37, parágrafo 1°), para considerá-la, como sendo a "alteração das propriedades físicas, químicas ou biológicas das águas, que possa constituir prejuízo, direta ou indiretamente, à fauna e à flora aquática.

Em 1977, pelo Decreto nº 79.437, o Brasil promulga a Convenção Internacional sobre a responsabilidade civil em danos causados por poluição por óleo, cujo regulamento legitima a ação do Ministério Público da União, para propor a ação de responsabilidade civil em nome de quem quer que venha a sofrer os danos decorrentes desse tipo de poluição. A ação deve, então, ser requerida contra o proprietário do navio ou seu segurador e, igualmente, quando for o caso, contra a entidade ou a pessoa prestadora da garantia financeira.

O IBAMA, que é o órgão destinado a proteger e vigiar essas área, reconhece a deficiência, mas não tem como modificar esse quadro. São mais de 380 unidades de conservação federais e estaduais, além das municipais, constituindo quase 5% do território nacional que, com raras exceções, não tem policiamento para impedir os contínuos atentados à natureza. Com isso, perde toda a coletividade nacional, que se verá, com o tempo, privada das espécies naturais que originaram o próprio decreto de preservação dessas áreas ecológicas.

Um dos maiores avanços na legislação ambiental brasileira foi proporcionado pela Lei n° 6.803, de dois de junho de 1980, que regulamentou sobre o estudo do impacto ambiental (EIA), determinando as diretrizes básicas para o zoneamento industrial nas áreas críticas de poluição.

O estudo de impacto ambiental passou a ser realizado de forma preventiva para aprovação de zonas de uso estritamente industrial que se destinem a localização de pólos petroquímicos, cloroquímicos, carboquímicos, bem como instalações nucleares (art. 10, §2°). Tal estudo resulta na elaboração do Relatório do Impacto Ambiental - RIMA, que deverá ser apresentado aos órgãos públicos competentes e à população.

Consequentemente, a aprovação de instalação das referidas zonas passou a ser precedida de estudos especiais de alternativas e de avaliações de impacto ambiental, de modo a permitir ao Poder Público e à coletividade a confiabilidade da solução a ser adotada (art.10, §3°).

A resolução n° 001, de 23 de janeiro de 1986, editada pelo CONAMA (órgão regulamentado pelo Decreto n° 88.351, de 1.6.1983), em seu art. 5°, conceituou impacto ambiental como "qualquer alteração das propriedades físicas, químicas e biológicas do meio ambiente, causada por qualquer forma de matéria ou energia resultante das atividades humanas que, direta ou indiretamente, afetam:

I. A saúde, a segurança e o bem-estar da população;

II. As atividades sociais e econômicas;

III. A biota;

IV. As condições estéticas e sanitárias do meio ambiente;

V. A qualidade dos recursos naturais".

Já a Lei nº 7.347, de 24 de julho de 1985, institui a ação civil pública de responsabilidade por danos causados ao meio ambiente, ao consumidor, a bens e direitos de valor histórico, artístico, estético e paisagístico. Esta norma jurídica legitima, para propositura da ação principal e cautelar, o Ministério Público, a União, os Estados, Municípios, autarquias, empresas públicas, fundações, sociedades de economia mista ou associações, que estejam constituídas há pelo menos um ano e que incluam, entre suas finalidades institucionais, a proteção ao meio ambiente.

Em termos de legislação o termo preservar e conservar são diferentes, o termo conservar significa permitir a exploração econômica dos recursos naturais de maneira racional e sem causar desperdício, enquanto que o termo preservar denota a proibição da exploração econômica dos recursos naturais.

A Constituição da República Federativa do Brasil promulgada em 05 de outubro de 1988 é constituída por nove títulos, trinta e três capítulos, quarenta e nove seções, cinco subseções e duzentos e cinquenta artigos, e apresenta a seguinte estrutura:

Título I – Dos princípios fundamentais (artigo 1º a 4º)

Título II – Dos direitos e garantias fundamentais (artigo 5º a 17)

    Capítulo I – Dos direitos e deveres individuais e coletivos (artigo 5º)

    Capítulo II – Dos direitos sociais (artigo 6º a 11)

    Capítulo III – Da nacionalidade (artigo 12 e 13)

    Capítulo IV – Dos direitos políticos (artigo 14 a 16)

    Capítulo V – Dos partidos políticos (artigo 17)

Título III – Da Organização do Estado (artigo 18 a 43)

    Capítulo I – Da organização político-administrativa (artigo 18 e 19)

    Capítulo II – Da União (artigo 20 a 24)

Capítulo III – Dos Estados Federados (artigo 25 a 28)

Capítulo IV – Dos Municípios (artigo 29 a 31)

Capítulo V – Do Distrito Federal e dos Territórios (artigo 32 e 33)

   Seção I – Do Distrito Federal (artigo 32)

   Seção II – Dos Territórios (artigo 33)

Capítulo VI – Da intervenção (artigo 34 a 36)

Capítulo VII – Da administração pública (artigo 37)

   Seção I – Disposições Gerais (artigo 37 e 38)

   Seção II – Dos servidores públicos (artigo 39 e 41)

   Seção III – Dos militares dos Estados, do Distrito Federal e dos Territórios (artigo 42)

   Seção IV – Das regiões (artigo 43)

Título IV – Da Organização dos Poderes (artigo 44 a 135)

Capítulo I – Do poder legislativo (artigo 44 a 75)

   Seção I – Do Congresso Nacional (artigo 44 a 47)

   Seção II – Das atribuições do Congresso Nacional (artigo 48 a 50)

   Seção III – Da câmara dos deputados (artigo 51)

   Seção IV – Do senado federal (artigo 52)

   Seção V – Dos Deputados e dos senadores (artigo 53 a 56)

   Seção VI – Das reuniões (artigo 57)

   Seção VII – Das comissões (artigo 58)

   Seção VIII – Do processo legislativo (artigo 59 a 69)

      Subseção I – Disposição geral (artigo 59)

      Subseção II – Da emenda à Constituição (artigo 60)

      Subseção III – Das leis (artigo 61 a 69)

   Seção IX – Da fiscalização contábil, financeira e orçamentária (artigo 70 a 75)

124 | Fundamentos da Gestão Ambiental

Capítulo II – Do Poder Executivo (artigo 76 a 91)

Seção I – Do presidente e do vice-presidente da República (artigo 76 a 83)

Seção II – Das atribuições do presidente da República (artigo 84)

Seção III – Da responsabilidade do presidente da República (artigo 85 e 86)

Seção IV – Dos ministros de Estado (artigo 87 e 88)

Seção V – Do Conselho da República e do Conselho de defesa nacional (artigo 89 a 91)

    Subseção I – Do Conselho da República (artigo 89 e 90)

    Subseção II – Do Conselho de defesa nacional (artigo 91)

Capítulo III – Do Poder Judiciário (artigo 92 a 126)

Seção I – Disposições gerais (artigo 92 a 100)

Seção II – Do Supremo Tribunal Federal (artigo 101 a 103)

Seção III – Do Tribunal Federal de Justiça (artigo 104 e 105)

Seção IV – Dos Tribunais Regionais Federais e dos Juízes Federais (artigo 106 a 110)

Seção V – Dos Tribunais e Juízes do Trabalho (artigo 111 e 117)

Seção VI – Dos Tribunais e Juízes Eleitorais (artigo 118 a 121)

Seção VII – Dos Tribunais e Juízes Militares (artigo 122 a 124)

Seção VIII - Dos Tribunais e Juízes dos Estados (artigo 125 e 126)

Capítulo IV – Das funções essenciais à justiça (artigo 127 a 135)

Seção I – Do Ministério Público (artigo 127 a 130)

Seção II – Da advocacia pública (artigo 131 e 132)

Seção III – Da advocacia e da defensoria pública (artigo 133 a 135)

Título V – Da defesa do Estado e das instituições democráticas (artigo 136 a 144)

Capítulo I – Do Estado de defesa e do estado de sítio (artigo 136 a 141)

Seção I – Do estado de defesa (artigo 136)

Seção II – Do estado de sítio (artigo 137 a 139)

Seção III – Disposições gerais (artigo 140 e 141)

Capítulo II – Das forças armadas (artigo 142 e 143)

Capítulo III – Da segurança pública (artigo 144)

Título VI – Da Tributação e do orçamento (artigo 145 a 169)

Capítulo I – Do sistema tributário nacional (artigo 145 a 162)

Seção I – Dos princípios gerais (artigo 145 a 149)

Seção II – Das limitações do poder de tributar (artigo 150 a 152)

Seção III – Dos impostos da União (artigo 153 e 154)

Seção IV – Dos impostos dos Estados e do Distrito Federal (artigo 155)

Seção V – Dos impostos dos municípios (artigo 156)

Seção VI – Da repartição das receitas tributárias (artigo 157 a 162)

Capítulo II – Das finanças públicas (artigo 163 a 169)

Seção I – Normas gerais (artigo 163 e 164)

Seção II – Dos orçamentos (artigo 165 a 169)

Título VII – Da Ordem Econômica e Financeira (artigo 170 a 192)

Capítulo I – Dos princípios gerais da atividade econômica (artigo 170 a 181)

Capítulo II – Da política urbana (artigo 182 e 183)

Capítulo III – Da política agrícola e fundiária e da reforma agrária (artigo 184 a 191)

Capítulo IV – Do sistema financeiro nacional (artigo 192)

Título VIII – Da Ordem Social (artigo 193 a 232)

Capítulo I – Disposição geral (artigo 193)

Capítulo II – Da seguridade social (artigo 194 a 204)

Seção I – Disposições gerais (artigo 194 e 195)

Seção II – Da saúde (artigo 196 a 200)

Seção III – Da previdência social (artigo 201 e 202)

Seção IV – Da assistência social (artigo 203 e 204)

126 | Fundamentos da Gestão Ambiental

Capítulo III – Da educação, da cultura e do desporto (artigo 205 a 217)

Seção I - Da educação (artigo 205 a 214)

Seção II - Da cultura (artigo 215 e 216)

Seção III – Do desporto (artigo 217)

Capítulo IV – Da ciência e tecnologia (artigo 218 e 219)

Capítulo V – Da comunicação social (artigo 220 a 224)

Capítulo VI – Do meio ambiente (artigo 225)

Capítulo VII – Da família, da criança, do adolescente e do idoso (artigo 226 a 230)

Capítulo VIII – Dos índios (artigo 231 e 232)

Título IX – Disposições constitucionais gerais (artigo 233 a 250)

Para Tácito (1999), a Carta Constitucional de 1988 manteve e ampliou os princípios que regiam as Constituições anteriores, no que se refere aos direitos e garantias fundamentais dos cidadãos. Na medida em que são acrescentados o capítulo I – Dos Direitos e Deveres Individuais e Coletivos e o capítulo II – Dos Direitos Sociais, mantendo-se o capítulo III – Da Nacionalidade e o capítulo IV – Dos Direitos Políticos.

Tanto estruturalmente quanto na redação das leis, a Constituição de 1988 é bem mais completa que a sua antecessora, a Carta Constitucional de 1967, em relação às questões ambientais e a sua estrutura também foi muito ampliada e reformulada. Nesse sentido, a nova constituição dedica um capítulo, Capítulo VI, do Título VIII, às questões ambientais.

A Constituição Federal de 1988 consagrou de forma nova e importante a existência de um bem que não possui características de bem público e, muito menos, privado, voltado à realidade do século XXI, das sociedades de massa, caracterizado por um crescimento desordenado e brutal avanço tecnológico. Diante desse quadro, a nossa Carta Magna estruturou uma composição para a tutela dos valores ambientais, reconhecendo-lhes características próprias, desvinculadas do instituto de posse de propriedade, consagrando uma nova concepção ligada a direitos que muitas vezes transcede a tradicional idéia dos direitos ortodoxos: os chamados direitos difusos. (Fiorillo,2004,p.11)

O conceito do meio ambiente como patrimônio público e direito difuso da coletividade é o ditame maior do caput do deferido art. 225.

Artigo 225 – Todos têm direito ao meio ambiente ecologicamente equilibrado, bem de uso comum do povo e essencial à sadia qualidade de vida, impondo-se ao poder público e à coletividade o dever de defendê-lo e preservá-lo para as presentes e futuras gerações.

§ 1º - Para assegurar a efetividade desse direito, incumbe ao poder público;

I - preservar e restaurar os processos ecológicos essenciais e prover o manejo ecológico das espécies e ecossistemas;

II – preservar a diversidade e a integridade do patrimônio genético do País e fiscalizar as entidades dedicadas à pesquisa e manipulação de material genético;

III – definir, em todas as unidades da Federação, espaços territoriais e seus componentes a serem especialmente protegidos, sendo a alteração e supressão permitidas somente através de lei, vedada qualquer utilização que comprometa a integridade dos atributos que justifiquem sua proteção;

IV – exigir, na forma da lei, para instalação da obra ou atividade potencialmente causadora de significativa degradação do meio ambiente, estudo prévio de impacto ambiental, a que se dará publicidade;

V – controlar a produção, a comercialização e o emprego de técnicas, métodos e substâncias que comportem risco para a vida, a qualidade de vida e o meio ambiente;

Bem ambiental é aquele definido pela Carta Constitucional de 1988 como sendo de uso comum do povo e essencial à sadia qualidade de vida. Portanto, o bem ambiental pode ser desfrutado por toda e qualquer pessoal. Essa definição está presente no artigo 3º, V, da Lei nº 6.938/81 e significa a atmosfera, as águas interiores, superficiais e subterrâneas, os estuários, o mar territorial, o solo, o subsolo, os elementos da biosfera, a fauna e a flora.

128 | Fundamentos da Gestão Ambiental

Com isso, reitera-se que o art. 225 da Constituição Federal, ao estabelecer a existência jurídica de um bem que se estrutura como de uso comum do povo e essencial à sadia qualidade de vida, configura nova realidade jurídica disciplinando bem que não é público nem, muito menos, particular.

O art. 225 estabelece a exigência de uma norma vinculada ao meio ambiente ecologicamente equilibrada, reafirmando, ainda, que todos são titulares do referido direito. Não se reporta a uma pessoa individualmente concebida, e sim a uma coletividade de pessoas indefinidas, o que demarca um critério transindividual, em que não se determinam de forma rigorosa, as pessoas titulares desse direito.

O bem ambiental, é, portanto, um bem que tem como característica constitucional mais relevante ser ESSENCIAL À SADIA QUALIDADE DE VIDA, sendo ontologicamente de uso comum do povo, podendo ser desfrutado por toda e qualquer pessoa dentro dos limites constitucionais. (Fiorillo, 2004,p.51)

Assim, o bem ambiental não pode ser classificado nem como bem público e nem como bem privado, mas como bem difuso. O bem difuso é o bem que pertence a cada um e, ao mesmo tempo, a todos, ou seja, não há como identificar o seu titular e seu objeto é insuscetível de divisão.

A Constituição Federal de 1988 consagrou de forma nova e importante a existência de um bem que não possui características de bem público e, muito menos, privado, voltado à realidade do século XXI, das sociedades de massa, caracterizado por um crescimento desordenado e brutal avanço tecnológico. Diante desse quadro, a nossa Carta Magna estruturou uma composição para a tutela dos valores ambientais, reconhecendo-lhes características próprias, desvinculadas do instituto de posse de propriedade, consagrando uma nova concepção ligada a direitos que muitas vezes transcedem a tradicional idéia dos direitos ortodoxos: os chamados direitos difusos. (Fiorillo,2004,p.11)

A Constituição de 1988, para definição do termo meio ambiente, reportou-se a lei nº 6.938/81 que regulamentou sobre a Política Nacional do Meio Ambiente e classificou o meio ambiente em quatro espécies: o meio ambiente natural, o meio ambiente artificial, o meio ambiente cultural e o meio ambiente do trabalho. Isso nos leva a concluir que o conceito de meio ambiente estabelecido é extremamente amplo e juridicamente indeterminado. Pelo fato da concepção de meio ambiente ter sido definida como um conceito jurídico indeterminado, fez-se necessário classificar seus aspectos componentes.

> *O termo meio ambiente é criticado pela doutrina, pois meio é aquilo que está no centro de alguma coisa. Ambiente indica o lugar ou a área onde habitam seres vivos. Assim, na palavra "ambiente" está também inserido o conceito de meio, cuida-se de um vício de linguagem conhecido por pleonasmo, consistente na repetição de palavras ou de idéias com o mesmo sentido simplesmente para dar ênfase. Em outras palavras, meio ambiente é o lugar onde habitam os seres vivos. É o habitat dos seres vivos. Esse habitat (meio físico) interage com os seres vivos (meio biótico), formando um conjunto harmonioso de condições essenciais para a existência da vida com um todo. (...)*

> *A expressão meio ambiente já está consagrada na legislação, na doutrina, na jurisprudência e na consciência da população. (Sirvinskas, 2003, p.28)*

Esse conceito apresentado na lei restringe-se apenas ao meio ambiente natural, deixando de lado as outras concepções. Já na Constituição Federal de 1988, a concepção de meio ambiente é ampliada, ao conceito de meio ambiente natural são acrescentados os conceitos de meio ambiente cultural, meio ambiente artificial e meio ambiente do trabalho.

O meio ambiente natural ou físico é constituído pelo solo, pela água, pelo ar, pela flora e pela fauna.

O meio ambiente artificial é compreendido pelo espaço urbano constituído, composto pelo espaço urbano fechado (conjunto de edificações das cidades) e pelo espaço urbano[15] aberto (equipamentos públicos). Este aspecto relaciona-se ao conceito de cidade.

---

15 O termo urbano deriva do latim *urbs* e significa cidade

O meio ambiente cultural é constituído pelo chamado patrimônio cultural de um povo que traduz a história de um povo, a sua formação, sua cultura e, portanto, os elementos identificadores de um povo.

Já o meio ambiente do trabalho constitui o local onde as pessoas exercem suas atividades profissionais. O meio ambiente do trabalho visa salvaguardar a saúde e a segurança do trabalhador no ambiente onde desempenha suas funções. É constituída pelo conjunto de bens móveis e imóveis de uma organização e que devem permitir a integridade física dos trabalhadores.

A Constituição de 1988 atribui competência legislativa sobre assuntos do meio ambiente à União, aos Estados e ao Distrito Federal. Assim, cabe à União estabelecer as normas gerais e aos Estados e Distrito Federal e Municípios suplementar essas normas gerais sobre o meio ambiente.

Dessa forma, podemos afirmar que à União caberá a fixação de pisos mínimos de proteção ao meio ambiente, enquanto aos Estados e Municípios, atendendo aos seus interesses regionais e locais, a de um "teto" de proteção. Com isso, oportuno frisar que os Estados e Municípios jamais poderão legislar, de modo a oferecer menos proteção ao meio ambiente do que a União, porquanto como já ressaltado, a esta cumpre, tão somente, fixar regras gerais.

Além disso, a competência concorrente dos Estados e supletiva dos Municípios revela-se importante, porquanto aqueles e estes, em especial estes, encontram-se mais atentos e próximos aos interesses e peculiaridades de uma determinada região, estando mais aptos e efetivos a proteção ambiental reclamada pelo Texto Constitucional.

Com isso, é correto afirmar que não é a União que detém, em nosso ordenamento jurídico, o maior número de competências exclusivas e privativas; os Estados, os Municípios e mesmo o Distrito Federal passaram, a partir de 1988, a ter maior autonomia no sentido de poderem legislar sobre grande número de matérias.

Para Fiorillo (2004, p.69), em linhas gerais, "pode-se concluir que a competência legislativa em matéria ambiental estará sempre privilegiando a maior e mais efetiva preservação do meio ambiente, independentemente do ente político que a realize, porquanto todos recebem da Carta Constitucional aludida competência".

O estudo do impacto ambiental determinado pela Lei Federal n° 6.803, de 1980 e regulamentado pela Resolução n° 1, de 1986, do Conselho Nacional do Meio Ambiente, está previsto no art. 225, §1°, inciso IV, da Constituição Federal que exige, de forma pioneira, o estudo prévio de impacto ambiental. Apesar do grande avanço da Constituição com esta exigência, críticas podem ser feitas em relação ao modo como foi previsto. Nesse sentido, Fiorillo (2004) afirma que a Constituição Federal, através do aludido dispositivo, passou a admitir a existência de atividades impactantes que não se sujeitam ao EIA/RIMA, porquanto o estudo somente será destinado àquelas atividades ou obras potencialmente causadoras de significativa degradação do meio ambiente. Além disso, a atividade de significativa impactação não foi definida, de forma que se criou um conceito jurídico indeterminado, o que, por evidência, dificulta a tarefa do operador da norma. Vale frisar ainda que a palavra obra também não foi definida, de modo a sugerir que qualquer uma pode estar sujeita à execução do EIA/RIMA.

Assim, admitimos que o EIA/RIMA nem sempre poderá ser exigido nas obras ou atividades que não forem de significativa impactação, e que o conceito de obra ou atividade deverá ser compreendido de forma ampla. Na verdade, o referencial à exigência do estudo encontra-se vinculado ao efeito e à impactação que possa causar e não propriamente à natureza do empreendimento (obra, atividade, construção, etc).

Oportuno salientar que, segundo Fiorillo (2004), a Constituição Federal estabeleceu uma presunção de que toda obra ou atividade é significativamente impactante ao meio ambiente, cabendo, portanto, àquele que possui o projeto demonstrar o contrário, não se sujeitando, dessa feira, à incidência e execução do EIA/RIMA.

Foram declarados patrimônio nacional a Floresta Amazônia brasileira e a Mata Atlântica, a Serra do Mar, o Pantanal Mato-Grossense e a Zona Costeira, de modo a assegurar a preservação do meio ambiente, inclusive quanto ao uso dos recursos naturais.

132 | Fundamentos da Gestão Ambiental

§ 4º - A Floresta Amazônica brasileira, a Mata Atlântica, a Serra do Mar, o Pantanal Mato-Grossense e a Zona Costeira são patrimônio nacional, e sua utilização far-se-á, na forma da lei, dentro de condições que assegurem a preservação do meio ambiente, inclusive quanto ao uso dos recursos naturais.

A localização das usinas que operam com reator nuclear deve ser definida por lei federal (artigo 225, §6º)

§ 5º - São indisponíveis as terras devolutas ou arrecadadas pelos Estados, por ações discriminatórias, necessárias à proteção dos ecossistemas naturais.

§ 6º - As usinas que operam com reator nuclear deverão ter sua localização definida em lei federal, sem o que não poderão ser instaladas.

A educação ambiental, como princípio da Política Nacional do Meio Ambiente (de acordo com artigo 2º da Lei nº 6.938/81), passa a ser determinação federal contida expressamente no artigo 225, inciso VI, incentivando-se a promoção desse tipo de educação em todos os níveis de ensino;

VI – promover a educação ambiental em todos os níveis de ensino e a conscientização pública para a preservação do meio ambiente;

Determina aos exploradores de recursos minerais a recuperação do meio ambiente degradado, de acordo com a solução técnica exigida pelo órgão competente, na forma da lei.

VII – proteger a fauna e a flora, vedadas, na forma da lei, as práticas que coloquem em risco sua função ecológica, provoquem a extinção de espécies ou submetam os animais à crueldade.

§ 2º - Aquele que explorar recursos minerais fica obrigado a recuperar o meio ambiente degradado, de acordo com solução técnica exigida pelo órgão público competente, na forma da lei.

§ 3º - As condutas e atividades consideradas lesivas ao meio ambiente sujeitarão os infratores, pessoas físicas ou jurídicas, a sanções penais e administrativas, independentemente da obrigação de reparar os danos causados.

Os sítios de valor ecológico foram declarados patrimônio cultural brasileiro, sujeitando os causadores de danos ou ameaças à sanção, na forma da lei (artigo 216, inciso V, §4º);

> *Artigo 216 – Constituem patrimônio cultural brasileiro os bens de natureza material e imaterial, tomados individualmente ou em conjunto, portadores de referência à identidade, à ação, à memória dos diferentes grupos formadores da sociedade brasileira, nos quais se incluem:*
>
> *I – as formas de expressão;*
>
> *II – os modos de criar, fazer e viver;*
>
> *III – as criações científicas, artísticas e tecnológicas;*
>
> *IV – as obras, os objetos, documentos, edificações e demais espaços destinados às manifestações artístico-culturais;*
>
> *V – os conjuntos urbanos e sítios de valor histórico, paisagístico, artístico, arqueológico, paleontológico, ecológico e científico.*
>
> *§1º - O poder público, com a colaboração da comunidade, promoverá e protegerá o patrimônio cultural brasileiro, por meio de inventários, registros, vigilância, tombamento e desapropriação, e de outras formas de acautelamento e preservação.*
>
> *§2º - Cabem à administração pública, na forma da lei, a gestão da documentação governamental e as providências para franquear sua consulta a quantos dela necessitem.*
>
> *§3º - A lei estabelecerá incentivos para a produção e o conhecimento de bens e valores culturais.*
>
> *§4º - Os danos e ameaças ao patrimônio cultural serão punidos, na forma da lei.*
>
> *§5º - Ficam tombados todos os documentos e os sítios detentores de reminiscências históricas dos antigos quilombos.*

Não se questiona mais sobre a responsabilidade civil do poluidor, até a promulgação da Constituição Federal prevista apenas (artigo 14, §1º) na Lei nº 6.938, de 1981. O artigo 21, inciso XXIII, letra c, da Constituição Federal,

134 | FUNDAMENTOS DA GESTÃO AMBIENTAL

estabelece a responsabilidade civil por danos nucleares independente da existência de culpa (sinônimo de responsabilidade objetiva).

Artigo 21 – Compete à União:

XXIII – explorar os serviços e instalações nucleares de qualquer natureza e exercer monopólio estatal sobre a pesquisa, a lavra, o enriquecimento e reprocessamento, a industrialização e o comércio de minérios nucleares e seus derivados, atendidos os seguintes princípios e condições:

a) toda atividade nuclear em território nacional somente será admitida para fins pacíficos e mediante aprovação do Congresso Nacional; b) sob regime de concessão ou permissão, é autorizada a utilização de radioisótopos para a pesquisa e usos medicinais, agrícolas, industriais e atividades análogas; c) a responsabilidade civil por danos nucleares independe da existência de culpa.

As esferas de competência para legislar sobre meio ambiente passaram a ser definidas pelos artigos 22, 23, 24 e 30. Hoje, a União Federal não concentra mais amplos poderes, tal qual ocorria anteriormente, amparado pelo Decreto-Lei nº 1.413/75 (artigo 2º), que atribuía competência exclusiva ao Governo Federal para fechar indústrias poluentes no Brasil.

Artigo 22 – Compete privativamente à União legislar sobre:

XII – jazidas, minas, outros recursos minerais e metalurgias;

XIV – populações indígenas;

XV – XXVI – atividades nucleares de qualquer natureza;

Artigo 23 – É Competência comum da União, dos Estados, do Distrito Federal e dos Municípios:

III – proteger os documentos, as obras e outros bens de valor histórico, artístico e cultural, os monumentos, as paisagens naturais notáveis e os sítios arqueológicos;

IV – impedir a evasão, a destruição e a descaracterização de obras de arte e de outros bens de valor histórico, artístico ou cultural;

VI – proteger o meio ambiente e combater a poluição em qualquer de suas formas;

VII – preservar as florestas, a fauna e a flora;

IX – promover programas de construção de moradias e a melhoria das condições habitacionais e de saneamento básico;

XI – registrar, acompanhar e fiscalizar as concessões de direitos de pesquisa e exploração de recursos hídricos e minerais em seus territórios;

Artigo 24 – Compete à União, aos Estados e ao Distrito Federal legislar concorrentemente sobre:

VI – florestas, caça, fauna, conservação da natureza, defesa do solo e dos recursos naturais, proteção do meio ambiente e controle da poluição;

VII – proteção ao patrimônio histórico, cultural, artístico, turístico e paisagístico;

VIII – responsabilidade por dano ao meio ambiente, ao consumidor, a bens e direitos de valor artístico, estético, histórico, turístico e paisagístico;

Artigo 30 – Compete aos Municípios:

VIII – promover, no que couber, adequado ordenamento territorial, mediante planejamento e controle do uso, do parcelamento e da ocupação do solo urbano;

IX – promover a proteção do patrimônio histórico-cultural local, observada a legislação e a ação fiscalizadora federal e estadual.

Os instrumentos jurídicos processuais para garantir os direitos fundamentais foram previstos na nova Constituição. O artigo 5º, inciso LXXIII, possibilita a qualquer cidadão a propositura da ação popular para anular ato lesivo ao meio ambiente e o art. 129, inciso III, legitima o Ministério Público para promover ação civil pública.

Artigo 5º - Todos são iguais perante a lei, sem distinção de qualquer natureza, garantindo-se aos brasileiros e aos estrangeiros residentes no país a inviolabilidade do direito à vida, à liberdade, à igualdade, à segurança, à propriedade, nos termos seguintes:

LXXIII – qualquer cidadão é parte legítima para propor ação popular que vise a anular ato lesivo ao patrimônio público ou da entidade de que o Estado participe, à moralidade administrativa, ao meio ambiente e ao patrimônio histórico e cultural, ficando o autor, salvo comprovada má-fé, isento de custas judiciais e do ônus da sucumbência.

A Lei nº 7.797 de 10 de julho de 1989 criou o Fundo Nacional de Meio Ambiente, que será administrado pela Secretaria de Planejamento e Coordenação da Presidência da República - SEPLAN/PR, e pelo Instituto Brasileiro do Meio Ambiente e Recursos Naturais Renováveis - IBAMA, de acordo com as diretrizes estabelecidas pelo IBAMA, respeitadas as atribuições do Conselho Nacional do Meio Ambiente - CONAMA.

Art. 1º Fica instituído o Fundo Nacional de Meio Ambiente, com o objetivo de desenvolver os projetos que visem ao uso racional e sustentável de recursos naturais, incluindo a manutenção, melhoria ou recuperação da qualidade ambiental no sentido de elevar a qualidade de vida da população brasileira.

Art. 2º Constituirão recursos do Fundo Nacional de Meio Ambiente de que trata o art. 1º desta Lei:

I - dotações orçamentárias da União;

II - recursos resultantes de doações, contribuições em dinheiro, valores, bens móveis e imóveis, que venha a receber de pessoas físicas e jurídicas;

III - rendimentos de qualquer natureza, que venha a auferir como remuneração decorrente de aplicações do seu patrimônio;

IV - outros, destinados por lei.

O Fundo Nacional do Meio Ambiente (FNMA) será constituído por um Conselho Deliberativo e terá seu funcionamento estabelecido em regimento interno. Esse Conselho será presidido pelo Ministro de Estado do Meio Ambiente e composto por: três representantes do Ministério do Meio Ambiente; um representante do Ministério do Planejamento, Orçamento e Gestão; três representantes do Instituto Brasileiro do Meio Ambiente e dos Recursos Naturais Renováveis - IBAMA; um representante da Associação Brasileira de Entidades do Meio Ambiente - ABEMA; e cinco representantes de organizações não-governamentais ambientalistas, na proporção de um representante para cada região geográfica do País.

§ 1o Os representantes de que tratam os incisos I a IV deste artigo e os seus suplentes serão indicados pelos titulares dos respectivos órgãos e entidades, e designados pelo Ministro de estado do Meio Ambiente.

§ 2o Os representantes de que trata o inciso V deste artigo e os seus suplentes serão indicados mediante processo eleitoral, pelo conjunto das organizações não-governamentais registradas no Cadastro Nacional de Entidades Ambientalistas - CNEA, instituído pelo Conselho Nacional do Meio Ambiente - CONAMA, e designados pelo Ministro de Estado do Meio Ambiente.

§ 3º Os representantes de que tratam os incisos IV e V do artigo anterior terão mandato de dois anos.

Como a participação no Conselho Deliberativo do Fundo Nacional do Meio Ambiente é considerada de relevante interesse público, aos membros participantes não será atribuída remuneração.

Os recursos destinados ao Fundo Nacional de Meio Ambiente deverão ser aplicados, prioritariamente, por intermédio de órgãos públicos das três esferas administrativas - federal, estadual e municipal. Entretanto, é possível a participação de entidades privadas, sem fins lucrativos, desde que, seus objetivos estejam em consonância com os objetivos do Fundo Nacional de Meio Ambiente.

Os recursos do FNMA destinados ao apoio a projetos serão transferidos mediante convênios, termos de parceria, acordos ou ajustes, ou outros instrumentos previstos em lei, a serem celebrados com instituições da Administração direta ou indireta das esferas federal, estadual e/ou municipal, organizações da sociedade civil de interesse público e organizações não-governamentais brasileiras sem fins lucrativos, cujos objetivos sejam relacionados aos do Fundo.

3.3 - Lei nº 6.938/81 - Política Nacional do Meio Ambiente

A política e o sistema nacional do meio ambiente encontram-se disciplinados e regulamentados na lei nº 6.938/81, onde se encontram todos os procedimentos necessários para a aplicação da política ambiental nacional. Com a aprovação dessa lei foi regulamentado sobre a Política Nacional do Meio Ambiente (PNMA) e instituído o Sistema Nacional do Meio Ambiente (SISNAMA). Depois da Constituição Federal é a lei mais importante no Brasil que regulamenta sobre as questões ambientais. O objeto de estudo da política nacional do meio ambiente é a qualidade ambiental propícia à vida das presentes e futuras gerações. É em função de seu objeto de estudo que o direito ambiental estabelecerá sua política.

A política nacional do meio ambiente tem por objetivo a conservação, preservação, a melhoria e a recuperação da natureza sem, contudo, travar o desenvolvimento econômico do país. Dessa maneira, Sirvinskas (2003), afirma que a política nacional do meio ambiente tem por objetivo a harmonização do meio ambiente com o desenvolvimento socioeconômico (desenvolvimento econômico). Essa harmonização consiste na conciliação da proteção do meio ambiente, de um lado, e o desenvolvimento socioeconômico, de outro, visando assegurar condições necessárias ao progresso industrial, aos interesses da segurança nacional e à proteção da dignidade da vida humana. (p.56)

A Lei nº 6.938 que dispõe sobre a Política Nacional do Meio Ambiente, seus fins e mecanismos de formulação e aplicação, constitui o Sistema Nacional do Meio Ambiente, cria o Conselho Nacional do Meio Ambiente (CONAMA) e institui o Cadastro Técnico Federal de atividades e instrumentos da defesa ambiental, foi promulgada em 31 de agosto de 1981 e publicada no Diário Oficial da União em 02 de setembro de 1981, possuindo 21 artigos.

O artigo primeiro da lei informa que a referida lei está fundamentada nos incisos VI e VII dos artigos 23 e 235 da Constituição Federal de 1988 e estabelece a Política Nacional do Meio Ambiente, seus fins e mecanismos de formulação e aplicação, constitui o Sistema Nacional do Meio Ambiente - SISNAMA e institui o Cadastro de Defesa Ambiental.

Assim, segundo o artigo 2º, a Política Nacional do Meio Ambiente tem por objetivo a conservação, preservação, melhoria e recuperação da qualidade ambiental propícia à vida, visando assegurar, no País, condições de desenvolvimento sócio-econômico, aos interesses da segurança nacional e à proteção da dignidade da vida humana. Portanto, os objetivos da política nacional do meio ambiente pretendem propiciar as condições necessárias para o desenvolvimento sustentável do país, atendidos os seguintes princípios:

I. ação governamental na manutenção do equilíbrio ecológico, considerando o meio ambiente com um patrimônio público a ser necessariamente assegurado e protegido, tendo em vista o uso coletivo;

II. racionalização do uso do solo, do subsolo, da água e do ar;

III. planejamento e fiscalização do uso dos recursos ambientais;

IV. proteção dos ecossistemas, com a preservação de áreas representativas;

V. Controle e zoneamento das atividades potencial ou efetivamente poluidoras;

VI. Incentivos ao estudo e à pesquisa de tecnologia orientadas para o uso racional e a proteção de recursos ambientais;

VII. Acompanhamento do estado da qualidade ambiental;

VIII. Recuperação das áreas degradadas;

IX. Proteção de áreas ameaçadas de degradação;

X. Educação ambiental em todos os níveis de ensino, incluindo a educação da comunidade, objetivando capacitá-la para participação ativa na defesa do meio ambiente.

Os princípios da política nacional do meio ambiente estão presentes no art. 2º da Lei nº 6.938/81 e são denominados de princípios legais. Importa frisar que tais princípios não devem ser confundidos com os princípios doutrinários, mas com eles devem estar interligados. Os princípios são importantes, pois orientarão o poder judiciário para a efetiva proteção do meio ambiente.

O artigo 3º define os conceitos que estão contidos na lei, conceitos estes que permeiam toda a compreensão da referida lei.

I - meio ambiente, o conjunto de condições, leis, influências e interações de ordem física, química e biológica, que permite, abriga e rege a vida em todas as suas formas;

II - degradação da qualidade ambiental, a alteração adversa das características do meio ambiente;

III - poluição, a degradação da qualidade ambiental resultante de atividades que direta ou indiretamente:

a) prejudiquem a saúde, a segurança e o bem-estar da população;

b) criem condições adversas às atividades sociais e econômicas;

c) afetem desfavoravelmente a biota;

d) afetem as condições estéticas ou sanitárias do meio ambiente;

e) lancem matérias ou energia em desacordo com os padrões ambientais estabelecidos;

IV - poluidor, a pessoa física ou jurídica, de direito público ou privado, responsável, direta ou indiretamente, por atividade causadora de degradação ambiental;

V - recursos ambientais: a atmosfera, as águas interiores, superficiais e subterrâneas, os estuários, o mar territorial, o solo, o subsolo, os elementos da biosfera, a fauna e a flora.

A Lei nº 6.938/81 em seu artigo 3º, I. define meio ambiente como o "conjunto de condições, leis, influências, alterações e interações de ordem física, química e biológica, que permite, abriga e rege a vida em todas suas formas".

O meio ambiente relaciona-se a tudo aquilo que nos circunda. A Constituição Federal de 1988, para definição do termo meio ambiente, reportou-se a Lei da Política Nacional do Meio Ambiente, bem como, para apresentar a classificação do meio ambiente em: meio ambiente natural, meio ambiente artificial, meio ambiente cultural e meio ambiente do trabalho. Tal classificação nos leva a concluir que o conceito de meio ambiente proposto é extremamente amplo e juridicamente indeterminado. Pelo fato, da concepção de meio ter sido definida como um conceito jurídico indeterminado, fez-se necessário classificar seus aspectos componentes. A este respeito Fiorillo (2004) afirma que é unitário o conceito de meio ambiente, porquanto todo este é regido por inúmeros princípios, diretrizes e objetivos que compõem a Política Nacional do Meio Ambiente. Não se busca estabelecer divisões estanques, isolantes, até mesmo porque isso seria um empecilho à aplicação da efetiva tutela.

A divisão do meio ambiente em aspectos que o compõem busca facilitar a identificação da atividade degradante e do bem imediatamente agredido. Não se pode perder de vista que o direito ambiental tem como objeto maior tutelar a vida saudável, de modo que a classificação apenas identifica o aspecto do meio ambiente em que valores maiores foram aviltados. E com isso encontramos pelo menos quatro significativos aspectos: meio ambiente natural, artificial, da cultura e do trabalho. (p.20)

A Lei n°. 6.938, de 1981, acresceu ao conceito de poluição as degradações da qualidade ambiental resultantes de atividades que, direta ou indiretamente, afetam as condições estéticas ou sanitárias do meio ambiente. Sobre essa questão o pesquisador Fiorilo (2004) afirma que podemos notar que o conceito de poluição diz menos que o de degradação ambiental, pois, para que ocorra o primeiro, é mister que exista uma atividade que, direta ou indiretamente, degrade a qualidade ambiental. Parece-nos que se condiciona a poluição à atividade de uma pessoa, física ou jurídica, o que não ocorre com a degradação ambiental.

Com isso, conclui-se que a única alteração da qualidade ambiental indenizável é aquela que resulte de uma degradação da qualidade ambiental (alteração adversa das características do meio ambiente) e, ao mesmo tempo, seja causada por uma atividade direta ou indiretamente praticada por uma pessoa física ou jurídica. Percebe-se que pode ocorrer degradação ambiental da qualidade ambiental, mas não haver poluição, já que esta reclama degradação ambiental condicionada ao exercício direto ou indireto de uma atividade. (p.33)

O artigo em análise traz a figura do poluidor, que pode ser tanto uma pessoa física quanto uma pessoa jurídica, responsável direta ou indiretamente, pela causa do dano.

O artigo 4º da Lei nº 6.938/81 propõe como objetivos a conservação, preservação, a melhoria e a recuperação da natureza e dos ecossistemas.

I - à compatibilização do desenvolvimento econômico-social com a preservação da qualidade do meio ambiente e do equilíbrio ecológico;

II - à definição de áreas prioritárias de ação governamental relativa à qualidade e ao equilíbrio ecológico, atendendo aos interesses da União, dos Estados, do Distrito Federal, dos Territórios e dos Municípios;

III - ao estabelecimento de critérios e padrões da qualidade ambiental e de normas relativas ao uso e manejo de recursos ambientais;

IV - ao desenvolvimento de pesquisas e de tecnologias nacionais orientadas para o uso racional de recursos ambientais;

V - à difusão de tecnologias de manejo do meio ambiente, à divulgação de dados e informações ambientais e à formação de uma consciência pública sobre a necessidade de preservação da qualidade ambiental e do equilíbrio ecológico;

VI - à preservação e restauração dos recursos ambientais com vistas à sua utilização racional e disponibilidade permanente, concorrendo para a manutenção do equilíbrio ecológico propício à vida;

VII - à imposição, ao poluidor e ao predador, da obrigação de recuperar e/ ou indenizar os danos causados e, ao usuário, da contribuição pela utilização de recursos ambientais com fins econômicos.

As diretrizes da política nacional do meio ambiente são operacionalizadas sob a forma de normas, planos e estratégias destinadas a orientar a ação prática da União, dos Estados, do Distrito Federal e dos Municípios no que se refere à conservação e preservação ambiental, levando em consideração os princípios da política nacional do meio ambiente.

O artigo 6° apresenta a estrutura do Sistema Nacional do Meio Ambiente (SISNAMA). Dessa forma, os órgãos e entidades da União, dos Estados, do Distrito Federal, dos Territórios e dos Municípios, bem como, as fundações instituídas pelo Poder Público, responsáveis pela proteção e melhoria da qualidade ambiental, constituirão o Sistema Nacional do Meio Ambiente - SISNAMA, assim estruturado:

I - órgão superior: o Conselho de Governo, com a função de assessorar o Presidente da República na formulação da política nacional e nas diretrizes governamentais para o meio ambiente e os recursos ambientais;

II - órgão consultivo e deliberativo: o Conselho Nacional do Meio Ambiente CONAMA, com a finalidade de assessorar, estudar e propor ao Conselho de Governo, diretrizes de políticas governamentais para o meio ambiente e os recursos naturais e deliberar, no âmbito de sua competência, sobre normas e padrões compatíveis com o meio ambiente ecologicamente equilibrado e essencial à sadia qualidade de vida;

III - órgão central: a Secretaria do Meio Ambiente da Presidência da República, com a finalidade de planejar, coordenar, supervisionar e controlar, como órgão federal, a política nacional e as diretrizes governamentais fixadas para o meio ambiente;

IV - órgão executor: o Instituto Brasileiro do Meio Ambiente e dos Recursos Naturais Renováveis, com a finalidade de executar e fazer executar, como órgão federal, a política e diretrizes governamentais fixadas para o meio ambiente;

V - órgãos seccionais: os órgãos ou entidades estaduais responsáveis pela execução de programas, projetos e pelo controle e fiscalização de atividades capazes de provocar a degradação ambiental;

VI - órgãos locais: os órgãos ou entidades municipais, responsáveis pelo controle e fiscalização dessas atividades, nas suas respectivas jurisdições.

§ 1 - Os Estados, na esfera de suas competências e nas áreas de sua jurisdição, elaborarão normas supletivas e complementares e padrões relacionados com o meio ambiente, observados os que forem estabelecidos pelo CONAMA.

§ 2 - Os Municípios, observadas as normas e os padrões federais e estaduais, também poderão elaborar as normas mencionadas no parágrafo anterior.

§ 3 - Os órgãos central, setoriais, seccionais e locais mencionados neste artigo deverão fornecer os resultados das análises efetuadas e sua fundamentação, quando solicitados por pessoa legitimamente interessada.

§ 4 - De acordo com a legislação em vigor, é o Poder Executivo autorizado a criar uma fundação de apoio técnico e científico às atividades do IBAMA.

144 | Fundamentos da Gestão Ambiental

O artigo 8º define as atribuições do Conselho Nacional do Meio Ambiente (CONAMA), com a finalidade de assessorar, estudar e propor ao Conselho de Governo, diretrizes de políticas governamentais para o meio ambiente e os recursos naturais e deliberar, no âmbito de sua competência, sobre normas e padrões compatíveis com o meio ambiente ecologicamente equilibrado e essencial à sadia qualidade de vida. Dessa forma, compete ao referido órgão consultivo e deliberativo do SISNAMA:

I - estabelecer, mediante proposta do IBAMA, normas e critérios para o licenciamento de atividades efetiva ou potencialmente poluidoras, a ser concedido pelos Estados e supervisionado pelo IBAMA;

II - determinar, quando julgar necessário, a realização de estudos das alternativas e das possíveis conseqüências ambientais de projetos públicos ou privados, requisitando aos órgãos federais, estaduais e municipais, bem assim a entidades privadas, as informações indispensáveis para apreciação dos estudos de impacto ambiental, e respectivos relatórios, no caso de obras ou atividades de significativa degradação ambiental, especialmente nas áreas consideradas patrimônio nacional;

III - decidir, como última instância administrativa em grau de recurso, mediante depósito prévio, sobre as multas e outras penalidades impostas pelo IBAMA;

IV - homologar acordos visando à transformação de penalidades pecuniárias na obrigação de executar medidas de interesse para a proteção ambiental: (Vetado);

V - determinar, mediante representação do IBAMA, a perda ou restrição de benefícios fiscais concedidos pelo Poder Público, em caráter geral ou condicional, e a perda ou suspensão de participação em linhas de financiamento em estabelecimentos oficiais de crédito;

VI - estabelecer, privativamente, normas e padrões nacionais de controle da poluição por veículos automotores, aeronaves e embarcações, mediante audiência dos Ministérios competentes;

VII - estabelecer normas, critérios e padrões relativos ao controle e à manutenção da qualidade do meio ambiente com vistas ao uso racional dos recursos ambientais, principalmente os hídricos.

Parágrafo único. O secretário do Meio Ambiente é, sem prejuízo de suas funções, o Presidente do CONAMA.

As normas para o licenciamento podem ser específicas, se destinadas aos órgãos federais e gerais, se destinadas aos órgãos estaduais e municipais. Conforme esclarece Leme Machado (1998), não invadindo a autonomia dos estados o estabelecimento dessas normas e critérios pelo CONAMA, já que a proteção ao meio ambiente é de competência concorrente da União e dos estados, conforme dispõe o artigo 24, VI, da Constituição Federal.

A Política Nacional do Meio Ambiente para sua eficaz aplicação e funcionamento precisa, necessariamente, de instrumentos que a tornem possível. O artigo 9º da lei regulamenta sobre os doze instrumentos que visam a dar cumprimento aos objetivos contidos no artigo 4 da referida lei.

I - o estabelecimento de padrões de qualidade ambiental;

II - o zoneamento ambiental;

III - a avaliação de impactos ambientais;

IV - o licenciamento e a revisão de atividades efetiva ou potencialmente poluidoras;

V - os incentivos à produção e instalação de equipamentos e a criação ou absorção de tecnologia, voltados para a melhoria da qualidade ambiental;

VI - a criação de espaços territoriais especialmente protegidos pelo Poder Público federal, estadual e municipal, tais como áreas de proteção ambiental, de relevante interesse ecológico e reservas extrativistas;

VII - o sistema nacional de informações sobre o meio ambiente;

VIII - o Cadastro Técnico Federal de Atividades e Instrumentos de Defesa Ambiental;

IX - as penalidades disciplinares ou compensatórias ao não cumprimento das medidas necessárias à preservação ou correção da degradação ambiental;

146 | Fundamentos da Gestão Ambiental

X - a instituição do Relatório de Qualidade do Meio Ambiente, a ser divulgado anualmente pelo Instituto Brasileiro do Meio Ambiente e Recursos Naturais Renováveis - IBAMA;

XI - a garantia da prestação de informações relativas ao Meio Ambiente, obrigando-se o Poder Público a produzi-las, quando inexistentes;

XII - o Cadastro Técnico Federal de atividades potencialmente poluidoras e/ou utilizadoras dos recursos ambientais.

O licenciamento ambiental é o complexo de etapas que compõem o procedimento administrativo, que objetiva a concessão de licença ambiental. A Resolução nº 237/97 do CONAMA regulamenta sobre o licenciamento ambiental e define o licenciamento como o ato administrativo pelo qual o órgão ambiental competente estabelece as condições, restrições e medidas de controle ambiental que deverão ser obedecidas pelo empreendedor, pessoa física ou jurídica, para localizar, instalar, ampliar e operar empreendimentos ou atividades utilizadoras dos recursos ambientais consideradas efetiva ou potencialmente poluidoras ou aquelas que, sob qualquer forma, possam causar degradação ambiental. O licenciamento ambiental é realizado em três etapas distintas e insuprimíveis: 1) a licença prévia (LP); a licença de instalação (LI) e a licença de funcionamento (LF). O licenciamento ambiental é o instrumento de caráter preventivo de tutela do meio ambiente, conforme determina o artigo 9º da Lei nº 6.938/81.

Já o impacto ambiental é toda intervenção humana no meio ambiente causadora de degradação negativa da qualidade ambiental. É qualquer alteração das propriedades físicas, químicas e biológicas do meio ambiente, causada por qualquer forma de matéria ou energia resultante das atividades humanas que, direta ou indiretamente, afetem: I - a saúde, a segurança e o bem-estar da população; II - as atividades sociais e econômicas; III - a biota; IV - as condições estéticas e sanitárias do meio ambiente; V - a qualidade dos recursos ambientais. (Resolução nº 001/86 - Conama - art. 1º)

Avaliação de impactos ambientais é o conjunto de estudos preliminares ambientais, abrangendo todos e quaisquer estudos relativos aos aspectos ambientais relacionados à localização, instalação, operação e ampliação de uma atividade ou empreendimento, apresentado como subsídio para a análise da licença requerida, tais como: relatório ambiental, plano e projeto de controle ambiental, relatório ambiental preliminar, diagnóstico ambiental, plano de manejo, plano de recuperação de áreas degradadas e a análise preliminar de risco. (Resolução nº 237/97 Conama - art. 1º)

Também faz parte, dos planos governamentais, o zoneamento ambiental, assim o licenciamento ambiental deve avaliar a compatibilidade com o projeto de zoneamento proposto ou em implantação pelo poder público.

O *caput* do artigo 10 da lei prevê que o IBAMA licenciará em caráter supletivo, quando da impossibilidade ou omissão do órgão estadual ambiental, visando, principalmente suprir qualquer deficiência que o órgão estadual possa apresentar em relação ao licenciamento para qualquer construção, instalação, ampliação e funcionamento de estabelecimentos que utilizem recursos ambientas potencialmente poluidores.

> *art.10º - A construção, instalação, ampliação e funcionamento de estabelecimentos e atividades utilizadoras de recursos ambientais, considerados efetiva e potencialmente poluidores, bem como os capazes, sob qualquer forma, de causar degradação ambiental, dependerão de prévio licenciamento de órgão estadual competente, integrante do Sistema Nacional do Meio Ambiente - SISNAMA, e do Instituto Brasileiro do Meio Ambiente e Recursos Naturais Renováveis - IBAMA, em caráter supletivo, sem prejuízo de outras licenças exigíveis.*

> *§ 1 - Os pedidos de licenciamento, sua renovação e a respectiva concessão serão publicados no jornal oficial do Estado, bem como em um periódico regional ou local de grande circulação.*

> *§ 2 - Nos casos e prazos previstos em resolução do CONAMA, o licenciamento de que trata este artigo dependerá de homologação do IBAMA.*

> *§ 3 - O órgão estadual do meio ambiente e o IBAMA, este em caráter supletivo, poderão, se necessário e sem prejuízo das penalidades pecuniárias cabíveis, determinar a redução das atividades geradoras de poluição, para manter as emissões gasosas, os efluentes líquidos e os*

resíduos sólidos dentro das condições e limites estipulados no licenciamento concedido.

§ 4 - Compete ao Instituto Brasileiro do Meio Ambiente e Recursos Naturais Renováveis - IBAMA o licenciamento previsto no caput deste artigo, no caso de atividades e obras com significativo impacto ambiental, de âmbito nacional ou regional.

Um ponto de destaque é o § 4°, em que, segundo Leme Machado (1998, p.51), "procurou-se dar um novo aspecto da presença federal no meio ambiente, deixando o caráter geral de supletividade da atuação do IBAMA". Entretanto, não se está retirando dos Estados e dos Municípios o dever de intervenção em atividades com impacto ambiental de âmbito nacional e regional.

A amplitude dos conceitos "nacional" e "regional" tem provocado dúvidas e incertas quanto à atividade de licenciamento do IBAMA. Conforme esclarece Leme Machado (1998 p. 52), o interesse nacional está claramente delineado nas atividades e obras que sejam levadas a efeito nas áreas do patrimônio nacional enumeradas pela Constituição Federal no art. 225, § 4° - "a Floresta Amazônica brasileira, a Mata Atlântica, a Serra do Mar, o Pantanal Mato-Grossense e a Zona Costeira". Já o interesse regional, basicamente é encontrado quando o impacto ambiental pode atingir mais de um Estado ou uma região geográfica.

Cabe ao IBAMA declarar os tipos ou modalidades de estabelecimentos e atividades utilizadoras de recursos ambientais, que, deste modo, precisarão de licença ou autorização para construção instalação, ampliação e funcionamento. Entretanto, conforme afirma Leme Machado (1998), o IBAMA não tem competência para criar as normas de licenciamento, pois tal competência foi expressamente concedida pela Lei n° 6.938/91 ao CONAMA – Conselho Nacional do Meio Ambiente em seu artigo 8°, I.

Deste modo, apenas o trabalho conjunto entre órgãos pode trazer benefícios ao meio ambiente como um todo, assim o artigo 11 estabelece que o IBAMA deve propor ao CONAMA normas e padrões visando a implantação, acompanhamento e fiscalização do licenciamento, assim o trabalho conjunto de cooperação técnica pode agilizar o processo de controle da degradação ambiental.

art.11º - Compete ao IBAMA propor ao CONAMA normas e padrões para implantação, acompanhamento e fiscalização do licenciamento previsto no artigo anterior, além das que forem oriundas do próprio CONAMA.

§ 1 - A fiscalização e o controle da aplicação de critérios, normas e padrões de qualidade ambiental serão exercidos pelo IBAMA, em caráter supletivo da atuação do órgão estadual e municipal competentes.

§ 2 - Inclui-se na competência da fiscalização e controle a análise de projetos de entidades, públicas ou privadas, objetivando a preservação ou a recuperação de recursos ambientais, afetados por processos de exploração predatórios ou poluidores.

O CONAMA é um fórum de encontro quadrimestral de discussão da política de meio ambiente, onde todos os Estados da Federação têm assento permanente, portando, as discussões podem virar normas visando um maior controle e fiscalização das políticas ambientais implementadas.

Já o artigo 12 deve ser interpretado de uma forma mais abrangente, tendo em vista que entidades e órgãos de financiamento são bancos nacionais, tais como, Banco do Brasil, Caixa Econômica Federal, Bancos Estaduais, Bancos de Desenvolvimento, entidades fiscalizadas pelo Banco Central do Brasil.

art.12º - As entidades e órgãos de financiamento e incentivos governamentais condicionarão a aprovação de projetos habilitados a esses benefícios ao licenciamento, na forma desta Lei, e ao cumprimento das normas, dos critérios e dos padrões expedidos pelo CONAMA.

Parágrafo único. As entidades e órgãos referidos no caput deste artigo deverão fazer constar dos projetos a realização de obras e aquisição de equipamentos destinados ao controle de degradação ambiental e à melhoria da qualidade do meio ambiente.

Assim, uma forma de controle é a fiscalização sistemática pelas entidades financeiras, sempre que ocorrer a aprovação de um licenciamento ambiental; sendo o licenciamento ambiental uma norma geral federal, essas entidades devem auxiliar no controle sempre que um financiamento for concedido. Essa variante ambiental, conforme destaca Leme Machado (1998), passa a ensejar um novo tipo de convivência administrativa, colocando em parceria os bancos e os órgãos ambientais. Os bancos devem analisar a existência de licença ambiental adequada para cada projeto a ser financiado.

Cabe ao Poder Executivo incentivar, todas as atividades que sejam voltadas para a preservação, racionalização e o desenvolvimento sustentável, sem agredir o meio ambiente.

> *art.13° - O Poder Executivo incentivará as atividades voltadas ao meio ambiente, visando:*
>
> *I - ao desenvolvimento, no País, de pesquisas e processos tecnológicos destinados a reduzir a degradação da qualidade ambiental;*
>
> *II - à fabricação de equipamentos antipoluidores;*
>
> *III - a outras iniciativas que propiciem a racionalização do uso de recursos ambientais.*
>
> *Parágrafo único. Os órgãos, entidades e programas do Poder Público, destinados ao incentivo das pesquisas científicas e tecnológicas, considerarão, entre as suas metas prioritárias, o apoio aos projetos que visem a adquirir e desenvolver conhecimentos básicos e aplicáveis na área ambiental e ecológica.*

O presente artigo visa o desenvolvimento sustentável. Normalmente quando se utiliza este termo, "desenvolvimento sustentável", vem à mente a expansão da atividade econômica vinculada a uma sustentabilidade ecológica. Para Derani (1997, p.128) "desenvolvimento sustentável implica, então, no ideal de um desenvolvimento harmônico da economia e ecologia que devem ser ajustados numa correlação de valores onde o máximo econômico reflita igualmente um máximo ecológico". O legislador buscou proteger o meio ambiente para as futuras gerações, buscando incentivar o crescimento de forma ordenada, regulamentando o uso racional dos recursos naturais.

A Lei n° 6.938, de 1981, que define a Política Nacional do Meio Ambiente, (art. 14, §1°) consagra a responsabilidade objetiva ao determinar que o poluidor é obrigado, independentemente da existência de culpa, a indenizar ou reparar os danos causados ao meio ambiente em decorrência de sua atividade.

Capítulo 3 – Legislação Ambiental Brasileira | **151**

Sem prejuízo das penalidades definidas pela legislação federal, estadual e municipal, o não-cumprimento das medidas necessárias à preservação ou correção dos inconvenientes e danos causados pela degradação da qualidade ambiental sujeitará os transgressores:

I - à multa simples ou diária, nos valores correspondentes, no mínimo, a 10 (dez) e, no máximo, a 1.000 (mil) Obrigações do Tesouro Nacional - OTNs, agravada em casos de reincidência específica, conforme dispuser o Regulamento, vedada a sua cobrança pela União se já tiver sido aplicada pelo Estado, Distrito Federal, Territórios ou pelos Municípios;

II - à perda ou restrição de incentivos e benefícios fiscais concedidos pelo Poder Público;

III - à perda ou suspensão de participação em linhas de financiamento em estabelecimentos oficiais de crédito;

IV - à suspensão de sua atividade.

§ 1 - Sem obstar a aplicação das penalidades previstas neste artigo, é o poluidor obrigado, independentemente da existência de culpa, a indenizar ou reparar os danos causados ao meio ambiente e a terceiros, afetados por sua atividade. O Ministério Público da União e dos Estados terá legitimidade para propor ação de responsabilidade civil e criminal, por danos causados ao meio ambiente.

§ 2 - No caso de omissão da autoridade estadual ou municipal, caberá ao Secretário do Meio Ambiente a aplicação das penalidades pecuniárias previstas neste artigo.

§ 3 - Nos casos previstos nos incisos II e III deste artigo, o ato declaratório da perda, restrição ou suspensão será atribuição da autoridade administrativa ou financeira que concedeu os benefícios, incentivos ou financiamento, cumprindo resolução do CONAMA.

§ 4 - Nos casos de poluição provocada pelo derramamento ou lançamento de detritos ou óleo em águas brasileiras, por embarcações e terminais marítimos ou fluviais, prevalecerá o disposto na Lei número 5.357, de 17 de novembro de 1967.

O estabelecimento da responsabilidade objetiva, conforme dispõe Leite (2003), é de fato uma tentativa de resposta da sociedade aos danos ambientais coletivos e difusos, já que o modelo clássico de responsabilidade civil não dispunha de técnicas para atuar com eficiência na proteção ambiental. Assim, "nesta fórmula da responsabilidade objetiva todo aquele que desenvolve atividade lícita que possa gerar perigo a outrem, deverá responder pelo risco, não havendo necessidade de a vítima provar culpa do agente." (p. 127)

Ainda com relação à Lei nº 6.938, não se pode deixar de reiterar o importante instrumento de defesa ambiental que é a ação de responsabilidade civil por danos causados ao meio ambiente (art. 14, §1º da referida lei). Basta que se prove a existência do dano e sua autoria, para que o provocador seja obrigado a indenizar.

O artigo 15 prossegue com as penalidades ao poluidor que expuser a perigo a incolumidade humana, animal ou vegetal, ficando, deste modo, toda espécie protegida, englobando fauna e flora.

art.15º - O poluidor que expuser a perigo a incolumidade humana, animal ou vegetal, ou estiver tornando mais grave situação de perigo existente, fica sujeito à pena de reclusão de 1 (um) a 3 (três) anos e multa de 100 (cem) a 1.000 (mil) MVR.

§ 1 - A pena é aumentada até o dobro se:

I - resultar:

a) dano irreversível à fauna, à flora e ao meio ambiente;

b) lesão corporal grave;

II - a poluição é decorrente de atividade industrial ou de transporte;

III - o crime é praticado durante a noite, em domingo ou em feriado.

* § 1 com redação determinada pela Lei número 7.804, de 18 de julho de 1989.

§ 2 - Incorre no mesmo crime a autoridade competente que deixar de promover as medidas tendentes a impedir a prática das condutas acima descritas.

* § 2 com redação determinada pela Lei número 7.804, de 18 de julho de 1989.

A multa será revertida a um fundo, conforme dispõe o art. 13, *caput* da Lei nº 7.347/85, "sempre que houver condenação em dinheiro, a indenização pelo dano causado reverterá a um fundo gerido por um Conselho Federal ou por Conselhos Estaduais de que participarão necessariamente o Ministério Público e representantes da comunidade, sendo seus recursos destinados à reconstituição dos bens lesados". Fica deste modo, estabelecido o destino das multas e indenizações, ou seja, a restituição do bem vulnerado.

O artigo 17 institui que, cabe ao IBAMA a administração dos Cadastros Técnicos de atividades e instrumentos de defesa ambiental e de atividades potencialmente poluidoras ou utilizadoras de recursos ambientais.

> *art.17º - Fica instituído, sob a administração do Instituto Brasileiro do Meio Ambiente e Recursos Naturais Renováveis - IBAMA:*
>
> *I - Cadastro Técnico Federal de Atividades e Instrumentos de Defesa Ambiental, para registro obrigatório de pessoas físicas ou jurídicas que se dedicam à consultoria técnica sobre problemas ecológicos e ambientais e à indústria e comércio de equipamentos, aparelhos e instrumentos destinados ao controle de atividades efetiva ou potencialmente poluidoras;*
>
> *II - Cadastro Técnico Federal de Atividades Potencialmente Poluidoras ou Utilizadoras de Recursos Ambientais, para registro obrigatório de pessoas físicas ou jurídicas que se dedicam a atividades potencialmente poluidoras e/ou a extração, produção, transporte e comercialização de produtos potencialmente perigosos ao meio ambiente, assim como de produtos e subprodutos da fauna e flora.*

O Cadastro é uma ferramenta muito útil, guardando, em seu significado, a idéia de registro, censo, sendo o cadastro um inventário público de dados metodicamente organizados. A responsabilidade pelo desenvolvimento e manutenção do cadastro técnico de atividades e instrumentos de defesa ambiental, bem como, das atividades potencialmente poluidoras ou utilizadores de recursos ambientais, ficou a cargo do IBAMA, este deve fazer o cadastramento de pessoas físicas ou jurídicas que se dediquem à manipulação dos recursos ambientais e que possam, de alguma forma, causar dano ao meio ambiente.

O IBAMA foi criado pela Lei n° 7.735/89, alterada pela Lei n° 8.028/90, e é uma autarquia federal de regime especial, dotada de personalidade jurídica de direito público, com autonomia administrativa e financeira, vinculado ao Ministério do Meio Ambiente, é encarregado de assessorar o Ministério na formulação e coordenação da política nacional do meio ambiente bem como, da preservação, conservação e uso racional dos recursos naturais. Assim, o IBAMA deve manter, em seus arquivos, um inventário público de dados que dêem suporte às medidas da política nacional do meio ambiente.

O artigo 18 transformou as florestas e as demais formas de vegetação natural de preservação permanente em reservas ou estações ecológicas.

> *art.18" - São transformadas em reservas ou estações ecológicas, sob a responsabilidade do IBAMA, as florestas e as demais formas de vegetação natural de preservação permanente, relacionadas no ART.2 da Lei número 4.771, de 15 de setembro de 1965 - Código Florestal, e os pousos das aves de arribação protegidas por convênios, acordos ou tratados assinados pelo Brasil com outras nações.*
>
> *Parágrafo único. As pessoas físicas ou jurídicas que, de qualquer modo, degradarem reservas ou estações ecológicas, bem como outras áreas declaradas como de relevante interesse ecológico, estão sujeitas às penalidades previstas no art.14 desta Lei.*

Essa possibilidade de transformar em reserva ou estações ecológicas expõe, conforme Leme Machado (1998,p.626) esclarece, o propósito de preservar, evitando a exploração de recursos naturais, pela análise abrangente do presente artigo, pode-se concluir que mesmo áreas privadas podem possuir estações ecológicas, já que não existe a necessidade de desapropriação por parte do Poder Público, apenas a supervisão da utilização destas áreas, criando assim, reservas ou estações ecológicas privadas. Contudo, as pessoas físicas ou jurídicas que degradarem de qualquer formas essas áreas protegidas estão sujeitas as penalidades previstas no artigo 14 desta lei.

3.4. Lei nº 9.605/98 – Sanções Penais e Administrativas derivadas de condutas e atividades lesivas ao meio ambiente

A presente lei veio proporcionar uma melhor sistematização à tutela penal e administrativa do meio ambiente, ensejando qualidade na definição dos crimes e infrações administrativas, prevendo um sistema de penas mais adequado ao bem jurídico tutelado. A referida, que possui 82 artigos, dispõe sobre as sanções penais e administrativas derivadas de condutas e atividades lesivas ao meio ambiente, foi promulgada em 12 de fevereiro de 1998 e publicada no Diário Oficial da União em 13 de fevereiro de 1998.

Primeiramente, faz-se necessário tentar definir o Dano ambiental, que nada mais é do que qualquer degradação ambiental que atinja ao homem, as formas de vida animal e vegetal, direta ou indiretamente.

Para Migliari Júnior (2001, p. 35) dano ambiental "é toda e qualquer forma de degradação que afete o equilíbrio do meio ambiente, tanto físico quanto estético, inclusive, a ponto de causar, independentemente de qualquer padrão prévio estabelecido, mal-estar a comunidade."

Assim, o ponto chave da degradação é quando afeta o equilíbrio ambiental, então, não se pode considerar como dano ambiental qualquer atividade que, embora altere as condições primitivas do ambiente natural, não venha a afetar o seu equilíbrio. (Migliari Jr.,2001)

Por ocasião da elaboração do projeto de lei 1.164/91-E, que originou a presente lei, a intenção do Poder Executivo foi a regulamentação do artigo 225 e seus parágrafos da Constituição Federal, em especial o parágrafo 3º, que tratava da responsabilidade pelos danos causados. Originalmente, a lei tratava também das disposições civis aos infratores, tendo sido excluída pelo veto ao artigo 1º, passando a lei a ter um caráter criminal e administrativo.

O concurso de pessoas é um dos temas mais polêmicos do Direito Penal e é abordado no artigo 2º que regulamenta que:

Quem, de qualquer modo, concorre para a prática dos crimes previstos nesta Lei, incide nas penas a ele cominadas, na medida de sua culpabilidade, bem como o diretor, o administrador, o membro de conselho e de órgão técnico, o auditor, o gerente, o preposto ou mandatário de pessoa jurídica, que, sabendo da conduta criminosa de outrem, deixar de impedir a sua prática, quando podia agir para evitá-la.

Em linhas gerais, o concurso de pessoas é o "encontro de duas ou mais pessoas para a prática de crimes" (Migliari Jr.,2001,p.50). Neste tema encontramos uma série de discussões dogmáticas e jurídicas, envolvendo a natureza, pena e processo penal do tema. Entretanto, o que o legislador ambiental pretendeu foi a punição de todos os envolvidos, na medida de sua culpabilidade, de crime ambiental. Assim, sendo o crime um fato humano, ele pode ser praticado por uma ou mais pessoas que devem ser punidas pelo delito.

Partindo deste pressuposto, a pessoa jurídica também será responsabilizada pelos danos causados ao meio ambiente, conforme dispõe o artigo 3°:

As pessoas jurídicas serão responsabilizadas administrativa, civil e penalmente conforme o disposto nesta Lei, nos casos em que a infração seja cometida por decisão de seu representante legal ou contratual, ou de seu órgão colegiado, no interesse ou benefício da sua entidade.

Parágrafo único. A responsabilidade das pessoas jurídicas não exclui a das pessoas físicas, autoras, co-autoras ou partícipes do mesmo fato.

Tendo a Constituição Federal seguido, no artigo 225, § 3°, uma tendência mundial de penalização criminal das pessoas jurídicas, esta matéria não é pacífica e merece alguns esclarecimentos. Para muitos autores a responsabilidade penal é pessoal, ou seja, cabe a pessoa física sofrer a punição, senão, vejamos o que tem a dizer Bittencourt (2000):

A inadmissibilidade da responsabilidade penal das pessoas jurídicas – societas delinquere non potest – remonta a FEUER-BACH e SAVIGNY. Os dois principais fundamentos para não se reconhecer a capacidade penal desses entes abstratos são: a falta de capacidade "natural" de ação e a carência de capacidade de culpabilidade. (p.164)

A partir do momento que a Constituição Federal ampliou a responsabilidade penal das pessoas jurídicas, as normas infraconstitucionais devem seguir a mesma linha, já que devem estar sempre ajustadas à Lei Magna.

Outro ponto a ser esclarecido é a pena a ser aplicada à pessoa jurídica que for condenada a reparar ou ressarcir o dano ambiental. Bem como, a dicotomia entre a pessoa jurídica privada e pública: frise-se, desde já, que a condenação das pessoas jurídicas necessitam de uma análise mais profunda sobre a 'pena' que esta poderá vir a receber. É claro que o Estado, ente moral destinado ao bem-estar social – vale dizer – da própria sociedade, não poderia sofrer as mesmas sanções das pessoas jurídicas de direito privado, como a multa e o confisco dos bens, por exemplo, chegando às raias da imposição retributiva da pena, que a nosso ver, deveria ser a intervenção e/ou extinção da pessoa jurídica. (Migliari Jr., 2000,p.102)

Assim, existe a polêmica quanto a aplicabilidade da Lei de Crimes Ambientais às pessoas jurídicas de direito público, já que não cabe ao Estado punir e ser punido ao mesmo tempo. Deste modo, o Estado por ser detentor do *jus puniendi*, não pode cometer crimes e cumprir penas.

Ficando, deste modo, restrita as pessoas jurídicas de direito privado a aplicação da punição criminal em concurso com as pessoas físicas responsáveis pelo delito. Entretanto, em seu artigo 4º a lei trata da desconsideração da pessoa jurídica em matéria penal:

Poderá ser desconsiderada a pessoa jurídica sempre que sua personalidade for obstáculo ao ressarcimento de prejuízos causados à qualidade do meio ambiente.

Este artigo visa agilizar a aplicação correta e real da lei ao caso concreto possibilitando, quando necessário, a desconsideração da empresa sempre que ela se afastar de sua destinação.

Nos artigos 6° ao 24° encontraremos as disposições sobre a aplicação da pena, bem como os diferentes tipos de penas restritivas de direito, as circunstâncias que atenuam ou agravam a pena e as penas restritivas de direitos da pessoa jurídica.

A lei ainda trata da ação e do processo penal (artigos 26 ao 28) e, nos artigos 29 ao 69 temos os crimes contra o meio ambiente, incluindo a fauna, a flora, de poluição, crimes conta o ordenamento urbano e o patrimônio cultural e, por fim, os crimes contra a administração ambiental.

Um capítulo foi introduzido para dispor sobre a cooperação internacional a preservação do meio ambiente (art. 77 e 78).

CAPÍTULO IV

SISTEMA DE GESTÃO AMBIENTAL[16]

---

16 Este capítulo merece um agradecimento especial à Professora Anete Alberton, por ter cedido importantes contribuições de sua tese de doutorado (Alberton (2003)).

A gestão ambiental pode ser concebida de diversas maneiras pelas organizações que demonstram preocupação com o meio ambiente. A estruturação de um sistema de gestão ambiental, certificável ou não, é uma das formas que mais ganhou adeptos a partir dos anos 90.

Mas, afinal, o que é um Sistema de Gestão Ambiental?

Barbieri (2004) define o SGA como

> *Um conjunto de atividades administrativas e operacionais inter-relacionadas para abordar os problemas ambientais atuais ou para evitar o seu surgimento. A realização de ações ambientais pontuais, episódicas ou isoladas não configura um sistema de gestão ambiental propriamente dito, mesmo quando elas exigem recursos vultosos, por exemplo, a instalação e manutenção de equipamentos para controlar emissões hídricas e atmosféricas. Um sistema de gestão ambiental (SGA) requer a formulação de diretrizes, definição de objetivos, coordenação de atividades e avaliação de resultados. Também é necessário o envolvimento de diferentes segmentos da empresa para tratar das questões ambientais de modo integrado com as demais atividades corporativas. Um dos benefícios da criação de um SGA é a possibilidade de obter melhores resultados com menos recursos em decorrência de ações planejadas e coordenadas. (p.137)*

O objetivo deste capítulo é o de apresentar e analisar, de forma clara e objetiva, os Sistemas de Gestão Ambiental (SGA), partindo do princípio que o SGA é um sistema holístico.

O capítulo apresenta, inicialmente, um histórico sobre os principais sistemas de gestão ambiental e princípios de um SGA, dando maior ênfase ao sistema da ISO 14001, que se tornou o principal guia de referência para certificações. Em seguida, o capítulo aborda o tema de integração de sistemas, pressupondo que organizações que buscam implementar um SGA tenham interesse em outros sistemas, como os sistemas de qualidade, saúde e segurança, por exemplo. O capítulo apresenta ainda informações sobre o processo de certificação de sistemas, considerando que a certificação de um sistema de gestão ambiental, por um organismo de terceira parte, fornece à organização maior credibilidade e sustentabilidade ao seu sistema.

4.1 - Os Primeiros Princípios e Sistemas de Gestão Ambiental

As diretrizes e princípios para uma boa gestão do meio ambiente foram estabelecidos e promovidos por muitas organizações nacionais e internacionais, dentre elas pode-se destacar: a *International Chamber of Commerce* (ICC), o *Business Council for Sustainable Development* (BCSD), a *Confederation of British Industry* (CBI), a *Coalision for Environmentally Responsible Economies* (CERES), o *Global Environmental Management Initiative* (GEMI), a *Public Environmental Reporting Initiative* (PERI), a *International Network for Environmental Management* (INEM), *The Japan Federation of Economic Organizations* (KEIDAREN), o *World Industry Council for the Evironmental* (WICE), a *European Petroleum Industry Association* (EUROPIA), o *American Petroleum Institute* (API), a *British Standards Institution* (BSI), a *Prince of Wales Business Leaders Forum* (PWBLF), a *Chemical Manufactures Association* (CMA), a *International Organization for Standardization* (ISO), dentre outras. São iniciativas destinadas a estabelecer um padrão de gerenciamento ambiental aplicável por diferentes segmentos econômicos.

Estas organizações incluem, em suas diretrizes, elementos em comum:

declaração de políticas que indiquem o comprometimento geral da organização com a melhoria do desempenho ambiental, incluindo a conservação e proteção de recursos naturais, minimização de resíduos, controle da poluição e melhoria contínua;

conjunto de planos e programas para implementar as políticas em toda a organização, incluindo a extensão do programa a fornecedores e clientes;

integração dos planos ambientais no dia-a-dia operacional da organização, desenvolvendo técnicas e tecnologias inovadoras para minimizar o impacto da organização sobre o meio ambiente;

medição do desempenho da gestão ambiental da organização em relação aos planos e programas, auditoria e análise do progresso em direção à adoção da política;

162 | FUNDAMENTOS DA GESTÃO AMBIENTAL

previsão de informações, educação e treinamento para melhorar a compreensão dos problemas ambientais, divulgando aspectos do desempenho ambiental da organização (Gilbert,1995,p.8-9).

Estes e outros elementos se combinam para fornecer uma abordagem gerencial sistemática e estruturada da gestão e do desempenho ambiental.

Tentando estabelecer uma postura séria para as empresas que estavam buscando um caminho adequado para o gerenciamento ambiental, a Câmara de Comércio Internacional (ICC) publicou a Carta de Princípios para o Desenvolvimento Sustentável, com 16 princípios, tendo sido o primeiro movimento universal do meio empresarial para a harmonização de procedimentos. Estes princípios são os seguintes:

1. Reconhecer a gestão ambiental entre as mais altas prioridades das corporações e como um determinante-chave do desenvolvimento sustentável, do estabelecimento de políticas, programas e práticas para conduzir operações de uma maneira ecologicamente saudável;

2. Integrar plenamente estas políticas, programas e práticas em cada negócio como um elemento essencial da administração em todos os níveis funcionais;

3. Continuar melhorando as políticas, programas e o desempenho ambiental, tendo em vista os futuros desenvolvimentos tecnológicos, um maior entendimento científico, as necessidades dos consumidores e aspirações legais como ponto de partida, aplicando-se os mesmos critérios internacionalmente;

4. Educar, treinar e motivar os empregados a conduzir suas atividades de uma maneira ecologicamente responsável;

5. Avaliar os impactos ambientais antes de iniciar uma nova atividade ou projeto e antes de desativar uma instalação ou deixar um local.

6. Desenvolver e fornecer produtos e serviços que não provoquem impactos ambientais indevidos, que sejam seguros no seu uso intencional, que sejam eficientes no consumo de energia e recursos naturais, e que possam ser reciclados, reutilizados ou seguramente depositados;

7. Aconselhar e, quando necessário for, educar clientes, distribuidores e o público em geral sobre o uso, transporte, estocagem e disposição final segura

dos produtos fornecidos, aplicando considerações similares ao fornecimento de serviços;

8. Desenvolver, conceber e operar instalações, bem como conduzir atividades tendo em vista o uso sustentável dos recursos renováveis e a disposição final responsável e segura dos resíduos;

9. Conduzir ou financiar pesquisas sobre o impacto ambiental da matéria-prima, produtos, processos, emissões e outros resíduos associados ao empreendimento, assim como sobre os meios de minimizar seus impactos negativos;

10. Modificar a manufatura, a comercialização e/ou o uso de produtos e conduzir atividades, no sentido de prevenir degradações sérias e irreversíveis do meio ambiente, de acordo com o entendimento técnico-científico;

11. Promover a adoção destes princípios pelos prestadores de serviços e fornecedores da empresa. Quando necessário, requerer melhorias nos seus procedimentos, a fim de torná-los consistentes com os princípios da empresa, encorajando sua plena adoção;

12. Desenvolver e manter, onde existir perigo significativo, planos emergenciais em parceria com os serviços de socorro, autoridades competentes e comunidade local, reconhecendo o potencial dos impactos além dos limites da própria instalação;

13. Contribuir na transferência de tecnologias ecologicamente saudáveis e de métodos gerenciais entre os setores públicos e privados;

14. Contribuir para o desenvolvimento de políticas públicas, programas inter-governamentais e comerciais e iniciativas educacionais que garantam a proteção e a consciência ecológica;

15. Fomentar a transparência e o diálogo com os empregados e o público, antecipando e respondendo suas preocupações quanto aos impactos e ameaças potenciais de operações, produtos, detritos e serviços, incluindo aqueles de significação global e regional;

16. Medir o desempenho ambiental; conduzir auditorias ambientais e avaliações de acordo com as exigências e princípios legais e da própria empresa. Fornecer periodicamente, para a direção, acionistas, empregados, autoridades e o público em geral, informações apropriadas sobre o desempenho ambiental.

164 | FUNDAMENTOS DA GESTÃO AMBIENTAL

O Quadro II apresenta, de forma resumida, as principais normas e princípios ambientais com suas principais características, que serão descritas individualmente nos próximos itens. E os itens a seguir descrevem as principais normas e princípios de gestão ambiental.

Quadro II – Quadro resumo dos sistemas e princípios de gestão ambiental

Norma ou Princípio	Ano	Principais características	Certificável/ Não Certificável
Responsible Care® Program	1984	Consiste de princípios diretivos, seis códigos de práticas gerenciais, painel público consultivo e grupos de liderança.	Voluntário, não certificável. Exigido pelos membros da *Chemical Manufactures Association*. No Brasil é coordenado pela ABIQUIM, desde 1990.
Modelo WINTER	1989	Vinte módulos integrados visando facilitar a implementação do SGA.	Voluntário, não certificável.
CERES	1989	Consiste de dez princípios diretivos que enfatizam a necessidade das organizações de proteger o planeta e agir responsavelmente em relação ao ambiente.	Voluntário, não certificável.
STEP	1990	Guia para a indústria de petróleo americana que possibilitasse um aprimoramento de sua performance ambiental, saúde e segurança.	Voluntário, não certificável.
EMAS	1993	Sistema que permite às indústrias da Comunidade Européia obter um registro publicado no jornal oficial da União Européia.	Certificável através da publicação no jornal oficial da União Européia.

BS 7750	1994	Especificação para o desenvolvimento, implementação e manutenção de um SGA para assegurar e demonstrar conformidade com as declarações da empresa quanto à política, objetivos e metas ambientais.	Certificável.
ISO 14001	1996	Norma ambiental internacional que especifica os requisitos relativos a um SGA, permitindo à organização formular sua política e objetivos que levem em conta os requisitos legais e informações referentes aos impactos ambientais significativos.	Certificável.
ISO 14004	1996	Guia de diretrizes para Norma ambiental internacional ISO 14001 que especifica os requisitos relativos a um SGA	Diretrizes, não certificável.

Fonte: **Adaptado de Campos (2001, p. 66-67)**

4.1.1 - *RESPONSIBLE CARE® PROGRAM*

O Programa de Atuação Responsável (*Responsible Care® Program*) é considerado por Culley (1998) como o primeiro modelo de gestão ambiental formal. Surgiu no Canadá em 1984, através de uma iniciativa das indústrias químicas formalizada pelo CMA (*Chemical Manufacturers Association*) e, apesar de ser um programa voluntário, é um requisito exigido àqueles que participam do CMA.

Aos participantes do Programa são requeridos: melhorar a performance em saúde, segurança e qualidade ambiental; estar atento e responder aos apelos da sociedade e apresentar seu progresso a esta sociedade.

Na prática, o Programa consiste essencialmente em:

166 | FUNDAMENTOS DA GESTÃO AMBIENTAL

- **PRINCÍPIOS DIRETIVOS:** equivalente a uma declaração de propósitos, recomendam a adoção do gerenciamento ambiental e de tecnologias de prevenção da poluição, devem buscar:

  - Reconhecer e responder às preocupações de comunidade sobre as substâncias químicas e suas operações.

  - Desenvolver e produzir substâncias químicas que podem ser fabricadas, transportadas, usadas, e dispostas com seguridade.

  - Tornar a saúde, segurança e o meio ambiente uma prioridade no planejamento para todos os produtos e processos, novos e existentes.

  - Transmitir, prontamente, a empregados, clientes, órgãos oficiais e à sociedade, informações sobre substâncias químicas que possam trazer riscos à saúde ou ao meio ambiente, bem como as medidas preventivas indicadas.

  - Aconselhar os consumidores quanto ao uso, transporte, e disposição seguros de produtos e substâncias químicas.

  - Operar as plantas e instalações de forma que proteja o meio ambiente, a saúde e segurança dos empregados e da sociedade.

  - Aumentar o conhecimento conduzindo ou apoiando pesquisas nas áreas de saúde, segurança e efeitos ambientais dos produtos, processos e resíduos de substâncias químicas.

  - Trabalhar com outras organizações para solucionar problemas relacionados a processos passados e à disposição de substâncias perigosas.

  - Participar com o governo e outros organismos criando leis responsáveis, regulamentos, e padrões para salvaguardar a comunidade, o ambiente de trabalho, e o meio ambiente.

- **CÓDIGOS DE PRÁTICAS GERENCIAIS:** representam metas genéricas e permitem a cada organização estabelecer as formas para alcançá-las. As práticas de gestão listadas para as indústrias químicas referem-se às áreas de: consciência comunitária e capacidade de atendimento a emergências, prevenção da poluição, segurança de processos, gerenciamento de processos químicos (distribuição de produtos), saúde e segurança ocupacional e ciclo de vida do produto (responsabilidade sobre os produtos – *product stewardship*). Os seis Códigos do *Responsable Care* são:

1) Conscientização da comunidade e programa de emergência - este código requer da organização que esta inicie e mantenha um programa de comunicação com a comunidade, respondendo abertamente questões relativas à saúde, segurança e meio ambiente, e fornecendo informações sobre atividades como minimização de resíduos, emissões e efeito de produtos químicos sobre a saúde.

2) Prevenção de poluição - este código visa ajudar a organização na redução de suas emissões e na minimização dos resíduos gerados. As empresas devem medir ou estimar as suas emissões e o volume de resíduos gerados; elaborar um plano de redução; medir o progresso obtido e atualizar anualmente seu inventário de resíduos.

3) Segurança de processos - objetiva a prevenção de acidentes através de levantamentos e análises dos riscos dos processos, de manutenção e inspeção, do estabelecimento de padrões operacionais e treinamento de pessoal.

4) Distribuição de produtos - são qualificações para a seleção de transportadoras, distribuidores e outros fornecedores de serviços externos, consistindo de cinco práticas: gerenciamento de riscos, segurança da transportadora, manuseio e segurança, ação em emergências, revisão crítica e treinamento.

5) Saúde e segurança ocupacional - requer o comprometimento com o fornecimento de recursos e mecanismos para a identificação e avaliação de riscos associados à saúde e segurança dos trabalhadores, bem como seu controle e prevenção, requerendo, ainda, a elaboração de um programa específico e o treinamento de funcionários.

6) Responsabilidade pelos produtos (*product stewardship*) - enfoca aspectos do produto associados à saúde, segurança e meio ambiente, desde a concepção até a disposição final do mesmo. Inclui projetos de produtos de baixo risco, informações aos consumidores sobre o uso correto dos produtos, estudos de usos alternativos e suas possíveis conseqüências.

168 | FUNDAMENTOS DA GESTÃO AMBIENTAL

- **PAINEL PÚBLICO CONSULTIVO:** composto por membros de diferentes segmentos da sociedade que colaboram com a indústria química na elaboração de práticas gerenciais e a ajudam a compreender as preocupações da comunidade;

- **GRUPOS DE LIDERANÇA:** formados por executivos das empresas participantes, aquelas que se adequam aos princípios do *Responsable Care*, para discutir as experiências, trocar informações e identificar necessidades de melhorias e assistência mútua.

No Brasil, o Programa de Atuação Responsável é coordenado pela Associação Brasileira de Indústrias Químicas (ABIQUIM), que o adotou a partir de 1990. Os princípios diretivos adotados pela indústria brasileira são:

- Assumir o gerenciamento como expressão de alta prioridade empresarial, através de um processo de melhoria continua em busca de excelência;
- Promover, em todos os níveis hierárquicos, o senso de responsabilidade individual com relação ao meio ambiente, segurança, saúde ocupacional e o senso de prevenção de todas as fontes potenciais de risco associados a suas operações, produtos e locais de trabalho;
- Ouvir e responder as preocupações da comunidade sobre seus produtos e operações;
- Colaborar com os órgãos governamentais e não governamentais na elaboração e aperfeiçoamento de legislação adequada, segurança da comunidade, locais de trabalho e meio ambiente;
- Avaliar previamente o impacto ambiental de novas atividades, processos e produtos;
- Monitorar os efeitos ambientais de suas operações;
- Buscar continuamente a redução de resíduos, efluentes e emissões atmosféricas para o ambiente;
- Cooperar com a solução de impactos negativos ao meio ambiente decorrentes das disposições inadequadas de produtos ocorridas no passado;
- Transmitir às autoridades, clientes, funcionários e à comunidade informações adequadas quanto aos riscos à saúde, segurança e meio ambiente de seus produtos e operações, e recomendar medidas de proteção e emergência;
- Orientar fornecedores, transportadores, distribuidores, consumidores e o

público para que transportem, armazenem, usem, reciclem e descartem os seus produtos com segurança;

- Exigir que os contratados, trabalhando nas instalações da empresa, obedeçam aos padrões adotados pela contratante em segurança, saúde e meio ambiente;

- Promover a pesquisa e o desenvolvimento de novos processos e produtos ambientalmente compatíveis;

- Promover os princípios e a prática da atuação responsável, compartilhando experiências e oferecendo assistência a outras empresas para a produção, manuseio e transporte, uso e disposição de produtos, principalmente as pequenas e médias empresas.

Segundo Campos (2001),

a grande diferença entre o Programa de Atuação Responsável e a norma internacional ISO 14001, detalhado a seguir, é que o primeiro consiste numa série de iniciativas específicas de gerenciamento, enquanto o segundo é um sistema de gestão ambiental. Isto é, as iniciativas do Programa de Atuação Responsável podem ou não ser sistematizadas. A adesão de indústrias químicas ao Programa de Atuação Responsável não significa que automaticamente estas possuam os requisitos normativos necessários para uma certificação, mas encontrar-se-ão num estágio muito mais adiantado para tanto (p.51).

4.1.2 - O Modelo Winter

Nos anos 80, na Alemanha Ocidental, muitas empresas começaram a verificar que as despesas realizadas com a proteção ambiental podem, paradoxalmente, transformar-se numa vantagem competitiva, e passaram a incluí-la em seus negócios. A prática foi disseminada rapidamente e logo muitas organizações passaram a desenvolver sistemas administrativos em consonância com a causa ambiental. O mais bem sucedido desses programas foi o Sistema Integrado de Gestão Ambiental, desenvolvido por George Winter em 1989 e hoje conhecido como Modelo Winter. Posteriormente, diversas empresas formaram a Associação Federal de Administração Ecologicamente Consciente (BAUM – *Bundesdeutscher Arbeitskreis für Unweltbewubtes Management*), com o objetivo de melhorar o Modelo (Donaire,1999).

170 | Fundamentos da Gestão Ambiental

Segundo Alberton (2003),

o modelo descreve o sistema por meio do estabelecimento de vinte módulos integrados com o objetivo de facilitar sua implantação, definir prioridades e o cronograma de atuação. Os vinte módulos integrados são: motivação da alta administração; gestão de materiais; objetivos e estratégia da empresa; tecnologia de produção; marketing; tratamento e valorização de resíduos; disposições internas em defesa do ambiente; veículos da empresa; motivação e formação; construção da instalação/equipamentos; condições do trabalho; finanças; alimentação dos funcionários; direito; aconselhamento ambiental familiar; seguros; economia de energia e água; relações internacionais; desenvolvimento do produto; e, relações públicas (p.74).

Segundo o Modelo Winter, seis são as razões principais pelas quais deve-se aplicar o princípio da gestão ambiental nas organizações:

- **Sobrevivência humana:** sem empresas orientadas para o ambiente não poderá existir uma economia orientada para o ambiente e, sem esta última, não se poderá esperar para a espécie humana uma vida com um mínimo de qualidade;

- **Consenso público:** sem empresas orientadas para o ambiente não poderá existir consenso entre o público e a comunidade empresarial e, sem o consenso entre ambos, não poderá existir livre economia de mercado;

- **Oportunidades de mercado:** sem gestão ambiental da empresa esta perderá oportunidades no mercado em rápido crescimento e aumentará o risco de sua responsabilização por danos ambientais, traduzido em enormes somas de dinheiro pondo, desta forma, em perigo seu futuro e os postos de trabalho dela dependentes; (grifo nosso)

- **Redução de riscos:** sem gestão ambiental da empresa os conselhos de administração, diretores executivos, chefes de departamentos e outros membros do pessoal verão aumentada a sua responsabilidade em face de danos ambientais pondo, assim, em perigo seu emprego e sua carreira profissional;

- **Redução de custos:** sem gestão ambiental da empresa serão potencialmente desaproveitadas muitas oportunidades de redução de custos; (grifo nosso)

- **Integridade pessoal:** sem gestão ambiental da empresa os homens de negócios estarão em conflito com sua própria consciência, e sem auto-estima não poderá existir verdadeira identificação com o emprego ou a profissão.

4.1.3 - A CERES – *Coalision for Environmentally Responsible Economies*

A CERES – Coalisão para as Economias Responsáveis pelo Meio Ambiente é uma organização sem fins lucrativos, fundada em 1989, da qual fazem parte líderes profissionais dos principais investimentos sociais, grupos ambientalistas, organizações religiosas, fundos de pensão, e outros grupos de interesse. Os princípios da CERES ficaram conhecidos em 1989 como os 'Princípios de Valdez' e foram revistos e adotados pelos diretores CERES em 18 de abril de 1992, estabelecendo assim a ética e padrões ambientais para avaliar atividades de empresas que afetam direta ou indiretamente o meio ambiente e para promover a responsabilidade ambiental. Segundo Alberton (2003), foram elaborados para encorajar o desenvolvimento de programas para prevenir a degradação ambiental, ajudar corporações a fixar a política voltada ao meio ambiente e permitir aos investidores a tomada de decisões mais embasadas considerando assuntos ambientais.

Os princípios da CERES são os seguintes:

1. **Proteção da biosfera:** reduzir e promover o progresso ininterrupto para eliminar a emissão de qualquer substância que possa causar dano ambiental ao ar, água, ou a terra e seus habitantes. Salvaguardar todos os habitantes afetados pelas operações da empresa e proteger espaços abertos e a selva, preservando a biodiversidade.

2. **Uso sustentável de recursos naturais:** fazer o uso sustentável de recursos naturais renováveis, como água, terras e florestas. Conservar os recursos naturais não-renováveis através do uso eficiente e planejamento cuidadoso.

3. **Redução e disposição de resíduos:** reduzir e, onde possível, eliminar o desperdício e a produção de resíduos, quer por redução, reutilização ou reciclagem. Todo o desperdício deverá ser controlado e os resíduos dispostos através de métodos seguros e responsáveis.

4. **Conservação de energia:** conservar a energia e melhorar a eficiência de energia das operações internas e dos bens e serviços vendidos. Fazer todo esforço para usar fontes de energia ambientalmente seguras e sustentáveis.

172 | Fundamentos da Gestão Ambiental

5. **Redução de riscos:** concentrar esforços para minimizar os riscos ao meio ambiente, à saúde e segurança dos funcionários e das comunidades nas quais as organizações estão inseridas, utilizando tecnologias, instalações e procedimentos operacionais seguros, estando sempre preparados para emergências.

6. **Comercialização de produtos e serviços seguros:** reduzir e, onde possível, eliminar o uso, fabricação ou venda de produtos e serviços que causam danos ao ambiente e perigos à saúde e segurança. Informar os clientes dos impactos ambientais dos produtos ou serviços produzidos e tentar corrigir o uso inseguro.

7. **Restauração ambiental:** Corrigir prontamente e responsavelmente as condições causadas, caso tenham levado risco à saúde, segurança ou meio ambiente. Reparar danos causados a pessoas e restaurar o meio ambiente, caso danificado.

8. **Informações à comunidade:** informar, de maneira oportuna, a todos que possam ser afetados por condições que levem riscos à saúde, segurança ou ao ambiente causadas pela organização. Buscar aconselhamentos, regularmente, através de diálogos com pessoas da comunidade. Não tomar nenhuma ação contra funcionários por informarem condições ou incidentes perigosos à administração ou autoridades apropriadas.

9. **Compromisso de administração:** implementar estes princípios e sustentar um processo que assegura que o Conselho de Administração e Presidente Executivo estejam completamente informados sobre assuntos ambientais pertinentes e sejam completamente responsáveis pela política ambiental da organização. Ao selecionar o Conselho de Administração, as questões ambientais devem ser consideradas compromisso assumido.

10. **Auditorias e relatórios:** Conduzir a avaliação anual de progresso ao implementar estes princípios. Apoiar a criação oportuna de procedimentos, geralmente aceitos, de auditoria ambientais. Completar anualmente o CERES *Report*, disponibilizando-o ao público.

4.1.4 - O *STEP* - *STRATEGIES FOR TODAY'S ENVIRONMENTAL PARTNERSHIP*

Em 1990, a API (*American Petroleum Institute*), instituto fundado em 1919 pela indústria de petróleo americana, criou o STEP (*Strategies for Today's Environmental Partnership*). O principal objetivo do STEP era desenvolver um guia para a indústria de petróleo americana que possibilitasse um aprimoramento de seu desempenho ambiental, de saúde e segurança. Desta forma, foi criado o *American Petroleum Institute Environmental, Health and Safety Mission and Guiding Principles*. Em linhas gerais, segundo Campos (2001), este documento tem como princípios: a prevenção da poluição, a conservação dos recursos naturais, a relação de parceria e acordos com a comunidade, entre outros. Cabe salientar, ainda, que a maioria dos princípios tem estreita relação com os requisitos normativos e a filosofia da norma ISO 14001.

Os Princípios básicos do *American Petroleum Institute Environmental Health and Safety Mission and Guiding Principles* são:

1. Reconhecer e responder à comunidade quaisquer reclamações sobre matérias-primas, produtos ou operações nas companhias de petróleo.

2. Operar plantas e fábricas e manusear matérias-primas e produtos protegendo o meio ambiente, a saúde e segurança dos funcionários, bem como de toda comunidade envolvida, e de clientes.

3. Considerar prioritárias as questões relacionadas à saúde, segurança e meio ambiente nos planejamentos, e no desenvolvimento de produtos e processos.

4. Comunicar prontamente aos funcionários, clientes, órgãos oficiais, e todo público envolvido, quaisquer questões relacionadas a danos ambientais, de saúde e segurança, e recomendar medidas proativas.

5. Contribuir na capacitação de funcionários, clientes, terceiros, transportadores e outros envolvidos no manuseio, transporte e disposição final de matérias-primas, produtos e resíduos.

6. Desenvolver e produzir economicamente recursos naturais e conservá-los utilizando energia de forma eficiente.

174 | Fundamentos da Gestão Ambiental

7. Sempre buscar aumentar conhecimentos através de pesquisas nas áreas que afetam o meio ambiente, saúde e segurança dos produtos, matérias-primas, processos e resíduos.

8. Comprometer-se em reduzir a geração de resíduos e emissões.

9. Trabalhar em parcerias para resolver problemas criados pelo manuseio e disposição de substâncias perigosas geradas nas operações.

10. Participar com entidades governamentais e outras entidades na criação de leis responsáveis, regulamentações e normas para salvaguardar a comunidade, os locais de trabalho e o meio ambiente.

11. Promover estes princípios e praticá-los, dividindo experiências e oferecendo assistência a todos que produzam, manuseiem, utilizem, transportem ou disponham matérias-primas similares, produtos e resíduos derivados de petróleo.

4.1.5 - O EMAS – *Eco - Management and Audit Scheme*

O Sistema Europeu de Eco-Gestão e Auditorias (EMAS: *Eco-Management and Audit Scheme*), estabelecido pelo regulamento da Comissão da Comunidade Européia nº 1836/93, definiu os critérios para certificações ambientais de processos industriais. A esses critérios foram incluídos, posteriormente: um sistema de gestão e de auditoria; padrões de desempenho; verificações por terceiros; e declarações públicas após uma revisão ambiental inicial e conclusão de cada auditoria. O sistema entrou em operação a partir de 1995.

Segundo Alberton (2003),

passando do enfoque, em sua versão final, de Eco-auditoria para a Eco-Gestão, o EMAS tem o objetivo primário de promover a melhoria contínua do desempenho ambiental de atividades industriais através: do estabelecimento e implementação de políticas ambientais, programas, e sistemas de gestão pelas organizações; da avaliação sistemática, objetiva e periódica do desempenho dos elementos contidos na regulamentação; das informações à comunidade sobre o desempenho ambiental da organização.

CAPÍTULO 4 – SISTEMA DE GESTÃO AMBIENTAL | **175**

Apóia os princípios do 'poluidor/pagador' e a disponibilidade pública de informações sobre o meio ambiente, principalmente da indústria (p.77).

Os requisitos para a participação do EMAS transcritos da Regulamentação de Auditoria e Eco-Gestão são:

- Adotar uma política ambiental.

- Realizar uma análise ambiental no local identificado pela empresa

- Introduzir, como resultado da análise, um programa ambiental e um sistema de gestão.

- Realizar auditorias ambientais no local.

- À luz das descobertas da auditoria, revisar o programa e definir objetivos de melhoria contínua.

- Preparar uma declaração ambiental específica ao local.

- Examinar o procedimento de auditoria ou sua revisão, o sistema de gestão, programa e a política ambiental, a fim de verificar se eles atendem às exigências da regulamentação.

- Levar a declaração ambiental validada, ao órgão competente do país membro relevante.

O EMAS tem os seguintes elementos constituintes[18] : vinte artigos especificando as principais exigências e cláusulas operacionais da regulamentação; cinco anexos onde, o Anexo I diz respeito às políticas, programas e sistemas de gestão ambiental, o Anexo II contém as exigências referentes à auditoria ambiental, o Anexo III contém as exigências referentes à certificação dos indicadores ambientais e a função do auditor, o Anexo IV indica os modelos

---

17 Conforme Chacon (2002, p. 7) e Sanches (1997, p. 58) o princípio poluidor-pagador foi definido em âmbito internacional pela OCDE (Organização para a Cooperação e Desenvolvimento Econômico) em 1972. Segundo Barbieri (1997, p. 144), o princípio teve origem na obra pioneira de Pigou sobre externalidades, nos anos 20 e, hoje, está incluído na Declaração da RIO-92, onde o princípio 16 estabelece que "as autoridades nacionais devem promover a internalização dos custos ambientais e o uso de instrumentos econômicos, considerando que o poluidor deve, em princípio, arcar com os custos da poluição, levando em conta o interesse público sem distorcer o comércio e os investimentos internacionais".

18 Para maiores detalhes da Regulamentação, ver Gilbert (1995, apêndice II)

de declaração dos participantes no esquema e o Anexo V indica as informações a serem fornecidas aos órgãos competentes por ocasião da aplicação para registro ou apresentação de uma subseqüente declaração ambiental validada.

A adesão ao EMAS, basicamente, permite às empresas que desenvolvem atividades industriais nos países membros da União Européia (UE) a obtenção de registros de suas fábricas junto a uma comissão da UE. Como anualmente é publicado no jornal oficial da União Européia uma lista de todas as instalações industriais registradas, tal registro pode ser considerado como um "certificado" de bom desempenho ambiental para quem o obtiver.

4.1.6 - A Norma Britânica BS 7750

Segundo Alberton (2003), num momento em que as empresas questionavam-se sobre como gerenciar o relacionamento entre as atividades produtivas e o meio ambiente, a norma de gerenciamento ambiental BS 7750, publicada pelo Instituto Britânico de Normalização, veio direcionar as organizações quanto às providências a serem adotadas.

Foi elaborada com expressa intenção de compatibilizar as exigências com os regulamentos da União Européia, particularmente os especificados no EMAS, de forma a permitir que qualquer instalação industrial certificada por seu atendimento à norma (a partir de órgão certificador cujas credenciais sejam reconhecidas pelo país-membro onde se localiza), seja também considerada apta à certificação pelos padrões da União Européia.

O trabalho na BS 7750 começou em 1991 com a formação de um comitê técnico no BSI (*British Standards Institution*), no qual inúmeras organizações empresariais, técnicas, acadêmicas e governamentais estavam representadas. A publicação da versão inicial foi em 1991, apenas para a fase de consulta pública. A publicação oficial foi no início de 1992 e testada em programa piloto no Reino Unido, envolvendo cerca de 500 participantes, incluindo 230 organizações implementadoras, sendo revisada em 1994.

O BSI, reconhecido internacionalmente pela elaboração da norma BS 5750: Sistemas da Qualidade (que serviu de base para a Série ISO 9000), formulou a BS 7750 de tal forma que os princípios de gestão de Sistemas de Qualidade fossem compartilhados por ambas. Assim, as organizações que já implementaram um sistema de gestão compatível com a BS 5750, poderão utilizá-lo como base para o SGA (Alberton, 2003).

Para Gilbert (1995), trata-se de um documento importante para a gestão ambiental, pois serviu de referência para quase todos os sistemas de gestão ambiental existentes. A norma modificou o vocabulário da comunidade ligada à área do meio ambiente e introduziu um novo enfoque para a resolução de problemas ambientais, da auditoria ambiental à gestão ambiental, da identificação e resolução de problemas 'a jusante' à previsão e gerência de problemas 'a montante'.

A Norma BS 7750: especificações para Sistemas de Gestão Ambiental/ 1992, é composta de um único documento, numerado de modo a refletir sua associação com o BS 5750 de Sistemas da Qualidade, destinado a gerentes de organizações de qualquer tamanho. Tem, internamente, a seguinte forma: prefácio, especificação (inclui introdução, escopo, referências informativas, definições e exigências do sistema de gestão ambiental), e anexos (guia para as exigências do sistema de gestão ambiental, associação com BS 5750 da qualidade, associação com a versão preliminar da regulamentação de eco-auditoria da Comunidade Européia, bibliografia e glossários).

Vale lembrar que a BS 7750 não estabelece exigências absolutas para o desempenho ambiental, além do atendimento à legislação e normas aplicáveis, e um compromisso para com a melhoria contínua do SGA, mas exige que as organizações formulem políticas e estabeleçam objetivos, levando em consideração a disponibilização das informações sobre efeitos ambientais significativos. Ela especifica os requisitos para o desenvolvimento, implantação e manutenção de sistemas de gestão ambiental que visem garantir o cumprimento de políticas e objetivos ambientais definidos e declarados, e expressa que o atendimento às exigências por ela formuladas não confere imunidade em relação às obrigações legais.

Figura VI – Diagrama esquemático dos elementos de implantação do SGA – BS 7750

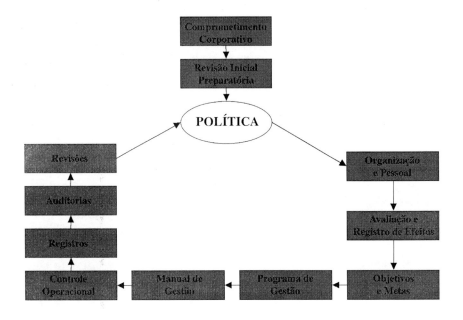

Fonte: BS 7750 (Adaptado de Reis, 1996,p.16; Gilbert,1995,p.238)

A Figura VI representa o esquema de requisitos para o sistema de gestão ambiental segundo a BS 7750.

As auditorias de gestão ambiental e as revisões fazem parte do sistema, porém são independentes: as auditorias avaliam a eficácia do sistema de gestão e o cumprimento dos objetivos ambientais organizacionais, e as revisões servem para acompanhamento, verificando a relevância contínua da política ambiental, fazendo a atualização da avaliação dos efeitos e verificando a eficácias das auditorias.

Com o enfoque sistêmico da BS 7750 foi possível demonstrar que a abordagem macro da qualidade exige a inclusão das questões ambientais, que deixam de ser apenas um custo adicional, passando a ocupar um importante lugar dentre os fatores de sucesso de um produto ou de uma empresa (Reis,1996).

Em setembro de 1996, os quinze países, que até então representavam a União Européia, votaram em aceitar a ISO 14001 como o padrão europeu para gestão ambiental. Essa decisão teve, e terá, como resultados a saída de outros padrões de gestão ambiental nacional na Europa, incluindo a BS 7750.

Segundo Alberton (2003),

> *porém, o impacto que a BS 7750 teve no desenvolvimento da ISO 14001, não pode ser ignorado. Foi a partir da BS 7750 que passos concretos em direção à formulação de uma norma ambiental internacional foram dados. As várias empresas, inicialmente as inglesas e posteriormente as européias, que implementaram os princípios e procedimentos por ela sugeridos alcançaram, com rapidez e eficiência, resultados altamente vantajosos, principalmente através da redução de conflitos (multas e penalidades) com órgãos públicos de controle ambiental, com as comunidades, com os sindicatos e com seus empregados. Para alguns pesquisadores, o padrão BS 7750 pode ser considerado como o 'Pai' do padrão ISO 14001 (p.81).*

4.1.7 - O SGA SEGUNDO O CONJUNTO ISO 14000 E A ISO - INTERNATIONAL ORGANIZATION FOR STANDARDIZATION

A ISO - *International Organization for Standardization* foi fundada em 1947 para promover o desenvolvimento de padrões internacionais. É uma federação mundial, não governamental, com sede em Genebra, Suíça. Possui mais de 110 países participantes, dentre eles o Brasil, cuja representante é a ABNT – Associação Brasileira de Normas Técnicas[19]. Tem como objetivo propor normas que representem o consenso desses diferentes países para homogeneizar métodos, materiais e seu uso, em todos os domínios de atividades (tipicamente de natureza técnica), exceto no campo eletro-eletrônico cuja responsabilidade é do IEC – *International Electrotechnical Commission*.

Segundo Alberton (2003),

> *a adoção dos padrões ISO é totalmente voluntária. Porém, apesar dos países*

---

[19] A ANSI (American National Standards Institute), o BSI (British Standards Institute) e o JSA (Japan Standards Association) são os representantes de EUA, Reino Unido e Japão respectivamente (CORBETT e KIRSCH, 1999, p. 21).

membros não terem obrigação de adotar ou mesmo apoiá-los em sua forma final, os padrões são desenvolvidos através de um processo de construção consensual, resultando, desta forma, em padrões aceitáveis para a maioria dos países membros. Individualmente, os países, ou mesmo grupos industriais, podem adotar os padrões ISO como nacionais ou ainda como da prática industrial e, nestes casos, tornam-se, de fato, necessidade.

Os trabalhos da ISO são realizados por meio de Comitês Técnicos (TC), os quais são compostos por especialistas dos países membros, cada qual com responsabilidades específicas no âmbito do tema a ser padronizado.

O Quadro III apresenta o processo de emissão das normas ISO.

Quadro III - Processo de emissão das normas ISO

ESTÁGIO	SIGLA	SIGNIFICADO
Preliminary Work Item	WI	Estágio preliminar, análise do tema.
New Work Item Proposal	NP	O tema (novo item) é proposto e votado quanto à sua aceitação para ser objeto de uma norma internacional.
Working Draft	WD	Primeira minuta de trabalho a ser submetida à votação do comitê responsável pelo tema.
Committee Draft	CD	Minuta que obteve a aprovação do comitê responsável.
Draft of International Standard	DIS	Minuta que já pode ser considerada um projeto de norma internacional, com possibilidade de ser aplicada, experimentalmente, e ser objeto inclusive de certificação.
Final Draft of International Standard	FDIS	Minuta final, aprovada pelo comitê responsável, sujeita a pequenas alterações.
International Standard	IS	Versão final, aprovada e publicada pela ISO.

Fonte: Adaptado de Alberton (2003)

A ISO, sensibilizada por todas as ações em nível internacional citadas anteriormente, e sentindo a necessidade de avaliar a questão ambiental de forma mais abrangente, iniciou uma investigação para avaliar a necessidade de normas internacionais para gestão ambiental. Em agosto de 1991, criou o *Strategic Advisory Group on Environment* (SAGE). Este grupo tinha por finalidade:

- Promover uma abordagem comum à gestão ambiental semelhante à gestão da qualidade;
- Aperfeiçoar a capacidade das organizações para alcançar e medir melhorias no desempenho ambiental; e
- Facilitar o comércio e remover barreiras comerciais.

Em 1992, o SAGE deu o sinal verde para o Conselho Técnico da ISO que, então, encarregou um novo Comitê Técnico, o TC 207, do desenvolvimento de normas internacionais para gestão ambiental. Os membros do comitê são representantes oficiais de cerca de 40 países, incluindo representantes da indústria, organizações normativas, governamentais e ambientais. O conjunto de normas, conhecido como ISO 14000, abrange cinco áreas: Sistemas de Gestão Ambiental, Auditoria Ambiental, Avaliação de Desempenho Ambiental, Avaliação do Ciclo de Vida e Rotulagem Ambiental.

Com o intuito de iniciar a elaboração destas normas, o TC 207, coordenado pelo Canadá, foi dividido em seis Subcomitês Técnicos:

- SC01 Sistemas de Gerenciamento Ambiental, coordenado pela Inglaterra e com dois grupos de trabalho (*WG – Work Group*), o WG-1 para Especificações e o WG-2 para Orientações Gerais;
- SC02 Auditoria Ambiental, coordenado pela Holanda e com três grupos de trabalho, o WG-1 para os Princípios de Auditoria, o WG-2 para Procedimentos de Auditoria e o WG-3 para Qualificação de Auditores;
- SC03 Rotulagem Ambiental, coordenado pela Austrália e com três grupos de trabalho o WG-1 para Princípios para Administradores de Programas, o WG-2 para Rotulagem Ambiental de Tipo II e o WG-3 para Princípios para Programas de Rotulagem Ambiental;

- SC04 Avaliação de Desempenho Ambiental, coordenado pelo EUA e com dois grupos de trabalho o WG-1 para Avaliações Gerais de Desempenho Ambiental e o WG-2 para Avaliação de Desempenho Ambiental do Setor Industrial;

- SC05 Análise de Ciclo de vida, coordenado pela França e com quatro grupos de trabalho o WG-1 para Código e Prática, o WG-2 para Inventário, o WG-3 para Análise de Impacto e o WG-4 para Análise de Avaliação e Melhoria;

- SC06 Termos e Definições, coordenado pela Noruega, com a finalidade de padronizar terminologias e coordenar o uso de normas com outros comitês da ISO. Este subcomitê não está dividido em grupos de trabalho.

Como apresentado na Figura VII, a série ISO 14000 tem duas orientações: Processo e Produto.

Figura VII - Estrutura do ISO TC 207

Fonte: Adaptado de Campos (2001)

Além dos 6 subcomitês, apresentados anteriormente, há mais dois grupos que executam trabalhos relacionados ao desenvolvimento da ISO 14000. Um deles, coordenado pelo Canadá, é responsável pela interligação do TC 207 com o TC 176 (comitê técnico responsável pela elaboração e revisões da série ISO 9000), visando uma possível unificação, através da inclusão de aspectos ambientais na gestão da qualidade. O outro grupo é coordenado pela Alemanha, sendo responsável pelo desenvolvimento de princípios de inclusão de elementos ambientais em produtos, para uso de outros comitês técnicos da ISO e será a norma ISO 14060.

O Brasil, por intermédio do GANA – Grupo de Apoio à Normalização Ambiental, criado em 1994 e vinculado à ABNT, vem participando ativamente da elaboração das normas ambientais, ao contrário do que ocorreu com as normas de Gestão da Qualidade. É importante a participação do Brasil na discussão da ISO 14000, inclusive para evitar a aprovação de requisitos que dificultem a certificação por empresas brasileiras.

As três primeiras normas do conjunto ISO 14000 são voltadas para a organização, enquanto as demais para avaliar produtos e processos, como pode ser observado no Quadro IV.

Quadro IV – Série ISO 14000 – Organização do TC 207

Norma	Norma Emitida no Brasil	Título Responsável	Sub-comitê	Tema	Grupo
ISO 14000	NBR ISO 14000	Sistemas de Gestão Ambiental – Diretrizes gerais	SC 01	Sistema de Gestão Ambiental	Avaliação da Organização
ISO 14001	NBR ISO 14001	Sistemas de Gestão Ambiental – Especificações e diretrizes para uso			
ISO 14004	NBR ISO 14004	Sistemas de Gestão Ambiental – Diretrizes gerais sobre princípios, sistemas e técnicas de apoio			

184 | FUNDAMENTOS DA GESTÃO AMBIENTAL

Quadro IV – Série ISO 14000 – Organização do TC 207 (cont.)

Norma	Norma Emitida no Brasil	Título Responsável	Sub-comitê	Tema	Grupo
ISO 14010	NBR ISO 14010	Diretrizes para auditoria ambiental – Princípios gerais	SC 02	Auditoria Ambiental e Investigações Correlatas	Avaliação da Organização
ISO 14011	NBR ISO 14011	Diretrizes para auditoria ambiental – Procedimentos de auditoria – Auditoria de sistemas de gestão ambiental			
ISO 14012	NBR ISO 14012	Diretrizes para auditoria ambiental – Critérios de qualificação para auditores ambientais			
ISO 14014	–	Diretrizes para auditoria ambiental – Diretrizes para a realização de avaliações iniciais			
ISO 14015	–	Diretrizes para auditoria ambiental – Guia para avaliação de locais e instalações			
ISO 14031	–	Avaliação de desempenho ambiental	SC 04	Avaliação de Desempenho Ambiental	Avaliação da Organização
ISO 14032	–	Avaliação de desempenho ambiental de sistemas operacionais			
ISO 14020	–	Rotulagem ambiental – Princípios básicos	SC 03	Rotulagem Ambiental	Avaliação do Produto
ISO 14022	–	Rotulagem ambiental – Simbologia para os rótulos			
ISO 14023	–	Rotulagem ambiental – Metodologia para testes e verificações			

Quadro IV – Série ISO 14000 – Organização do TC 207 (cont.)

Norma	Norma Emitida no Brasil	Título Responsável	Sub-comitê	Tema	Grupo
ISO 14024	–	Rotulagem ambiental – Procedimentos e critérios para certificação	SC 03	Rotulagem Ambiental	Avaliação do Produto
ISO 14040	–	Análise do ciclo de vida – Princípios gerais	SC 05	Análise do Ciclo de Vida	Avaliação do Produto
ISO 14041	–	Análise do ciclo de vida – Inventário			
ISO 14042	–	Análise do ciclo de vida – Análise dos impactos			
ISO 14043	–	Análise do ciclo de vida – Usos e aplicações			
ISO Guide 64	–	Guia de inclusão dos aspectos ambientais nas normas para produto	WG 01	Aspectos Ambientais em Normas de Produtos	Avaliação do Produto
ISO 14050	–	Gestão ambiental – Termos e definições – Vocabulário	SC 06	Termos e Definições	

Fonte: Alberton (2003)

4.1.7.1 - ISO 14001 e ISO 14004: uma visão geral

A ISO 14001, conhecida internacionalmente como *"Environmental Management Systems – Specification with guidance for use"*, no Brasil é conhecida como NBR ISO 14001 "Sistemas de Gestão Ambiental – Especificação e diretrizes para uso". Esta é a única norma do conjunto ISO 14000, até o momento, passível de certificação.

Antes de aprofundar a discussão em torno do conteúdo específico desta norma, cabe salientar alguns pontos importantes sobre a mesma.

A NBR ISO 14001, bem como as demais normas internacionais de gestão ambiental, tem por objetivo prover às organizações os elementos de um sistema de gestão ambiental eficaz, passível de integração com qualquer outro requisito de gestão, de forma a auxiliá-las a alcançar seus objetivos ambientais e econômicos. Nenhuma dessas normas foi concebida com o objetivo de criar barreiras comerciais, nem para ampliar ou alterar as obrigações legais de uma organização.

Outro ponto importante é que a NBR ISO 14001 foi redigida de forma a aplicar-se a todos os tipos e portes de organizações e para adequar-se a diferentes condições geográficas, culturais e sociais. A base desta abordagem pode ser observada na Figura VIII apresentada a seguir.

Assim sendo, duas organizações que desenvolvam atividades similares, mas que apresentem níveis diferentes de desempenho ambiental, podem, ambas, atender aos requisitos da norma e receberem uma certificação segundo a ISO 14001. Esta norma, no entanto, ressalta que "... *sua adoção não garantirá, por si só, resultados ambientais ótimos. Para atingir os objetivos ambientais, convém que o sistema de gestão ambiental estimule as organizações a considerarem a implementação da melhor tecnologia disponível, quando apropriado e economicamente exeqüível*" (NBR ISO 14001, 1996, pág. 2).

Cabe ainda salientar que a NBR ISO 14001 não pretende abordar e não inclui requisitos relativos a aspectos de gestão de saúde ocupacional e segurança do trabalho. No entanto, não tem a intenção de desencorajar uma organização que pretenda desenvolver a integração de tais elementos no sistema de gestão. Esta mesma norma compartilha ainda princípios comuns de sistemas de gestão com a série de Normas ISO 9000 para sistemas da qualidade, tais como definição de uma política, procedimentos, objetivos e metas, entre outros (Campos,2001).

Segundo a própria NBR ISO 14001, "a principal finalidade desta norma é equilibrar a proteção ambiental e a prevenção da poluição com as necessidades sócioeconômicas da organização, no seu sentido mais abrangente" (NBR ISO 14001, 1996, pág. 2).

Figura VIII - Modelo de sistema de gestão ambiental para a Norma ISO

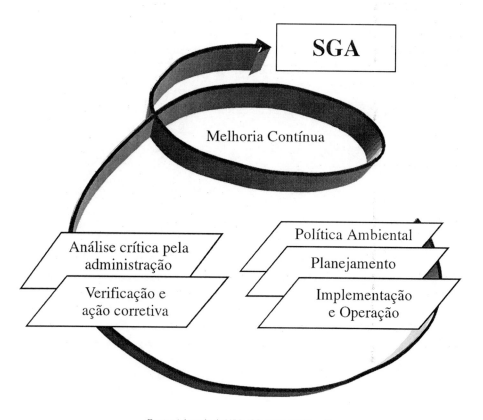

Fonte: Adaptado de NBR ISO 14001 (1996, p.3)

A Norma especifica os requisitos relativos a um sistema de gestão ambiental, permitindo a uma organização formular sua política e objetivos que levem em conta os requisitos legais e as informações referentes aos impactos ambientais significativos. Aplica-se aos aspectos ambientais que possam ser controlados pela organização e sobre os quais presume-se que tenha algum tipo de influência.

Em linhas gerais, a Norma é aplicável a organizações que desejam:

a) implementar e manter um sistema de gestão ambiental;

b) assegurar a conformidade com a sua política ambiental;

c) demonstrar sua conformidade a terceiros;

d) buscar certificação do seu sistema de gestão ambiental por terceiros; e

e) fazer uma autodeterminação e declaração da sua conformidade com a Norma.

Resumidamente, com referência aos cinco grandes sub-itens da norma (conforme Figura VIII: Política Ambiental; Planejamento; Implementação e Operação; Verificação e Ação Corretiva; e Análise Crítica) destacam-se, no contexto da ISO 14001, os seguintes elementos chaves:

A) Política Ambiental

A política ambiental deve ser definida pela alta administração, garantindo que:

- esta seja relevante à natureza, escala e impactos ambientais de suas atividades, produtos ou serviços;
- inclua um comprometimento com a melhoria contínua e com a prevenção da poluição;
- inclua o comprometimento com o atendimento à legislação e normas ambientais aplicáveis e demais requisitos subscritos pela organização;
- forneça a estrutura para o estabelecimento e revisão dos objetivos e metas ambientais;
- seja documentada, implementada, mantida e comunicada a todos os funcionários;
- esteja disponível ao público.

Na grande maioria dos sistemas de gestão a política é o primeiro item a ser implementado, tendo por objetivo definir as diretrizes da organização. Sendo assim, deve ser definida sempre pela alta gestão e compartilhada com os demais membros da organização. Uma política implementada significa uma política amplamente divulgada, para que, assim, possa ser cumprida por toda a organização.

B) Planejamento

O planejamento contempla a definição dos aspectos e impactos ambientais, definição dos requisitos legais associados a eles e à organização como um todo. Outro ponto importante da fase de planejamento é a definição dos objetivos, metas e programas de gestão que, a partir dos aspectos e impactos identificados, deverão nortear a organização e priorizar as ações seguintes, sempre seguindo as diretrizes definidas na política ambiental. A seguir apresenta-se, com maior detalhe, cada um dos itens que compõem a fase de planejamento.

- **Aspectos e Impactos Ambientais**[20] – devem ser estabelecidos e mantidos procedimentos para identificação e priorização dos aspectos e impactos ambientais das atividades, produtos e serviços que a organização possa controlar e sobre os quais presume-se que ela tenha influência.

- **Requisitos Legais e Outros Requisitos** – a organização deve estabelecer e manter um procedimento para ter acesso a legislação ambiental e a outros requerimentos ambientais aos quais ela subscreva.

- **Objetivos e Metas** – devem ser estabelecidos e mantidos objetivos e metas ambientais documentadas, compatíveis com a política ambiental, em todos os níveis relevantes de sua estrutura.

- **Programa de Gestão Ambiental** – a organização deve estabelecer e manter um programa para o atendimento de seus objetivos e metas ambientais, incluindo:

  a) designação de responsabilidades para o cumprimento dos objetivos e metas em cada função e nível relevante da organização; e,

  b) os meios e prazos dentro dos quais os programas devem ser concluídos.

C) Implementação e Operação

A fase de implementação e operação normalmente é a fase mais longa de todo processo de um SGA. Nesta fase são definidos importantes pilares de sustentação do sistema, tais como treinamento, comunicação e controles, sejam estes controles de documentação, operacionais ou mesmo de emergência. Os itens que compõem a fase de implementação e operação estão descritos a seguir.

---

20 Segundo a NBR ISO 14001, por aspecto ambiental entende-se *"qualquer elemento das atividades, produtos ou serviços de uma organização que pode interagir com o meio ambiente"*. Já por impacto ambiental entende-se *"qualquer modificação do meio ambiente, adversa ou benéfica, que resulte, no todo ou em parte, das atividades, produtos ou serviços de uma organização"* (NBR ISO 14001, 1996, p. 4).

- **Estrutura e Responsabilidade** – papéis e responsabilidades são definidos, documentados e comunicados para que a gestão de questões ambientais possa ser efetiva.

- **Treinamento, Conscientização e Competência** – a organização deve identificar as necessidades de treinamento, promovendo-o a todo pessoal cujo trabalho possa criar um impacto significativo sobre o meio ambiente.

- **Comunicação** – a organização deve estabelecer e manter procedimentos para:

  a) comunicação interna entre todos os níveis da organização; e

  b) receber, documentar e responder a comunicação relevante de qualquer uma das partes interessadas (*stakeholders*).

- **Documentação do Sistema de Gestão Ambiental** – a organização deve estabelecer e manter informações para:

  a) descrever os elementos principais do sistema de gestão ambiental e suas interações; e,

  b) promover o direcionamento de documentação associada.

- **Controle de Documentos** – devem ser estabelecidos e mantidos pela organização procedimentos para controlar todos os documentos requeridos pela norma e relacionados ao seu SGA.

- **Controle Operacional** – a organização deve identificar aquelas funções, atividades e processos que estão associados aos impactos ambientais identificados como significativos e que estejam incluídos no escopo de sua política, objetivos e metas ambientais. A organização deve planejar essas atividades e operações para garantir que elas sejam conduzidas sob condições controladas, através:

  a) da preparação de procedimentos documentados;

  b) da estipulação de critérios de controle para as operações; e

  c) da preparação de documentação relativa aos aspectos ambientais de matérias primas e serviços utilizados pela organização.

- **Preparação e Atendimento a Emergências** – a organização deve estabelecer e manter procedimentos para a ação em situações de acidentes e emergências, e para prevenir e mitigar os impactos ambientais associados a estes.

D) Verificação e Ação Corretiva

Esta é a última fase da implementação de um SGA antes da análise crítica. Nesta fase devem ser definidos os controles, por exemplo, através de monitoramentos, medições, investigação de não conformidades e auditorias. Estes controles serão fundamentais para o monitoramento e controle dos aspectos e impactos identificados na segunda fase de implementação (Planejamento). Sendo assim, são fundamentais para a manutenção do sistema. A seguir, apresenta-se um detalhamento de cada item que compõe esta fase.

- **Monitoramento e Medição** – devem ser estabelecidos e mantidos pela organização procedimentos para monitorar e controlar aspectos chave de processos que possam ter um significativo impacto sobre o meio ambiente. Isto inclui o registro de informações para verificação de conformidade com os objetivos e metas ambientais.

- **Não-conformidade e Ações Corretiva e Preventiva** – a organização deve estabelecer e manter procedimentos documentados, incluindo responsabilidade e autoridade, para investigar e lidar com não-conformidades e iniciar as ações corretivas e preventivas.

- **Registros** – devem ser estabelecidos e mantidos procedimentos para a identificação, manutenção e disposição de registros ambientais.

- **Auditoria do Sistema de Gestão Ambiental** – a organização deve estabelecer e manter procedimentos e programas para auditorias, de forma a:

    a) determinar se o sistema de gestão ambiental está em conformidade com o padrão e se foi adequadamente implementado e mantido; e

    b) contribuir para a determinação da eficiência permanente do sistema de gestão ambiental em atender a política e os objetivos ambientais da organização.

E) Análise Crítica

Como um sistema de gestão pressupõe melhoria contínua, esta não seria possível sem uma avaliação crítica para novos direcionamentos.

A alta administração da organização deve, em intervalos de tempo por ela determinados, analisar criticamente o sistema de gestão ambiental, para assegurar uma melhoria contínua. Tal revisão deverá ser documentada, devendo ainda abordar a eventual necessidade de alterações na política, objetivos e outros elementos do SGA à luz dos resultados das auditorias e demais avaliações realizadas.

Além dos dezessete requisitos descritos anteriormente que compõem a ISO 14001, a norma possui ainda dois anexos informativos. O Anexo A de "Diretrizes para uso da especificação" fornece informações adicionais sobre requisitos, tendo por objetivo evitar uma interpretação errônea da especificação. O segundo anexo, o Anexo B, tem por objetivo fazer uma relação entre as ISO 14001 e 9001.

Após o conhecimento da ISO 14001, normalmente surgem questões como: mas afinal, qual a diferença entre a ISO 14001 e a 14004? Ambas são passíveis de uma certificação?

A ISO 14004, conhecida mundialmente por *"Environmental Management Systems – General guidelines on principles, systems and supporting techniques"*, no Brasil recebe a denominação de NBR ISO 14004 "Sistemas de Gestão Ambiental – Diretrizes gerais sobre princípios, sistemas e técnicas de apoio". Esta norma é, portanto, um guia de diretrizes de aplicação voluntária, "... *constituindo-se de uma ferramenta gerencial interna, não sendo previsto seu uso como critério de certificação de SGA"* (NBR ISO 14004, pág. 5).

A norma segue a mesma estrutura de apresentação da ISO 14001, porém, com quadros de ajuda prática para cada um dos itens específicos. Esta norma, portanto, é um guia, não sendo passível de certificação.

No ano de 2004, a ISO 14001 passou por uma revisão e alguns ou requisitos critérios foram alterados, são eles:

• No item de definições foram incorporados novos termos como "auditor", "ação corretiva", "documento", "auditoria interna", "não conformidade", "ação preventiva" e procedimento.

- No item 4.3 "Planejamento", os itens 4.3.3 e 4.3.4, respectivamente "Objetivos e Metas"e "Programa(s) de gestão ambiental" formaram um único item de número 4.3.3 chamado "Objetivos, metas e programas".

- No item 4.4 "Implementação e operação" o item 4.4.1 "Estrutura e responsabilidade" passou a se chamar "Recursos, funções, responsabilidades e autoridades".

- No item 4.5 "Verificação", foi incluído um novo sub-item, de nome "Avaliação do atendimento a requisitos legais e outros".

Como pode-se observar, as mudanças da versão de 1996 para 2000 não foram bruscas e vieram apenas aprimorar a norma.

No quadro V apresenta-se um relato com as principais modificações da NBR ISO 14001 versão 1996 para a versão 2004.

Quadro V – Quadro de modificações na Norma NBR ISO 14001

Requisito	Mudanças contidas na ISO 14001:2004
4.1 Requisitos gerais	A norma agora inclui requisito para: • Melhoria contínua do SGA; • Determinação de como a organização irá atender aos requisitos da ISO 14001; • Definição e documentação do escopo do SGA.
4.2 Política Ambiental	A política ambiental precisa ser definida dentro do escopo do SGA e deve ser comunicada a todos que trabalhem na organização ou que atuem em seu nome.
4.3.1 Aspectos ambientais	Aspectos devem ser identificados dentro do escopo definido do SGA e requer que sejam documentados. A ISO 14001:2004 também requer que a organização considere os aspectos ambientais (incluindo significativos) no estabelecimento, implementação e manutenção de seu SGA. Devem ser considerados desenvolvimentos novos ou planejados, atividades, produtos e serviços novos ou modificados.

194 | FUNDAMENTOS DA GESTÃO AMBIENTAL

Quadro V – Quadro de modificações na Norma NBR ISO 14001 (cont.)

Requisito	Mudanças contidas na ISO 14001:2004
4.3.2 Requisitos ambientais legais e outros	A ISO 14001:2004 requer que a organização determine como os requisitos legais e outros se aplicam aos aspectos ambientais. A organização também deve considerar estes requisitos no estabelecimento, implementação e manutenção do seu SGA.
4.3.3 Objetivos, metas e programa(s)	Resultado da fusão das cláusulas 4.3.3 "Objetivos e Metas" e 4.3.4 "Programa (s) de Gestão Ambiental" da ISO 14001:1996. Revisão inclui um requisito adicionais que os objetivos e metas precisam ser mensuráveis, consistentes com os requisitos legais e outros e comprometidos com a melhoria contínua.
4.4.1 Recursos, funções, responsabilidades e autoridades (era 4.4.1 Estrutura e Responsabilidade)	Na revisão 2004, a administração é requerida à "assegurar a disponibilidade" de recursos ao invés de "fornecer recursos" tal como descrito na versão 1996. A lista de recursos necessários passa a incluir infra-estrutura. Há também um requisito estabelecendo que o representante da administração forneça à alta administração, recomendações para a melhoria do SGA.
4.4.2 Competência, treinamento e conscientização (era 4.4.2 Treinamento, conscientização e competência)	A ISO 14001:2004 declara que na organização, A mudança encontra-se na abrangência do requisito considerando agora sub-contratados on site e outras pessoas que não os empregados da organização, que podem desempenhar atividades que possam causar um impacto ambiental significativo. Um novo requisito para manutenção de registros para evidenciar apropriada educação, treinamento ou experiência foi adicionado.
4.4.3 Comunicação	Requer da organização, uma evidência documentada sobre sua decisão, quando fizer uma comunicação externa sobre seus aspectos ambientais significativos. Se a decisão for por comunicar, a organização deve estabelecer e implementar método (s) (ao invés de processos como na versão 1996, para esta comunicação).

Quadro V – Quadro de modificações na Norma NBR ISO 14001 (cont.)

Requisito	Mudanças contidas na ISO 14001:2004
4.4.4 Documentação (era 4.4.4 Documentação do SGA)	A cláusula 4.4.4 não foi objeto de alteração, mas foi atualizada para melhor compatibilidade com a ISO 9001:2000. A ISO 14001:2004 requer que a documentação inclua: **a)** política, objetivos e metas ambientais; **b)** descrição do escopo e dos principais elementos do sistema da gestão ambiental e sua interação e referência aos documentos associados; **c)** documentos, incluindo registros, requeridos por esta Norma; e **d)** documentos, incluindo registros, determinados pela organização como sendo necessários para assegurar o planejamento, operação e controle eficazes dos processos que estejam associados com seus aspectos ambientais significativos.
4.4.5 Controle de documentos	Mudanças relacionadas à formatação da cláusula 4.4.5 para melhor compatibilização com a ISO 9001:2000. Uma clarificação adicional foi inserida para definir Registros com um tipo especial de documento, no qual requer controle. Uma adição no requisito, objetiva assegurar que documentos de origem externa (ex: Normas, MSDS, permissões, licenças) que são necessários para o sistema, sejam identificados e sua distribuição controlada.
4.4.6 Controle operacional	Esta cláusula não teve mudanças significativas. Como nas outras cláusulas, o termo "implementação" foi adicionado ao "estabelecimento e manutenção de procedimentos" para clarificar as ações requeridas para evidenciar a conformidade com a ISO 14001:2004.
4.4.7 Preparação e resposta à emergências	Esta cláusula não teve mudanças significativas. A norma revisada clarifica o requisito de que a organização, na situação real de emergência, deve responder de forma a prevenir e mitigar impactos ambientais adversos associados. A mudança da necessidade de testar periodicamente tais requisitos está descrita na versão 2004, como "quando exeqüível", na versão 1996 estava "onde".

196 | FUNDAMENTOS DA GESTÃO AMBIENTAL

Quadro V – Quadro de modificações na Norma NBR ISO 14001 (cont.)

Requisito	Mudanças contidas na ISO 14001:2004
4.5.1 Monitoramento e medição	O requisito para assegurar que os equipamentos utilizados para a medição e monitoramento sejam mantidos calibrados, foi estendido para incluir "ou verificado". Entenda-se quando não tiver padrão rastreável. "A organização deve assegurar que equipamentos de monitoramento e medição calibrados ou verificados sejam utilizados e mantidos e deve reter os registros associados", entenda-se também os de terceiros, considerando a rastreabilidade dos mesmos.
4.5.2 Avaliação do atendimento aos requisitos legais e outros	Esta cláusula foi separada da 4.5.1 para tornar-se uma cláusula específica e inclui a clarificação e uma adição à estrutura da ISO 14001:1996. Incluída na cláusula 4.5.1 na versão 1996, o requisito para a avaliação periódica da conformidade com os requisitos legais e outros, este requisito foi renomeado para a cláusula 4.5.2 na ISO 14001:2004 e inclui a avaliação da conformidade também com outros requisitos a qual a organização tenha subscrito. Esta clarificação também inclui o requisito para a manutenção dos registros da avaliação periódica do Atendimento a Requisitos Legais e Outros.
4.5.3 Não conformidade, ação corretiva e ação preventiva (era 4.5.2 Não-conformidade e ações corretiva e preventiva)	A revisão desta cláusula compatibiliza os requisitos para identificar e corrigir não-conformidades de forma similar com o requisito da ISO 9001:2000. Definições claras são fornecidas para ações necessárias para prevenir, investigar, identificar, avaliar, revisar e registrar não-conformidades, ações corretivas e ações preventivas.
4.5.4 Controle de Registros (era 4.5.3 Registros)	Controle de registros foi simplificado, reordenado e reformatado para melhor compatibilidade com a ISO 9001:2000. A revisão descreve que registros precisam demonstrar a conformidade com os requisitos do SGA, bem como com os "resultados obtidos". Resultados são entendidos como sendo resultados de auditorias, ações corretivas, controle operacional, programas para atingir os objetivos e monitoramento.

Quadro V – Quadro de modificações na Norma NBR ISO 14001 (cont.)

Requisito	Mudanças contidas na ISO 14001:2004
4.5.5 Auditoria interna (era 4.5.4 Auditoria do SGA)	Existem duas adições nesta cláusula. Primeira, a revisão adicionou que o processo de auditoria interna precisa estar associado a retenção dos registros. Segunda, a revisão considera que a seleção de auditores e a condução de auditorias devem assegurar objetividade e imparcialidade no processo de auditoria. Esta exigência é importante na escolha de um auditor interno ou externo. A organização precisa assegurar que o auditor tem liberdade de predisposições e outras influências que podem afetar sua objetividade ou imparcialidade.
4.6 Análise pela administração	A cláusula 4.6 na ISO 14001:2004 inclui algumas importantes mudanças para a compatibilização com a ISO 9001:2000. O objetivo da cláusula é a mesma, mas a revisão explica de forma detalhada, como a análise crítica fornece meios para alcançar a melhoria contínua, adequação e eficácia do SGA. A revisão inclui entradas específicas para o processo de análise crítica (nem todas estavam na ISO 14001:1996), incluindo:

• Resultados das auditorias internas e das avaliações do atendimento aos requisitos legais e outros;

• Comunicação proveniente de partes interessadas externas, incluindo reclamações;

• O desempenho ambiental da organização;

• Extensão na qual foram atendidos os objetivos e metas,

• Situação das ações corretivas e preventivas,

• Ações de acompanhamento das análises anteriores,

• Mudança de circunstâncias, incluindo desenvolvimentos em requisitos legais e outros relacionados aos aspectos ambientais; e

• Recomendação para melhoria Saída específicas para a análise crítica inclui melhoria contínua e decisão e ações para possíveis mudanças na política ambiental, nos objetivos, metas e em outros elementos do sistema da gestão ambiental, consistentes com o comprometimento com a melhoria contínua. |

Fonte: www.gestaoambiental.com.br

4.2 Comparação Entre os Princípios e Normas de Gestão Ambiental

A abordagem preventiva, associada a uma preocupação com a sustentabilidade dos ecossistemas, está presente em praticamente todas as iniciativas de auto-regulamentação, desde a Carta de Princípios para o Desenvolvimento Sustentável ICC, Agenda 21, Princípios CERES, *Responsible Care,* até a mais recente ISO 14000.

Para Sanches (1997, p. 63), apesar das possíveis falhas de todos estes documentos, eles têm o mérito de desafiar as empresas industriais a converterem a retórica em práticas ambientais, além de marcar um novo contexto de participação empresarial rumo à interiorização dos custos ambientais.

A seguir são descritas algumas características dos princípios e norma de gestão ambiental em relação ao padrão ISO 14001, apresentadas por Alberton (2003):

A grande diferença entre o Programa de Atuação Responsável e a norma internacional ISO 14001, é que o primeiro consiste numa série de iniciativas mais específicas e detalhadas de gerenciamento, enquanto o segundo descreve um conjunto de procedimentos para implementação de um sistema de gestão ambiental. Apesar da sobreposição de temas como: o compromisso de administração, responsabilidade ambiental, medidas de desempenho, treinamento, investigação de incidentes, comunicação, os dois documentos certamente não são idênticos. A adesão de indústrias químicas ao Programa de Atuação Responsável não significa que automaticamente estes possuam os requisitos normativos necessários para uma certificação, mas estarão num estágio bastante adiantado para tanto.

A maioria dos princípios apresentados pelo STEP tem estreita relação e não apresentam inconsistência com os requisitos normativos e a filosofia da norma ISO 14001, incorporando também os princípios de qualidade. Muitas indústrias baseadas no petróleo as quais estão implementando o STEP, já têm muitos dos elementos requeridos pela ISO 14001 implementados, e são encorajadas pelo API a se certificarem segundo este padrão, visto que o reconhecimento pela conformidade a um sistema de gestão ambiental internacional torna-se vantajoso caso tenham negócios com outros países.

Ao se comparar os padrões ISO 14001 e os Princípios da CERES, diferenças na ênfase tornam-se rapidamente aparentes. Enquanto a ISO enfatiza a necessidade de satisfazer a requisitos legais, desenvolvimento de procedimentos e gestão dos sistemas ambientais, os princípios da CERES, apesar de reconhecerem a importância da gestão, enfatizam a necessidade para as organizações de proteger o planeta e agir responsavelmente em relação ao ambiente, no sentido de que 'as gerações futuras possam se sustentar'.

O EMAS e a BS 7750 surgiram quase que concomitantemente, com o intuito de servirem de guia para que as organizações com visão estratégica realizassem o gerenciamento ambiental com base em um sistema coerente e eficaz.

O EMAS é menos extenso, mas mais prescritivo que o padrão ISO 14001. Entre as exigências adicionais do EMAS cita-se a publicação de uma declaração ambiental. A maior rigidez significa que uma organização registrada no EMAS, tem a infra-estrutura principal para certificação segundo a ISO 14001. Conforme Culley (1998, p. 19) a decisão virá da meta primária da organização: desempenho (EMAS) ou conformidade (ISO 14001).

Organizações ao redor do mundo incluindo algumas dos Estados Unidos adotaram o padrão BS 7750 do Reino Unido e o EMAS da União Européia, ou ambos. Muito da linguagem original da ISO 14001 foi influenciada particularmente pela norma BS 7750. Porém, apesar da base para formulação da série ter sido a norma inglesa BS 7750 as normas da série ISO 14000 são consideradas bem mais brandas do que sua fonte de inspiração.

Para Sasseville, Wilson e Lawson (1997, p. 11) poucas organizações necessitam certificar-se para além do ISO 14001. Organizações que estejam trabalhando na União Européia podem necessitar a Certificação pelo EMAS, da mesma forma que a EPA nos Estados Unidos pode fazer outras exigências quanto a performance ambiental da organização, ou ainda dentro de um ramo industrial específico, é também possível que hajam exigências prescritas como códigos típicos da prática industrial. Nestes casos, não é necessário um novo SGA para tal, e sim incorporar os requisitos adicionais no já existente.

Lamprecht (1996, p. 69) considera que, apesar das dúvidas de alguns ambientalistas quanto a ISO 14001 ser efetivamente um Sistema de Gestão

Ambiental eficaz, ela pode, se implementada com responsabilidade, tornar-se o código de práticas internacional necessário (Alberton, p.91-93).

4.3 - A Integração Entre os Sistemas de Gestão

As organizações que implementam mais de um sistema de gestão devem preocupar-se não somente com a manutenção mas, também, com a integração destes sistemas. O conjunto ISO 14000, através de suas normas, enfatiza a integração entre o sistema de gestão ambiental e o sistema de gestão global da empresa e traz em seu texto que:

> *As Normas Internacionais de gestão ambiental têm por objetivo prover às organizações os elementos de um sistema de gestão ambiental eficaz, passível de integração com outros requisitos de gestão, de forma a auxiliá-las a alcançar seus objetivos ambientais e econômicos. [...] A gestão ambiental abrange uma vasta gama de questões, inclusive aquelas com implicações estratégicas e competitivas (NBR ISO 14001:1996, p. 2).*

Reis (1996) deixa claro que a existência de um sistema de gestão alinhado à ISO 14000 ou a BS 7750 promove a integração dos critérios ambientais aos critérios de desempenho da organização em todos os níveis, e coloca alguns princípios necessários para que isso aconteça:

- incluir o gerenciamento ambiental dentre as prioridades corporativas;

- estabelecer um permanente diálogo com as partes interessadas, internas e externas à empresa;

- identificar os dispositivos legais e outros requerimentos ambientais aplicáveis às atividades, produtos e serviços da empresa;

- desenvolver o gerenciamento e comprometer-se a empregar práticas de proteção ambiental, com clara definição de responsabilidades;

- estabelecer um processo adequado de aferição das metas de desempenho ambiental;

- oferecer, de forma contínua, os recursos financeiros e técnicas apropriados ao alcance das metas necessárias ao adequado gerenciamento ambiental e às melhorias dos níveis de desempenho;

- avaliar, rotineiramente, o desempenho ambiental da empresa em relação às leis, normas e regulamentos aplicáveis, objetivando o aperfeiçoamento contínuo;
- implementar programas permanentes de auditoria do SGA, de forma a identificar oportunidades de aperfeiçoamento do próprio SGA e dos níveis de desempenho;
- promover a harmonização do SGA com outros sistemas de gerenciamento da empresa, tais como: saúde, segurança, qualidade, finanças, planejamento, etc.

Este último princípio aborda a unificação das áreas de meio ambiente, saúde ocupacional e segurança, já que todas relacionam-se com a qualidade dos processos produtivos e suas relações externas, como ilustrado por Reis (1996) na Figura IX.

Segundo Daroit e Nascimento (2002, p. 3), as metas ambientais de uma empresa podem ser associadas às metas da qualidade pré-existentes, uma vez que a busca da qualidade ambiental envolve o aumento da eficiência do processo produtivo e a satisfação dos clientes, fornecendo-lhes produtos menos poluentes ou que resultem de processos menos agressivos ao ambiente em que está inserido.

Figura IX – Relacionamento entre as áreas dos sistemas de gestão

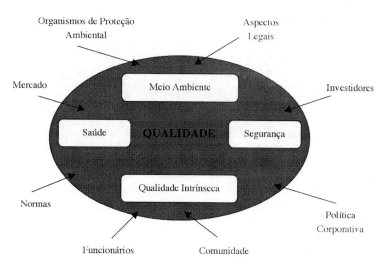

Fonte: Adaptado de Reis (1995, p. 12)

Para uma empresa que já possua uma política de Qualidade segundo os padrões ISO 9000 e que queira implementar um SGA segundo a ISO 14001, duas opções são viáveis: revisão da política de qualidade, incorporando os requisitos do SGA, ou; manter inalterada a política de qualidade e criar uma específica para a gestão ambiental.

Enquanto os sistemas de gestão da qualidade tratam das necessidades dos clientes, os sistemas de gestão ambiental atendem às necessidades de um vasto conjunto de partes interessadas e às crescentes necessidades da sociedade sobre proteção ambiental (NBR ISO 14001:1996, p. 3).

Para Alberton (2003), várias empresas e a ISO recomendam promover nas organizações a integração entre a ISO 14001 e a ISO 9001. Observadas as características peculiares de cada empresa, tal unificação poderá resultar numa significativa redução de custos e num melhor desempenho das equipes das áreas. O processo de integração é essencial para agilizar processos, incrementar ganhos, e obter uma vantagem frente aos mercados globais de hoje. Segundo Culley (1998) esta integração é o que geralmente, nos círculos de negócio, se conhece como 'padronização estratégica' e é ilustrada na Figura X.

Figura X – Gestão Ambiental e da Qualidade em um único Sistema de Gestão

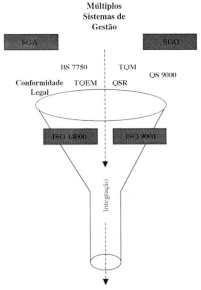

Sistema de Gestão Único   Fonte: Adaptado de Culley, 1998

CAPÍTULO 4 – SISTEMA DE GESTÃO AMBIENTAL | **203**

Para Culley (1998), ao passar pelo processo de integração entre os sistemas de qualidade e ambiental, sugere-se também a inclusão dos programas de segurança e saúde ocupacional, especialmente se os mesmos já fazem parte dos programas ambientais. Para o autor, dada a potencialidade da padronização internacional quanto a questões de segurança e saúde ocupacional (OHSAS 18000)[21] e responsabilidade social (SA 8000)[22] que se vislumbram para um futuro próximo, poderia tornar-se uma vantagem competitiva para aqueles que saírem na frente, cujos principais benefícios são: preparação para auditoria do SGA ISO 14001; a excelência nos negócios, e; incremento no comércio internacional.

Especificamente em relação a ISO 9001 e a ISO 14001 (já alicerçados no Brasil) há uma maior procura de sistemas integrados, já que a grande maioria das organizações que buscam a certificação ambiental já possuem a certificação da qualidade. Os benefícios podem ir desde a redução de custos de implantação, certificação e manutenção e a não duplicidade de estruturas até a melhoria e otimização dos processos. (Alberton,2003)

Na realidade, muitas avaliações de sistemas da qualidade estão sendo modificadas para incluir os aspectos ambiental, de segurança e saúde ocupacional. De acordo com Moreira (2001, p. 53) "Qualidade do produto ou serviço, controle ambiental e segurança no trabalho são três grandes focos de atenção de qualquer empresa que busque sua sobrevivência no longo prazo".

---

21 A *British Standards Institution* promoveu a elaboração e emitiu, em 1999, a OHSAS 18000, sobre gestão de saúde ocupacional e segurança no trabalho, em âmbito nacional e internacional. A OHSAS (*Occupational Health and Safety Assessment Series*) é uma norma internacional que estabelece os requisitos relativos a um sistema de gestão em saúde e segurança do trabalho, estruturada de forma a assegurar o planejamento, a realização, o monitoramento das atividades, assim como a prática de melhoria contínua. O documento foi originado por importantes empresas certificadoras de diversos países e seu principal objetivo é definir, implementar e assegurar o contínuo aprimoramento desse sistema. Além de orientar de forma estruturada e simples a implantação de um Sistema de Gestão em Saúde e Segurança, o faz totalmente alinhado com os Sistemas de Gestão Ambiental e de Qualidade das normas ISO 9000 e ISO 14000 (REVISTA MEIO AMBIENTE INDUSTRIAL, 2001, n. 33, p. 18).

22 A criação da primeira versão da SA 8000 de Responsabilidade Social pelo British Standards Institution foi em 1997 e revisada em 2001 e teve o intuito de regular as relações entre as empresas e o meio social em que está inserida. Já que o bem estar ecológico nada mais é do que o bem estar humano, o meio ambiente também pode ser encarado como um assunto de responsabilidade social. (REVISTA MEIO AMBIENTE INDUSTRIAL, 2002, n.38, p.116).

Existe uma tendência de crescimento de empresas detentoras de certificado ISO 9001 que obtiveram também o ISO 14001 e o OHSAS 18001. As certificações ISO 9001 são as mais presentes nas empresas, uma vez que foram disseminadas há mais tempo e têm seu impacto mais facilmente traduzido em lucros. Porém, com o aumento das exigências dos clientes, das agências de divulgação, dos órgãos públicos e das ONG's, surgiu a necessidade da elaboração e implementação dos Sistemas de Gestão Ambiental (ISO 14000) e de Segurança e Saúde Ocupacional (OHSAS 18000), e também da SA 8000.

Segundo Alberton (2003), diante da clara unidade de conceitos e objetivos que as diferentes normas carregam, não é inverossímil supor que, futuramente, as normas de Sistemas de Gestão, em especial a ISO 14001, a SA 8000 e a OHSAS 18000, possam ser unificadas em uma única e abrangente orientação normativa. Segundo Oliveira (2002, p. 117), ficam cada vez mais evidentes as inter-relações entre os *stakeholders* (clientes, fornecedores, funcionários, comunidades, organismos governamentais e não-governamentais) e a necessidade de uma abordagem sistêmica para o assunto e, os sistemas de gestão integrados, mostram-se cada vez mais presentes no cenário corporativo mundial.

Sendo assim, pode-se dizer que as principais vantagens da adoção de uma integração entre os sistemas são:

• otimização do uso de recursos

• valorização do sistema integrado pelo colaboradores, pois as principais fronteiras entre os diversos sistemas são transpostas; e

• a realização de auditorias externas integradas.

Mas não há só vantagens na adoção de uma integração entre os sistemas, algumas das principais desvantagens são:

• disputa de poder entre as áreas;

• falta de compatibilidade entre algumas das normas adotadas;

• complexidade e tamanho do sistema integrado.

4.3.1 - A Relação entre a ISO 14001 e a ISO 9001

Sendo clara a integração necessária entre os conceitos de Qualidade e Meio Ambiente, o ISO/TC 207 inter-relacionou-se com o ISO/TC 176, comitê responsável pela elaboração das normas ISO 9000 de Gestão da Qualidade (MOREIRA, 2001, p. 39).

Com o objetivo de maior adequação à ISO 9001:2000 e esclarecimento do texto normativo, a ISO 14001:1996 passou por uma recente revisão no ano de 2004.

No que se refere à normatização dos Sistemas de Gestão Ambiental e de Qualidade, Alberton (2003) faz faz um paralelo entre as duas normas, através do Quadro VI:

Quadro IV – Paralelo entre a ISO 9001 e a ISO 14001

Sistema de Gestão da Qualidade – SGQ ISO 9001	Sistema de Gestão Ambiental – SGA ISO 14001
A norma está amadurecida e praticamente não existem dúvidas ou questionamentos entre consultores e auditores.	A norma é relativamente recente (1996). A interpretação e níveis de exigência são ainda motivo de dúvidas e discussões.
O objetivo do SGQ são os processos da empresa, ou seja, o universo conhecido daqueles que conduzem as tarefas.	O objeto da ISO 14001 é a interface entre as atividades da empresa e o meio ambiente, um universo geralmente ignorado. Além disso, os conceitos de aspectos e impactos ambientais são de difícil assimilação.
Pode-se começar a implantação por um processo ou escolher apenas um setor e expandir, depois, o certificado para o restante da empresa.	A implantação deve abranger toda a empresa. Além do processo, as instalações em que a empresa realiza suas atividades também é importante.

206 | Fundamentos da Gestão Ambiental

Quadro IV – Paralelo entre a ISO 9001 e a ISO 14001 (cont.)

Sistema de Gestão da Qualidade – SGQ ISO 9001	Sistema de Gestão Ambiental – SGA ISO 14001
É necessário estabelecer mecanismos para identificar as necessidades do cliente.	É necessário desenvolver uma metodologia de identificação de aspectos e avaliação de impactos ambientais. Abrange não somente as operações produtivas, mas também as atividades periféricas de apoio, inclusive as contratadas. A identificação dos aspectos deve ser o mais abrangente possível e a aplicação da metodologia de avaliação é que vai determinar aquilo que é ou não significativo.
O SGQ implica forte mudança cultural e comportamental, em virtude da disciplina necessária de um controle mais formal e rígido. Todo o foco é a qualidade do processo e/ou produto, visando satisfazer ao cliente.	O SGA implica mudança ainda mais forte do que o SGQ. O foco vai além da atividade e direcionado exter-namente, muitas vezes intangível para a percepção do empregado, que pode ter a sensação de que não vale a pena investir tanto esforço e recursos na questão ambiental. É voltado para as necessidades de um vasto conjunto de partes interessadas e as crescentes necessidades da sociedade.
O SGQ lida com um universo mais objetivo, que envolve uma dose maior de dados numéricos, algoritmos e resultados esperados. Até mesmo as incertezas podem ser calculadas.	O SGA lida com maior dose de subjetividade e heurística: muitas variáveis, critérios pouco exatos, sujeitos ao nível de conhecimento das pessoas envolvidas na aplicação da metodologia. Alta dose de incerteza.
As atividades que têm impacto sobre a qualidade do produto / serviço devem ser descritas e realizadas de forma padronizada, o que não implica, necessariamente, em alterações na maneira de realizar a tarefa.	É necessário identificar impactos ambientais reais e potenciais das atividades. Deve-se incluir nos proce-dimentos as práticas ambientais adequadas, ações preventivas e mitigadoras de possíveis impactos ambientais. Implica, em geral, na alteração da maneira de realizar as tarefas. É necessário avaliar os riscos de acidentes ambientais e estabelecer um Plano de Emergências, treinamento e simulados.

Quadro IV – Paralelo entre a ISO 9001 e a ISO 14001 (cont.)

Sistema de Gestão da Qualidade – SGQ ISO 9001	Sistema de Gestão Ambiental – SGA ISO 14001
Praticamente todo o conhecimento necessário à implantação do SGQ é de domínio da empresa.	O SGA requer conhecimentos que fogem ao domínio da maioria das empresas: direito ambiental, normas técnicas sobre meio ambiente, avaliação de impactos ambientais, tecnologia ambiental, análise de riscos ambientais e ações mitigadoras para acidentes.
A importância do SGQ é fundamentada nas exigências explícitas do mercado, facilmente assimiladas dentro da organização.	A importância do SGA é geralmente mais fundamentada em prevenção de riscos de acidentes e penalidades legais, nem sempre percebidos como ameaças. A visão dos benefícios e oportunidades é ainda mais difícil de ser assimilada.
As interfaces do SGQ se referem, basicamente, aos clientes, fornecedores e acionistas.	Além dos clientes, fornecedores e acionistas, qualquer indivíduo ou grupo afetado pelo desempenho ambiental da empresa, como vizinhança, comunidade, empregados, órgãos públicos, etc., é interface a ser considerada.
Os fornecedores críticos para a qualidade do produto ou serviços da empresa devem ser submetidos a rigorosas exigências de qualidade.	Qualquer serviço antes contratado sem maiores preocupações, passa a ser objeto de exigências contratuais rígidas, inclusive fiscalização, quanto ao cumprimento dos requisitos da legislação ambiental. Os fornecedores devem ser influenciados para que também cumpram os requisitos legais e atuem na prevenção à poluição.
É exigido o treinamento de terceiros, desde que sua atuação esteja diretamente relacionada com os processos críticos de qualidade.	É necessário treinar qualquer contratado que execute tarefas nas instalações da empresa e cujas atividades sejam potencialmente impactantes ao meio ambiente.

Quadro IV – Paralelo entre a ISO 9001 e a ISO 14001 (cont.)

Sistema de Gestão da Qualidade – SGQ ISO 9001	Sistema de Gestão Ambiental – SGA ISO 14001
Para implantar um SGQ, o investimento é relativamente baixo.	Implantar um SGA, dependendo da defasagem entre o desempenho ambiental da unidade e os requisitos legais, pode representar investimentos de maior porte.

Fonte: **Alberton (2003).**

No que se refere à normatização dos Sistemas de Gestão Ambiental e de Qualidade, o Quadro IV faz um paralelo entre as duas normas.

4.4 - O Processo de Certificação Ambiental

Alberton (2003) coloca que a decisão de adotar e certificar-se segundo a ISO 14001 normalmente não é motivada unicamente por exigências contratuais estritas ou por uma busca imediata de melhoria de competitividade internacional. Tal certificação relaciona-se, para muitas empresas, a um investimento estratégico de antecipação às pressões econômicas associadas à legislação ambiental, às políticas governamentais, à imagem perante a opinião pública e à evolução do mercado.

A adoção dos modelos de gestão como a busca por uma certificação é opcional, podendo ser concedida à organização ou parte dela, desde que em conformidade com os requisitos da norma adotada.

De acordo com muitos autores (entre eles: Clark (1999), Ribeiro e Martins (1998), Florida (1996 e 2001), Lye (2000), Ba e Sousa (2002) e Bansal e Bogner (2002)) a preocupação com a sustentabilidade e com a certificação tende a ter um efeito em cascata, das empresas maiores para as menores, do cliente ao fabricante. O cliente exige do fabricante o certificado e, à medida que as empresas assumem uma posição responsável social e ambientalmente, elas exigirão que os fornecedores também façam o mesmo, que por sua vez, exigirão dos seus fornecedores a mesma postura. É o que se chama efeito em cadeia, que poderá levar anos, talvez décadas, mas será com certeza inevitável e a um ritmo cada dia mais veloz.

A adoção e implementação, de forma sistemática, de um conjunto de técnicas de gestão ambiental, podem contribuir para a obtenção de bons resultados para todas as partes interessadas. Contudo, segundo a própria ISO 14001, a adoção desta Norma não garantirá, por si só, resultados ambientais ótimos. Para atingir os objetivos ambientais, convém que o sistema de gestão ambiental estimule as organizações a considerarem a implantação da melhor tecnologia disponível, quando apropriado e economicamente exeqüível. Além disso, é recomendado que a relação custo/benefício de tal tecnologia seja integralmente levada em consideração (NBR ISO 14001:1996, p. 2).

Como a norma tem por base a melhoria contínua, é esperado que a própria organização aprofunde seus padrões ambientais à medida que implemente o sistema, durante as auditorias e após a certificação para a manutenção e aprimoramento do SGA.

4.4.1 – COMO OCORRE A CERTIFICAÇÃO PELA ISO 14001

A implantação do SGA é o primeiro passo para uma empresa conquistar a certificação ambiental. A norma ISO 14001 se aplica a qualquer organização que deseja:

(a) implementar, manter e aprimorar um sistema de gestão ambiental;

(b) assegurar-se de sua conformidade com sua política ambiental definida;

(c) demonstrar tal conformidade a terceiros;

(d) buscar certificação/registro do seu sistema de gestão ambiental por uma organização externa; e

(e) realizar uma auto-avaliação e emitir auto-declaração de conformidade com esta norma". (NBR ISO 14004:1996, p. 3)

O processo de Certificação obedece ao fluxograma da Figura 11.

Um elemento fundamental no entendimento da difusão da ISO 14001 como um padrão global, segundo Corbett e Kirsch (1999, p. 21), é que a própria ISO tem um papel mínimo na implementação atual. Os Comitês Técnicos dentro da ISO trabalham o texto dos padrões (TC 207 no caso de ISO 14000) e os atualizam quando necessário, mas a ISO não se envolve em nenhum aspecto no processo de certificação.

Assim, no processo de certificação estão envolvidas as seguintes entidades: um organismo normalizador, um organismo credenciador e um organismo certificador (OCC).

O organismo normalizador é a entidade autorizada a emitir normas técnicas, que, no caso do Brasil, é a ABNT. A mesma atua como representante de outras entidades de normalização internacional: a ISO - *International Standardization Organization* e a IEC - *International Electrotechnical Commission*. As Normas ISO, por serem internacionais, ao serem emitidas no Brasil recebem a sigla NBR ISO, representando, assim, a equivalente brasileira da ISO.

Figura XI – O processo de certificação

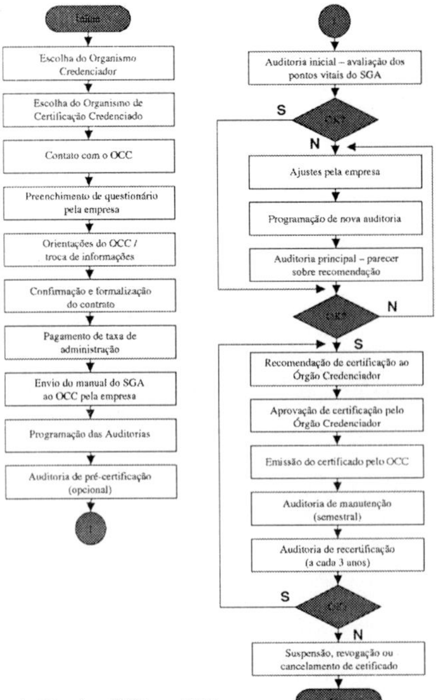

Fonte: Adaptado de Moreira (2001, p. 267)

O organismo credenciador é aquele que, em âmbito federal, estabelece diretrizes e critérios para credenciar as entidades certificadoras (OCC's) que realizarão auditorias nas empresas candidatas à certificação, sendo, portanto, aquele que controla os certificados emitidos. Além de ser responsável por fiscalizar as empresas certificadoras, também realiza auditorias por área de competência, para verificar se não há divergência entre método e resultado, como se fosse um controle de qualidade do setor. Cada organismo credenciador pode estabelecer critérios específicos para certificação.[23] No Brasil o organismo credenciador é o INMETRO - Instituto Nacional de Metrologia, Normalização e Qualidade Industrial; no Reino Unido o NACCB - *National Accreditation Council for Certification Bodies* e UKAS – *United Kingdom Accreditation Service*; na Holanda o RvA - *Raad voor Accreditatie*; nos Estados Unidos o ANSI/RAB – *American National Standards Institute/Register Accreditation Board*; no Japão o JAP – *Japan Accreditation Board*; na China o CNAB – *Chinese National Accreditation Board*.[24] A empresa tem a liberdade de escolher o organismo credenciador que avalizará o certificado, desta forma, não necessariamente precisa adotar o de seu país. O que direciona a escolha é o impacto que determinada chancela pode ter sobre seu mercado alvo. Assim, caso uma empresa no Brasil tenha negociações intensas com a Europa ou EUA, poderia ser mais vantajoso optar pelo NACCB ou o RAB, ao invés do INMETRO, ou por mais de um deles, desde que o OCC seja credenciado por mais de um organismo credenciador.

No caso do Brasil, existem empresas que optam por contratar certificadoras acreditadas em outros países, deixando de reportar-se ao INMETRO. A primeira conseqüência disto é a impossibilidade de montar um cadastro centralizado de todas as detentoras de certificados ISO 14001 no Brasil. Porém, a acreditação fora do sistema brasileiro já foi mais popular e, atualmente, o INMETRO já é reconhecido como competente no exterior. Além disso, existem programas de incentivos oficiais no Brasil que exigem certificação da qualidade e gestão ambiental chancelada pelo instituto, como é o caso da Zona Franca de Manaus/AM.

---

23 Para a ISO 14000, as exigências de credenciamento são altamente semelhantes entre os organismos de credenciamento e são crescentemente unificados devido aos esforços do International Accreditation Fórum (IAF), cuja convergência deve-se, em parte, às diferenças percebidas em exigências de credenciamento para ISO 9000 (CORBETT e KIRSCH, 1999, p. 22)

24 Corbett e Kirsch (1999, p. 21-22), Revista Meio Ambiente Industrial (n.32, p. 68, 2001).

O organismo de certificação credenciado – OCC é aquele com autonomia para auditar a empresa e dar o parecer sobre a recomendação ou não do certificado.[25] No Brasil os OCC's que estão atuando atualmente são: o BVQI do Brasil (*Bureau Veritas Quality International*), o ABS Quality Evaluations Inc. (ABSQUE - *American Bureau of Shipping Quality Evaluations* - EUA), o DNV Ltda. (*Det Norske Veritas* - Holanda), a ABNT (Associação Brasileira de Normas Técnicas), a Fundação Vanzolini (Fundação Carlos Alberto Vanzolini), DQS do Brasil S/C Ltda. (*Deutsche Gesellschaft zur Zertifizierung vom Managementsystemen* - Alemanha), GLC South America (*Germanischer Lloyd Certification* - Alemanha), SGS ICS Certificadora Ltda (*Société Générale de Surveillance* – Suíça), TECPAR-CERTI (Instituto de Tecnologia do Paraná), ABNT (Associação Brasileira de Normas Técnicas), LRQA (*Lloyd's Register Quality Assurance*), BRTUV – Avaliações de Qualidade, UL do Brasil Ltda. (*Underwriters Laboratories*), e IRAM (*Instituto Argentino de Normalización*).[27] Cabe lembrar que vários destes organismos de certificação já operam no Brasil há vários anos, com a certificação de Sistemas de Gestão da Qualidade.

No caso da empresa implantar um sistema de gestão integrado (ISO 9000, ISO 14000 e/ou OHSAS 18000) é interessante que a empresa escolha um OCC que seja credenciado para auditar a todos. Na verdade, nenhum certificado têm acreditação mundial, porém o que ocorre é que várias certificadoras atuam em diferentes países, concedendo esta característica ao certificado (Alberton,2003).

Quanto às auditorias, conforme Cremonesi (2000, p.19) e Moreira (2001, p. 266), a auditoria inicial pode preceder até 90 (noventa) dias da principal, mas pode ser realizada concomitantemente, depende do risco a ser assumido quanto a possibilidade de se encontrar não-conformidades que devam ser solucionadas. Este prazo máximo de três meses estabelecido pelo órgão de certificação serve para que as ações corretivas identificadas como necessárias sejam implantadas e nova auditoria, a principal, seja realizada.

---

25 Os organismos de certificação devem informar aos organismos de credenciamento cada certificação efetivada. Isto significa que o organismo credenciador (por exemplo o INMETRO) pode ter informação sobre todas as certificações acreditadas por ele, mas esta informação não diz nada sobre o número de certificações do país, em particular, pois muitas certificações podem ter sido concedidas sob outro organismo de acreditação. Porém, segundo Corbett e Kirsch (1999, p. 22-23), geralmente, a maioria dos países tem uma organização nacional que mantém o cadastro de todas as certificações, esta entidade pode ser o organismo de credenciamento nacional, um organismo nacional membro da ISO, uma agência governamental, uma organização que combina vários destes papéis, ou algum outro.

26 Corbett e Kirsch (1999, p. 21), Revista Meio Ambiente Industrial (n. 32, p. 68, 2001).

Na auditoria principal, é emitido o parecer final do OCC quanto a recomendação ou não do certificado ao organismo credenciador, que, então, emitirá a aprovação. Feita a auditoria principal, os critérios formais do OCC para recomendação à certificação são: 1°. Não havendo não-conformidades, o auditor pode anunciar a recomendação na reunião de encerramento; 2°. Se verificada e redigida alguma não-conformidade durante a auditoria, a organização terá até 90 (noventa) dias para propor a solução. Até o final deste prazo o auditor voltará para verificar a solução proposta e, se aceita, recomendar a certificação.

A empresa não pode divulgar a obtenção do certificado até o pronunciamento do órgão credenciador. Antes disso a empresa só pode veicular a notícia de que foi recomendada para a certificação. A partir da obtenção do certificado a empresa passa a ter auditorias semestrais de manutenção e, a cada três anos, auditoria de recertificação, quando o OCC pode ratificar, suspender, cancelar ou revogar o certificado anteriormente concedido.

Segundo Ba e Sousa (2002, p. 3), o processo de implementação da norma até a certificação leva freqüentemente de dois a três anos.

4.4.2 Certificação Ambiental: O que Ela É e o que Não É

Segundo Alberton (2003), embora os lucros continuem tendo um grande peso nas tomadas de decisão empresariais, é possível notar a mudança do rumo que as organizações têm tomado, o que pode ser evidenciado pelo crescente número de organizações na busca e obtenção das certificações de sistemas de gestão.

Mesmo que a certificação ISO 14001 não seja um imperativo para melhores vendas, maior retorno, maior comprometimento com a responsabilidade social e ambiental, ela tem progressivamente se tornado um diferencial para a colocação dos produtos no mercado exterior, principalmente o europeu.

É importante que as empresas, ao se prepararem para a obtenção do certificado, sejam autocríticas em relação ao seu desempenho ambiental, pois o mais importante não é corrigir os impactos gerados e sim preveni-los.

214 | Fundamentos da Gestão Ambiental

O Quadro V, transcrito de Cremonesi (2000, p.12-13), sintetiza 'o que é' e 'o que não é' a certificação ambiental.

Quadro V — Certificação Ambiental

O QUE ELA NÃO É	O QUE ELA É
A certificação ambiental **não é** a garantia de que a organização esteja isenta de causar acidentes ambientais.	A certificação ambiental **é** a garantia de que a organização possui procedimentos e planos de atendimento a emergências ambientais.
A certificação ambiental **não é** um atestado de que a organização não possua passivo ambiental.	A certificação ambiental **é** o atestado de que a organização tem uma sistemática estruturada para gerenciar seu passivo ambiental.
A certificação ambiental **não é** a garantia de que a empresa esteja, num determinado momento, cumprindo com todos os requisitos da legislação ambiental.	A certificação ambiental **é** a garantia de que a organização, quando não atendendo a algum requisito da legislação, possui objetivos, metas e programas avaliados e aprovados pelo órgão ambiental competente, para alcançar esse objetivo.
A certificação ambiental **não é** o atestado de que a organização esteja isenta de riscos ambientais potenciais.	A certificação ambiental **é** o atestado de que a organização possui um gerenciamento preventivo das situações de risco potencial.
A certificação ambiental **não é** a garantia de que a organização apresente uma aparência (*housekeeping*) agradável nas suas instalações físicas.	A certificação ambiental **é** simplesmente a garantia de que a organização atende a todos os requisitos de uma norma internacional que ela resolveu adotar para as suas atividades, produtos ou serviços.

Fonte: Cremonesi (2000, p. 12-13)

Mais do que a certificação do sistema, as empresas precisam ter consciência da prevenção e redução da poluição como compatíveis e necessárias ao bom desempenho econômico. O SGA não é apenas um elemento que gera custos, mas, antes de tudo, é estrategicamente importante para assegurar a sobrevivência da organização a médio e longo prazos, quer no uso racional de recursos naturais, no cumprimento da legislação, no descarte controlado de resíduos sólidos, efluentes líquidos e emissões atmosféricas (Alberton,2003).

4.4.3 - CERTIFICAR OU NÃO? QUAIS OS BENEFÍCIOS?

As empresas podem implantar um sistema de gestão ambiental, segundo os requisitos normativos, e não requerer a certificação. Assim, a questão é: Para que, ou quais seriam os benefícios, para a organização, do certificado?

Segundo Ribeiro e Martins (1998), as empresas estão envolvidas, espontânea ou compulsoriamente, com a questão ambiental. Em uma época em que se discute o Balanço Social como reflexo de responsabilidade social das empresas; em que, diante da realidade, as empresas estão tomando medidas preventivas de proteção ambiental, seja de forma espontânea ou por exigência do governo, mercado ou clientes; e, ainda, em que atitudes benéficas ao meio ambiente têm peso significativo no marketing da empresa e de seus produtos, porque não evidenciar as ações da empresa em relação ao meio ambiente? (p. 4)

Já para Moreira (2001, p. 54-55) motivos que poderiam ser citados para a busca do certificado poderiam ser: mudança de paradigma, comprometimento, motivação, autenticidade e manutenção. O meio ambiente, com raras exceções, nunca foi prioridade para as empresas, este paradigma necessita ser mudado e a certificação satisfaz a necessidade geral de algo concreto a alcançar. O comprometimento é necessário na implantação de qualquer sistema de gestão, desde a alta administração até a parte operacional, a meta da certificação é uma forma de garantir que a implantação do sistema não será sistematicamente adiada e esquecida. A perspectiva do certificado fornece motivação permanente para toda a empresa e trata-se do reconhecimento interno e externo.

Se a obtenção do certificado é o reflexo da filosofia e comportamento da organização, pode ser um ganho adicional, pois a imagem institucional é fator de grande importância no mundo dos negócios e fator de competitividade nacional e internacional; se a empresa realmente assumiu uma postura correta frente às questões ambientais e está investindo recursos humanos e financeiros para obter uma gestão ambiental eficaz, poderá capitalizar os ganhos de imagem explorando o ecomarketing, cujo certificado lhe faz jus. A cobrança de um organismo certificador, mediante as auditorias periódicas de manutenção, é um meio eficiente para manter o sistema em funcionamento, preservar a motivação e garantir a eficácia, seriedade e melhoria contínua do sistema ao longo do tempo (Moreira,2001).

Segundo Alberton (2003), talvez uma das maiores vantagens da adoção dos modelos de gestão ambiental e da certificação seja a demonstração pública da conformidade a padrões reconhecidos nacional e internacionalmente. Estrategicamente, o desafio da manutenção da competitividade das organizações em mercados cada vez mais disputados tem sido um dos grandes motivos para adoção, pelas empresas, de sistemas de gestão normalizados. A maior confiabilidade no desempenho ambiental e o estabelecimento de parcerias com as entidades locais para a preservação ambiental; a possibilidade de aumento do mercado externo (mercosul e globalização mundial do mercado); a diminuição de desperdícios com o uso de reciclagem e reaproveitamento; a melhoria e fortalecimento da imagem da empresa em relação ao meio ambiente perante a sociedade; o atendimento à legislação vigente; a preservação institucional face à redução de riscos de multas e penalidades, inclusive criminais e, conseqüentemente, a maior competitividade têm sido impulsionadores da busca pela certificação.

A obtenção da certificação pode proporcionar um diferencial e vantagem competitiva para as empresas, principalmente para aquelas que exportam para o mercado europeu. A abertura das fronteiras, que aumenta as oportunidades comerciais, traduz-se igualmente por um acirramento da concorrência entre empresas em nível nacional e internacional. Atualmente, algumas das exportações realizadas pelos segmentos considerados potencialmente poluentes, para os países onde há uma maior preocupação ecológica, estão condicionadas aos certificados de qualidade ambiental. Para Ba e Sousa (2002, p. 4) o certificado funciona como um *laisser-passer*, um passe livre para ter acesso a alguns mercados, principalmente o europeu e o americano.

Obter a certificação, segundo Ba e Sousa (2002) e Melnik, Sroufe e Montalbon (2001) exige investimentos em equipamentos e tecnologias antipoluentes, assim como a utilização de matérias primas e insumos, em geral, com qualidade ambiental satisfatórios. Devido aos altos investimentos necessários para a documentação, o treinamento de pessoal e auditorias, além do tempo e outros recursos ao longo do processo, a certificação deve ser objeto de um planejamento financeiro minucioso por parte da empresa.

Segundo Alberton (2003), em países subdesenvolvidos ou em desenvolvimento, como no Brasil, parece que ainda é cedo para observar fortes pressões do mercado (interno) para a adoção da ISO 14001. Isto pode ser explicado por serem países que ainda estão por resolver problemas de necessidades básicas, como, por exemplo, a segurança alimentar, a saúde e a educação ao alcance de todos, o desemprego e a segurança pública.

Após apresentarmos nossa visão a respeito da Gestão Ambiental e de seus fundamentos, através da discussão de questões conceituais, do processo de transformação da gestão ambiental no âmbito da administração, e de aspectos relacionados à legislação ambiental e aos sistemas de gesta ambiental, podemos perceber que a gestão ambiental trata-se de um campo vasto, cheio de perspectivas futuras e que terá um papel fundamental na gestão das organizações e da sociedade. Através dela poderemos realizar mudanças significativas no ambiente que vivemos, para melhor ou para pior. Cabe a cada um de nós fazer sua parte.

BIBLIOGRAFIA

ABREU Mônica Cavalcanti Sá de; FIGUEIREDO JR., Hugo Santana; e VARVAKIS, Gregório **Modelo de avaliação da estratégia ambiental: os perfis de conduta estratégica**. REAd – Revista Eletrônica de Administração, Edição Especial 30, v.8, n.6, Dezembro de 2002.

ALBERTON, Anete **Meio ambiente e desempenho econômico-financeiro: o impacto da ISO 14001 nas empresas brasileiras.** 2003. Tese (Doutorado em Engenharia de Produção) – Programa de Pós-Graduação em Engenharia de Produção (PPGEP), Universidade Federal de Santa Catarina (UFSC), Florianópolis.

ALBERTON, Anete e COSTA Jr., Newton. C. A. da **Meio Ambiente e Desempenho Econômico-Financeiro: Benefícios dos Sistemas de Gestão Ambiental (SGAs) e o Impacto da ISO 14001 nas Empresas Brasileiras.** RAC Eletrônica, vol. 1, n. 2, 2007.

ANDRADE, Rui Otávio Bernardes de; TACHIZAWA, Takechy e CARVALHO, Ana Barreiros de. **Gestão ambiental: enfoque estratégico aplicado ao desenvolvimento sustentável.** 2.ed. São Paulo, Markon Books, 2002.

ANTUNES, Paulo de Bessa. **Dano ambiental: uma abordagem conceitual.** Rio de Janeiro, Lumen Juris, 2002.

ANTUNES, Paulo de Bessa. **Jurisprudência ambiental brasileira.** Rio de Janeiro, Lumen Juris, 1995.

ASSOCIAÇÃO BRASILEIRA DE NORMAS TÉCNICAS. **NBR ISO 14001: Sistemas de Gestão Ambiental – Especificação e diretrizes para uso.** Rio de Janeiro: ABNT, 1996.

ASSOCIAÇÃO BRASILEIRA DE NORMAS TÉCNICAS. **NBR ISO 14001: Sistemas de Gestão Ambiental – Especificação e diretrizes para uso.** Rio de Janeiro: ABNT, 2004.

ASSOCIAÇÃO BRASILEIRA DE NORMAS TÉCNICAS. **NBR ISO 14004: Sistemas de Gestão Ambiental – Diretrizes gerais sobre princípios, sistemas e técnicas de apoio.** Rio de Janeiro: ABNT, 1996.

BA, Serigne Ababacar Cisse; SOUSA, Carla Regina de. **ISO 14000: desafios comerciais e paradoxos da integração**. In: ASSEMBLÉIA DO CONSELHO LATINO-AMERICANO DE ESCOLAS DE ADMINISTRAÇÃO (CLADEA), 37., 2002, Porto Alegre. Anais... Porto Alegre: EA – Escola de Administração/ UFRGS, 2002. 9 p. 1 CD-ROM.

BACKER, Paul de. **Gestão ambiental: a administração verde**. Rio de Janeiro, Quaitymark, 2002.

BADUE, Ana (Coord.) **Gestão Ambiental - Compromisso da empresa**. SEBRAE, IBAMA e Instituto Herbert Levy, São Paulo, n.1-8, mar/mai, 1996. (Publicação encartada nas edições de quarta feira do Jornal Gazeta Mercantil).

BALEEIRO, Aliomar & SOBRINHO, Barbosa Lima (Orgs.) **Constituições Brasileiras: 1946**. Brasília: Senado Federal/MCT, 1999.

BALEEIRO, Aliomar (Org.) **Constituições Brasileiras: 1891**. Brasília: Senado Federal/MCT, 1999.

BANSAL, Pratima; BOGNER, William. **Deciding on ISO 14001: economics, institucions, and context**. Long Range Planning, v. 35, p. 269-290, 2002.

BARBIERI, José Carlos. **Gestão ambiental empresarial: conceitos, modelos e instrumentos**. São Paulo, Saraiva, 2004.

BARBIERI, José Carlos. **Políticas públicas indutoras de inovações tecnológicas ambientalmente saudáveis nas empresas**. Revista de Administração Pública, Rio de Janeiro, v. 31, n. 2, p. 135-152, mar./abr. 1997.

BEAUD, Michel. **História do capitalismo: de 1500 até nossos dias**. São Paulo, Brasiliense, 1999.

BENNETT, Steven J. **Eco-empreendedor: oportunidade de negócios decorrentes da revolução ambiental**. São Paulo, Makron Books, 1992.

222 | Fundamentos da Gestão Ambiental

BITTENCOURT, Cezar Roberto. **Manual de Direito Penal – parte geral.** Vol. 1. 6.ed. São Paulo, Saraiva, 2000.

BRASIL. **Constituições do Brasil: de 1824, 1891, 1934, 1937, 1946 e 1967 e suas alterações.** Brasília: Senado Federal, Subsecretaria de Edições Técnicas, 1986.

BRAVERMAN, H. **Trabalho e capital monopolista: a degradação do trabalho no século XX.** Rio de Janeiro: Zahar, 1977.

BURNS, Edward M. **História da civilização ocidental: do homem das cavernas até a bomba atômica.** 2.ed. Porto Alegre, Globo, 1971.

CAMPOS, Vicente Falconi. **TQC: Controle de Qualidade Total.** Rio de Janeiro, Bloch Editora, 1992.

CAMPOS, Lucila Maria de Souza. **SGADA – Sistema de Gestão e Avaliação de Desempenho Ambiental: uma proposta de implementação.** 2001. 183 p. Tese (Doutorado em Engenharia de Produção) – Programa de Pós-Graduação em Engenharia de Produção (PPGEP), Universidade Federal de Santa Catarina (UFSC), Florianópolis.

CAMPOS, Lucila Maria de Souza; SELIG, Paulo Mauricio. **SGADA – Sistema de Gestão e Avaliação do Desempenho Ambiental: A aplicação de um modelo de SGA que utiliza o Balanced Scorecard (BSC).** REAd – Revista Eletrônica da Administração. Edição Especial 30, v. 8, n.6, p.113-138, dezembro, 2002.

CAMPOS, Lucila Maria de Souza; ALBERTON, Anete. **Environmental management systems (SEM) in the context of small businesses: a study conducted in the south of Brazil.** REAd – Revista Eletrônica da Administração. Edição Especial 42, v. 10, n.6, p.191-228, december, 2004.

CARAVANTES, Geraldo R.; CARAVANTES, Cláudia B. & BJUR, Wesley E. **Administração e qualidade: a superação dos desafios.** São Paulo: Makron Books, 1997.

CARVALHO, Carlos Gomes. **Introdução ao direito ambiental**. 3.ed. São Paulo, Letras e Letras, 2001.

CAVALCANTI, Themístocles Brandão (Org.) **Constituições Brasileiras: 1967**. Brasília: Senado Federal/MCT, 1999.

CHACON, Suely Salgueiro. **Gestão ambiental no Ceará: análise do sistema integrado de gestão dos recursos hídricos**. In: ASSEMBLÉIA DO CONSELHO LATINO-AMERICANO DE ESCOLAS DE ADMINISTRAÇÃO (CLADEA), 37., 2002, Porto Alegre. Anais... Porto Alegre: EA – Escola de Administração/ UFRGS, 2002. 10 p. 1 CD-ROM.

CHIAVENATO, Idalberto. **Introdução à Teoria Geral da Administração**. 7.ed. Rio de Janeiro, Campus, 2004.

CLARK, David. **What drives companies to seek ISO 14000 certification?**. Pollution Engineering International, p. 14-15, Summer 1999.

CMMAD. **Nosso Futuro Comum**. Rio de Janeiro: FGV, 1988.

CORBETT, Charles J.; KIRSCH, David A. **The linkage between ISO 9000 and ISO 14000 standards: an international study**. The Anderson School at UCLA, n. 99-1, 5. Jan. 1999. 29 p. Working paper.

COSTA PORTO, Walter (Org.) **Constituições Brasileiras: 1937**. Brasília: Senado Federal/MCT, 1999.

CREMONESI, Valter. **ISO 14001: guia prático de certificação e manutenção ambiental**. São Paulo, Tocalino, 2000.

CROSBY, Philip B. **Qualidade é investimento**. Rio de Janeiro, José Olympio, 1988.

CULLEY, William C. **Environmental and Quality Systems Integration**. Boston: Lewis Publishers, 1998.

DAROIT, Doriana; NASCIMENTO, Luis Felipe. **A busca da qualidade ambiental como incentivo à produção de inovações**. In: ENCONTRO NACIONAL DA ASSOCIAÇÃO NACIONAL DOS PROGRAMAS DE PÓS-GRADUAÇÃO EM ADMINISTRAÇÃO (ENANPAD), 26., 2002, Salvador. Anais... Salvador: ANPAD, 2002. 10 p. 1 CD-ROM.

DEMING, W. Edwards. **Qualidade: a revolução da Administração**. Rio de Janeiro, Marques Saraiva, 1990.

DERANI, Cristiane. **Direito ambiental econômico**. São Paulo: Max Limonad, 1997.

DOBB, Maurice. **A evolução do capitalismo**. 2.ed. Rio de Janeiro: Zahar Editores, 1971.

DONAIRE, Denis. **Gestão ambiental na empresa**. 2.ed. São Paulo, Atlas, 1999.

ELKINGTON J. e BURKE, T. **The green capitalists**. Londres: Gallancz, 1989.

ENGUITA, Mariano Fernández. **A face oculta da escola: educação e trabalho no capitalismo**. Porto Alegre: Artes Médicas, 1989.

FEIGENBAUN, Armand V. **Controle da qualidade total**. São Paulo, Makron Books, 1983.

FIORILLO, Celso Antonio Pacheco. **Curso de direito ambiental brasileiro**. 5.ed. São Paulo, Saraiva, 2004.

FIORILLO, Celso Antonio Pacheco e RODRIGUES, Marcelo Abelha. **Manual de direito ambiental e legislação aplicável**. São Paulo, Max LImonad, 1997.

FLORIDA, Richard. Lean and Green: the move to environmental conscious manufacturing. **California Management Review**, v. 39, n. 1, p. 80-105, Fall 1996.

FLORIDA, Richard; DAVISON, Derek. Gaining from green management: environmental management systems inside and outside the factory. **California Management Review**, v. 43, n. 3, p. 64-84, Spring 2001.

FREITAS, Vladimir Passos de e FREITAS, Gilberto Passos de. **Crimes contra a natureza: (de acordo com a lei 9.605/98).** 7.ed. São Paulo, Revista dos Tribunais, 2001.

GARVIN, D. A. **Gerenciando a qualidade: a visão estratégica e competitiva.** Rio de Janeiro, Qualitymark, 1992.

GILBERT, Michael J. **ISO 14001 / DS 7750: Sistema de Gerenciamento Ambiental.** São Paulo: IMAM, 1995.

GORZ, André (org.). **Crítica da divisão do trabalho.** São Paulo: Martins Fontes, 1980.

HOBSBAWM, Eric J. **A era das revoluções: Europa 1789-1848.** 11.ed. Rio de Janeiro, Paz e Terra, 1998.

HOBSBAWM, Eric J. **Da Revolução Industrial Inglesa ao Imperialismo.** 2.ed. Rio de Janeiro: Forense, 1979.

HUBERMAN, Leo. **História da riqueza do homem.** 12.ed. Rio de Janeiro, Zahar Editores, 1976.

HUNT, E. K. **História do Pensamento Econômico – uma perspectiva crítica.** Rio de Janeiro, Campus, 1981.

INTERNATIONAL ORGANIZATION FOR STANDARDIZATION. The **ISO survey of ISO 9000 and ISO 14000 certificates: ISO tenth cycle (2000).** Disponível em: <www.iso.ch/iso/en/prods-services/otherpubs/pdf/survey10thcycle.pdf>. Acesso em: 20 maio 2003.

ISHIKAWA, Kaoru. **Controle de qualidade total à maneira japonesa.** Rio de Janeiro, Campus, 1993.

JURAN, Joseph M. **Juran planejando para a qualidade.** São Paulo, Pioneira, 1990.

KWASNICKA, Eunice Laçava. **Introdução à Administração**. 3.ed. São Paulo, Atlas, 1987.

LAMPRECHT, James L. **ISO 14000: issues & implementation guidelines for responsible environmental management**. New York: AMACON-American Management association, 1996.

LAYRARGUES, Philippe Pomier. **Educação ambiental para a gestão ambiental: a cidadania no enfrentamento político dos conflitos socioambientais**. In: LOUREIRO, Carlos Frederico B; LAAYRARGUES, Philippe Pomier; CASTRO, Ronaldo Souza (org.). Sociedade e meio ambiente: a educação ambiental em debate. São Paulo: Cortez, 2000.

LEITE, José Rubens Morato. **Dano ambietal: do individual ao coletivo, extrapatrimonial**. 2.ed. São Paulo: Editora Revista dos Tribunais, 2003.

LEME MACHADO, Paulo Affonso. **Direito Ambiental Brasileiro**. 7.ed. São Paulo, Malheiros, 1998.

LODI, João Bosco. **História da Administração**. 4.ed. São Paulo, Pioneira, 1976.

LYE, Geoff. **Vamos cuidar melhor do planeta**. Entrevistado por Suzana Naiditch. Exame, p. 68-72, 29 nov. 2000.

MAIMON, Dalia. **Passaporte Verde: gestão ambiental e competitividade**. Rio de Janeiro: Qualitymark, 1996.

MANFRED, A. Z. **Do feudalismo ao capitalismo**. 3.ed. São Paulo, Global, 1987.

MARX, Karl. **O capital: crítica da economia política**. Livro Primeiro. Volume I. 11.ed. São Paulo: DIFEL, 1987.

MAXIMIANO, Antonio C. Amaru. **Introdução à Administração**. 5.ed. São Paulo, Atlas, 2000.

McCORMICK, J. **Rumo ao Paraíso: Uma História do Movimento Ambientalista**. Rio de Janeiro: Relume-Dumará, 1992.

MELNYK, Steven A.; SROUFE, Robert; MONTABON, Frank. **How does management view environmentally responsible manufacturing.** Production and Inventory Management Journal, Third/Fourth Quarter 2001.

MIGLIARI JÚNIOR, Arthur. **Crimes ambientais: Lei 9.605/98 - novas disposições gerais penais; concurso de pessoas; responsabilidade penal da pessoa jurídica; desconsideração da personalidade jurídica.** Campinas: Interlex, 2001.

MILARÉ, Edis. **Direito ambiental.** 2.ed. São Paulo, Revista dos Tribunais, 2001.

MILES, Morgan P. e COVIN, Jefrey G. **Environmental marketing: a source of reputacional, competitive and financial advantage.** Journal of Business Ethics. Netherlands, v.23, 2000. p.299-311.

MOREIRA, Maria Suely. **Estratégia e implantação do Sistema de Gestão Ambiental (Modelo ISO 14000).** Belo Horizonte: Editora de Desenvolvimento Gerencial, 2001.

MOTTA, Fernando Claudio Prestes. **Teoria geral da administração: uma introdução.** 5. ed. São Paulo, Pioneira, 1976.

MUKAI, Toshio. **Direito ambiental sistematizado.** São Paulo, Forense, 1992.

NASCIMENTO, Luis Felipe Machado do. **A Qualidade Ambiental em Empresas dos Setores Primário, Secundário eTerciário no Sul do Brasil.** REAd - Revista Eletrônica da Administração (UFRGS), Porto Alegre-RS, v. 21, p. 1-12, 2001.

NOGUEIRA, Octaciano (Org.) **Constituições Brasileiras: 1824.** Brasília: Senado Federal/MCT, 1999.

OAKLAND, J. S. **Gerenciamento da qualidade total.** São Paulo, Nobel, 1994.

OLIVEIRA, M. A. **Mitos e realidades da qualidade no Brasil.** São Paulo, Nobel, 1994.

OLIVEIRA, Flávio José de. **Meio ambiente social: a convergência do meio ambiente para a responsabilidade social**. Meio Ambiente Industrial, ed. 39, n. 38, p. 116-117, set./out. 2002.

OSTROVITIANOV, Konstantim V. **Modos de produção pré-capitalistas**. São Paulo, Global, 1988.

PALADINI, Edson Pacheco. **Avaliação estratégica da qualidade**. São Paulo, Atlas, 2002.

PALADINI, Edson Pacheco. **Gestão da qualidade: teoria e prática**. São Paulo, Atlas, 2000.

PALADINI, Edson Pacheco. **Gestão da qualidade no processo**. São Paulo, Atlas, 1995.

PALADINI, Edson Pacheco. **Qualidade total na prática**. São Paulo, Atlas, 1994.

PHILIPPI Jr., Arlindo, ROMÉRO, Marcelo de Andrade e BRUNA, Gilda Collet (Editores). **Curso de gestão ambiental**. Barueri, Manole, 2004.

POLETTI, Ronaldo (Org.) **Constituições Brasileiras: 1934**. Brasília: Senado Federal/MCT, 1999.

PONTING, Clive **Uma História Verde do Mundo**. Rio de Janeiro: Editora Civilização Brasileira, 1991.

PORTER, Michael E.; VAN DER LINDE, Claas. **Green and competitive**. Harvard Business Review, p. 120-134, Sept./Oct. 1995a.

PORTER, Michael E.; VAN DER LINDE, Claas. **Toward a new conception of the environment-competitiveness relationship**. Journal of Economic Perspectives, v. 9, n. 4, p. 97-118, Fall 1995b.

REBELLO FILHO, Wanderley e BERNARDO, Christianne. **Guia prático de direito ambiental**. 3.ed. Rio de Janeiro, Lumen Juris, 2002.

REIS, Maurício J. L. **ISO 14000 – Gerenciamento Ambiental: um novo desafio para a sua competitividade**. Rio de Janeiro: Qualitymark, 1996.

REVISTA MEIO AMBIENTE INDUSTRIAL. **O Brasil atinge a marca das 350 empresas certificadas em conformidade com a norma ISO 14001**. São Paulo: Editora Tocalino Ltda., ano VI, 32. ed., n. 33, jul./ago. 2001. 186 p. Edição Especial.

REVISTA MEIO AMBIENTE INDUSTRIAL. **O Brasil atinge a marca das 600 empresas certificadas em conformidade com a norma ISO 14001**. São Paulo: Editora Tocalino Ltda., ano VII, 38. ed., n. 38, jul./ago. 2002. 202 p. Edição Especial.

RIBEIRO, Maisa de Souza; MARTINS, Eliseu. **Ações das empresas para preservação do meio ambiente**. Boletim da Associação Brasileira das Companhias Abertas (ABRASCA), São Paulo, 415, p. 3-4, nov. 1998.

ROCHA, Julio César de Sá da. **Direito ambiental e meio ambiente do trabalho – dano, prevenção e proteção jurídica**. São Paulo, LTr, 1997.

ROLL, Eric. **História das doutrinas econômicas**. 3.ed. São Paulo, Companhia Editora Nacional, 1971

RUSSO, Michael V.; FOUTS, Paul A. **A resource-based perspective on corporate environmental performance and profitability**. Academy of Management Journal, v. 40, n. 3, p. 534-559, 1997.

SANCHES, Carmem Silvia. **Mecanismos de interiorização dos custos ambientais na indústria: rumo a mudanças de comportamento**. Revista de Administração de Empresas – RAE, São Paulo, v. 37, n. 2, p. 56-67, abr./jun. 1997.

SASSEVILLE, Dennis R.; WILSON, W. Gary; LAWSON, Robert. **ISO 14000 Answer Book: environmental management for the world market**. New York: John Wiley & Sons, Inc., 1997.

SÉGUIN, Elida e CARRERA, Francisco. **Planeta terra: uma abordagem de direito ambiental**. 2.ed. Rio de Janeiro, Lumen Juris, 2001.

SHIBA. S., GRAHAM, A, WALDEN, D. **TQM: quatro revoluções na gestão da qualidade**. Porto Alegre: Artes Médicas, 1997.

SHIGUNOV NETO, Alexandre & CAMPOS, Letícia Mirella Fischer. **Manual de Gestão da Qualidade aplicado aos cursos de graduação**. Rio de Janeiro, Fundo de Cultura,2004.

SHIGUNOV NETO, Alexandre; TEIXEIRA, Alexandre Andrade & CAMPOS, Letícia Mirella Fischer. **Fundamentos da Ciência Administrativa**. Rio de Janeiro, Ciência Moderna, 2005.

SHIGUNOV NETO, Alexandre. **História da educação brasileira: do período colonial ao predomínio das políticas educacionais neoliberais**. Rio de Janeiro, Ciência Moderna, 2006. (no prelo)

SILVA, Reinaldo Oliveira da. **Teorias da Administração**. São Paulo, Pioneira Thomson Learning, 2002.

SILVA, José Afonso da. **Direito ambiental constitucional**. 2.ed. São Paulo, Malheiros, 1997.

SIRVINSKAS, Luís Paulo. **Manual de direito ambiental**. 2.ed. São Paulo, Saraiva, 2003.

SMA/SP **Entendendo o Meio Ambiente: Tratados e Organizações Internacionais em Matéria de Meio Ambiente**, SMA-Secretaria do Meio Ambiente de SP, Vol.1, 1997.

SWEEZY, Paul e outros. **A transição do feudalismo para o capitalismo**. 3.ed. Rio de Janeiro: Paz e Terra, 1983.

TACHIZAWA, Takeshy. **Gestão ambiental e responsabilidade social corporativa: estratégias de negócios focadas na realidade brasileira.** 3.ed. São Paulo, Atlas, 2005.

TÁCITO, Caio (Org.) **Constituições Brasileiras: 1988.** Brasília: Senado Federal/MCT, 1999.

VITERBO JÙNIOR, Ênio. **Sistema integrado de gestão ambiental: como implementar um sistema de gestão que atenda à norma ISO 14001, a partir de um sistema baseado na norma ISO 9000.** 2.ed. São Paulo, Aquariana, 1998.

WILSON, W. Gary; LAWSON, Robert; SASSEVILLE, Dennis R. **ISO 14000 Answer Book: Environmental Management for the World Market.** New York: John Wiley & Sons, Inc., 1997.

ANEXO I

LEGISLAÇÃO AMBIENTAL BRASILEIRA

1934

Decreto nº 23.777 - Regulariza o lançamento de resíduo industrial das usinas açucareiras nas águas pluviais

Decreto nº 24.643 - Decreta o Código de Águas

Decreto nº 24.645 - Estabelece medidas de proteção aos animais

1937

Decreto-lei nº 25 - Organiza a proteção do patrimônio histórico e artístico nacional

Decreto-lei nº 58 - Dispõe sobre o loteamento e a venda de terrenos em prestação

1938

Decreto-lei nº 852 - Mantém, com modificações, o decreto n. 24.643/34

1941

Decreto-lei nº 3.866 - Dispõe sobre o tombamento de bens no serviço do patrimônio histórico e artístico nacional

1951

Lei nº 1.533 - Regula o mandato de segurança

1961

Lei nº 3.924 - Dispõe sobre os monumentos arqueológicos e pré-históricos

1962

Lei nº 4.118 - Dispõe sobre a Política Nacional de Energia Nuclear, cria a Comissão Nacional de Energia Nuclear (CNEN)

1965

Lei nº 4.717 - Regulamenta a ação popular

Lei nº 4.771 - Institui o Código Florestal

Lei nº 4.778 - Dispõe sobre a obrigatoriedade de serem ouvidas as autoridades florestais na aprovação de plantas de planos de loteamento para a venda de terrenos em prestação

1966

Decreto nº 58.054 - Promulga a Convenção para a proteção da flora, fauna e das belezas cênicas dos países da América

1967

Lei nº 5.197 - Dispõe sobre a proteção da fauna

Lei nº 5.318 - Institui a Política Nacional de Saneamento e cria o Conselho Nacional de Saneamento

Decreto-lei nº 25 - Organiza a Proteção ao Patrimônio Histórico e Artístico Nacional

Decreto-lei nº 221 - Dispõe sobre a proteção e estímulos à pesca

Decreto-lei nº 227 - Dá nova redação ao Decreto-lei nº 1.985/40. (Código de Minas)

Decreto-lei nº 271 - Dispõe sobre loteamento urbano, responsabilidade do loteador, concessão de uso do espaço aéreo

1969

Decreto-lei nº 478 - Aprova a Convenção Internacional para a Conservação do Atum e Afins do Atlântico, assinada no Rio de Janeiro, em 14 de maio de 1966

Decreto nº 65.026 - Promulga a Convenção Internacional para a Conservação do Atum e afins do Atlântico

1970

Portaria nº 053 do Ministério do Interior - Cria normas para destinação do lixo e dos resíduos sólidos

1973

Lei nº 5.870 - Acrescenta alínea ao artigo 26 da Lei nº 4.771/65

Lei nº 5.966 - Institui o Sistema Nacional de Metrologia, Normalização e Qualidade Industrial (INMETRO)

1974

Decreto nº 73.497 - Promulga a Convenção Internacional para Regulamentação da Pesca da Baleia

1975

Decreto nº 75.963 - Promulga o Tratado da Antártida

Decreto nº 76.389 - Dispõe sobre as medidas de prevenção e controle da poluição industrial, de que trata o Decreto-lei n. 1.413, de 14 de agosto de 1975

Decreto-lei nº 1413 - Dispõe sobre o controle da poluição do meio ambiente provocado por atividades industriais

1976

Decreto nº 78.171 - Dispõe sobre o controle e fiscalização sanitária das águas minerais destinadas ao consumo humano

1977

Lei nº 6.453 - Dispõe sobre a responsabilidade civil por danos nucleares e responsabilidade criminal por atos relacionados com atividades nucleares

1978

Lei n° 6.567 - Dispõe sobre regime especial para exploração e aproveitamento das substâncias minerais

1979

Lei n° 6.638 - Estabelece normas para a prática didático-científica de vivissecação de animas

Lei n° 6.662 - Dispõe sobre a Política Nacional de Irrigação

Lei n° 6.766 - Dispõe sobre o parcelamento do solo urbano

Decreto n° 83.540 - Regulamenta a aplicação da Convenção Internacional sobre Responsabilidade Civil e danos causados por poluição por óleo

Decreto n° 84.017 - Aprova o regulamento dos parques nacionais brasileiros

1980

Lei n° 6.803 - Dispõe sobre as diretrizes básicas para o zoneamento industriais nas áreas críticas de poluição

Lei n° 6.894 - Dispõe sobre a inspeção e fiscalização da produção e do comércio de fertilizantes, corretivos, inoculantes, estimulantes ou biofertilizantes, destinados à agricultura

Decreto-lei n° 1.809 - Institui o Sistema de Proteção ao Programa Nuclear Brasileiro

Decreto n° 84.973 - Dispõe sobre a localização de Estação Ecológica e Usinas Nucleares (SIPRON)

Decreto n° 85.206 - Altera o artigo 8° do Decreto n° 76.389, de 3 de outubro de 1975, que dispõe sobre as medidas de prevenção e controle da poluição industrial

1981

Lei n° 6.902 - Dispõe sobre a criação de estações ecológicas e áreas de proteção ambiental

Lei n° 6.839 - Dispõe sobre a Política Nacional do Meio Ambiente, seus fins e mecanismos de formulação e aplicação

Lei n° 6.938 - Dispõe sobre a Política Nacional do Meio Ambiente, seus fins e mecanismos de formulação e aplicação

Decreto n° 62.902 - Regulamenta o Código de Mineração

1982

Decreto n° 86.830 - Atribui à Comissão Interministerial para os Recursos do Mar (CIRM) a elaboração do projeto do Programa Antártico Brasileiro (PROANTAR)

Decreto n° 87.566 - Promulga o texto da convenção sobre Prevenção da Poluição Marinha por Alijamento de Resíduos e Outras Matérias, concluído em Londres, a 29 de dezembro de 1972

1983

Lei n° 7.173 - Dispõe sobre o estabelecimento de funcionamento de jardins zoológicos

Decreto n° 2.063 - Estabelece multas a serem aplicadas por infração à regulamentação para execução do serviço de transporte rodoviário de produtos perigosos

Decreto n° 83.351 - Regulamenta a Lei n° 6.938, de 31 de agosto de 1981, e a Lei n°6.902, de 27 de abril de 1981, que dispõem, respectivamente, sobre a Política Nacional do Meio Ambiente e sobre a criação de Estações Ecológicas e Áreas de Proteção Ambiental

Decreto n° 88.821 - Aprova o regulamento para execução do serviço de transporte rodoviário de cargas ou produtos perigosos

1984

Decreto nº 89.336 - Dispõe sobre as reservas ecológicas e áreas de relevante interesse ecológico

Decreto nº 89.496 - Regulamenta a Lei nº 6.662/79 que dispõe sobre a Política Nacional de Irrigação

Decreto nº 90.309 - Dá nova redação ao artigo 14 e ao artigo 16, § 3º, do Decreto nº 89.496, de 29 de março de 1984, que dispõe sobre a Política Nacional de Irrigação

Resolução CONAMA nº 010 - Dispõe sobre medidas destinadas ao controle da Poluição causada por Veículos Automotores

1985

Lei nº 7.347 - Disciplina a ação civil pública de responsabilidade por danos causados ao meio ambiente, ao consumidor, a bens e direitos de valor artísticos, estéticos, históricos, paisagísticos.

Decreto nº 90.991 - Dá nova redação ao § 3º do artigo 16 do Decreto nº 89.496, de 29 de março de 1984, alterado pelo Decreto nº 90.309, de 16 de outubro de 1984, que dispõem sobre a Política Nacional de Irrigação

Decreto nº 91.305 - Altera dispositivos do Regulamento do Conselho Nacional do Meio Ambiente (CONAMA)

1986

Decreto nº 92.395 - Institui o Programa Nacional de Irrigação - PRONI; atribui a Ministro de Estado Extraordinário a sua execução

Decreto nº 92.804 - Altera o Decreto 88821/83 - Refere-se à conversão de multa em advertência

Decreto nº 93.484 - Dá nova redação ao § 3º do artigo 16 do Decreto nº 89.496, de 29 de março de 1984, alterado pelo Decreto nº 90.309, de 16 de outubro de 1984 e pelo Decreto nº 90.991, de 26 de fevereiro de 1985, que dispõem sobre a Política Nacional de Irrigação

240 | FUNDAMENTOS DA GESTÃO AMBIENTAL

Resolução CONAMA nº 001 - Dispõe sobre critérios básicos e diretrizes gerais para o Relatório de Impacto Ambiental (RIMA)

Resolução CONAMA nº 001-A de 23 de janeiro - Dispõe sobre transporte de produtos perigosos em território nacional

Resolução CONAMA nº 004 - Dispõe sobre definições e conceitos sobre Reservas Ecológicas

Resolução CONAMA nº 005 - Dispõe sobre o prévio licenciamento por órgão estadual nas atividades de transporte, estocagem e uso do "Pó da China"

Resolução CONAMA nº 006 - Dispõe sobre a aprovação de modelos para publicação de pedidos de licenciamento

Resolução CONAMA nº 011 - Dispõe sobre alterações na Resolução nº001/86

Resolução CONAMA nº 014 - Dispõe sobre o referendo à Resolução nº 5/86

Resolução CONAMA nº 018 - Dispõe sobre a criação do Programa de Controle de Poluição do Ar por Veículos Automotores (PROCONVE)

Resolução CONAMA nº 028 – Determina a elaboração de EIA/RIMA das Usinas Nucleares de Angra I e Angra II

1987

Lei nº 7.643 - Dispõe sobre a pesca de cetáceos nas águas jurisdicionais brasileiras

Decreto nº 93.935 - Promulga a Convenção sobre a Conservação dos Recursos Vivos Marinhos Antárticos.

Decreto nº 94.076 - Cuida do Programa Nacional de Microbacias Hidrográficas

Decreto nº 94.401 - Aprova a Política Nacional para Assuntos Antárticos.

Resolução CONAMA nº 005 - Dispõe sobre o Programa Nacional de Proteção ao Patrimônio Espeleológico

Resolução CONAMA nº 006 - Dispõe sobre o licenciamento ambiental de obras de grande porte, especialmente as do setor de geração de energia elétrica

Resolução CONAMA n° 009 - Dispõe sobre a realização de audiências Públicas

Resolução CONAMA n° 010 – Dispõe sobre a implantação de uma estação ecológica pela entidade ou empresa responsável pelo empreendimento, preferencialmente junto à área, decorrentes de licenciamento de obras de grande porte

1988

Lei n° 7.661 - Institui o Plano *Nacional* de Gerenciamento Costeiro (PNGC)

Lei n° 7.679 - Dispõe sobre a proibição de pesca de espécies em períodos de reprodução

Resolução CONAMA n° 001 – Estabelece critérios e procedimentos básicos para implementação do Cadastro Técnico Federal de Atividades e Instrumentos de Defesa Ambiental

Resolução CONAMA n° 004 - Dispõe sobre prazos para controle de emissão de gazes do cárter de veículos do ciclo diesel

Resolução CONAMA n° 005 – Regulamenta o licenciamento de obras de saneamento básico

Resolução CONAMA n° 006 - Dispõe sobre o licenciamento de obras de resíduos industriais perigosos

Resolução CONAMA n° 008 – Dispõe sobre licenciamento de atividade mineral, o uso do mercúrio metálico e o cianeto em áreas de extração

1989

Lei n° 7.735 - Dispõe sobre a extinção de órgãos e de entidade autárquica, cria o Instituto Brasileiro de Meio Ambiente e dos Recursos Naturais

Lei n° 7.754 - Estabelece medidas para proteção das florestas existentes nas nascentes dos rios

Lei n° 7.797 - Cria o Fundo Nacional de Meio Ambiente

242 | Fundamentos da Gestão Ambiental

Lei n° 7.802 - Dispõe sobre a pesquisa, a experimentação, a produção, a embalagem e rotulagem, o transporte, o armazenamento, a comercialização, a propaganda comercial, a utilização, a importação, a exportação, o destino final dos resíduos e embalagens, o registro, a classificação, o controle, a inspeção e a fiscalização de agrotóxicos, seus componentes e afins.

Lei n° 7.804 - Altera a Lei n° 6.938, de 31 de agosto de 1981, que dispõe sobre a Política Nacional do Meio Ambiente, seus fins e mecanismos de formulação e aplicação, a Lei n° 7.735, de 22 de fevereiro de 1989, a Lei n° 6.803, de 2 de junho de 1980, e a Lei n° 6.902, de 21 de abril de 1981

Lei n° 7.805 - Altera o decreto-lei n° 227/67, cria o regime de permissão de lavra garimpeira e extingue o regime de matrícula

Lei n° 7.875 - Modifica dispositivo do Código Florestal vigente (Lei n° 4.771, de 15 de setembro de 1965) para dar destinação específica a parte da receita obtida com a cobrança de ingressos aos visitantes de parques nacionais

Lei n° 7.957 - Altera o art. 3° da Lei n° 7.735, de 22 de fevereiro de 1989, dispõe sobre a tabela de Pessoal do Instituto Brasileiro do Meio Ambiente e dos Recursos Naturais Renováveis (IBAMA)

Decreto n° 97.558 - Altera o art. 6° do Decreto n° 88.351, de 1° de junho de 1983, que dispõe sobre a composição do Conselho Nacional do Meio Ambiente (CONAMA)

Decreto n° 97.612 - Promulgação do Protocolo Adicional à Convenção Internacional para Conservação do Atum e Afins do Atlântico

Decreto n° 97.628 - Regulamenta o artigo 21 da Lei n° 4.771, de 15 de setembro de 1965, Código Florestal

Decreto n° 97.632 - Regulamenta o artigo 2°, VIII da Lei n° 6.938 de 31/08/81

Decreto n° 97.633 - Dispõe sobre o Conselho Nacional de Proteção à Fauna (CNPF)

Decreto n° 97.632 - Dispõe sobre a regulamentação do artigo 2°, inciso VIII, da Lei n° 6.938, de 31 de agosto de 1981

Decreto n° 98.062 - Dispõe sobre a regulamentação da Lei n° 7.802, de 11 de julho de 1989, que trata de agrotóxicos e afins

Resolução CONAMA n° 003 - Dispõe sobre níveis de Emissão de aldeídos no gás e escapamento de veículos automotores

Resolução CONAMA n° 004 - Dispõe sobre níveis de Emissão de Hidrocarbonetos por veículos com motor a álcool

Resolução CONAMA n° 005 - Dispõe sobre o Programa Nacional de Controle da Poluição do Ar (PRONAR)

Resolução CONAMA n° 006 - Dispõe sobre o Cadastro Nacional de Entidades Ambientalistas (CNEA)

Resolução CONAMA n° 010 - Dispõe sobre Mecanismos de Controle de Emissão de Gases de Escapamento por Veículos com Motor ciclo Otto

1990

Decreto n° 98.897 - Dispõe sobre as reservas extrativistas

Decreto n° 99.274 - Regulamenta a Lei n° 6.902, de 27 de abril de 1981, e a Lei n° 6.938, de 31 de agosto de 1981, que dispõem, respectivamente, sobre a criação de Estações Ecológicas e Áreas de Proteção Ambiental e sobre a Política Nacional do Meio Ambiente

Decreto n° 99.280 - Promulgação da Convenção de Viena para a Proteção da Camada de Ozônio e do Protocolo de Montreal sobre Substâncias que Destroem a Camada de Ozônio

Portaria Normativa n° 1.197 do IBAMA - Dispõe sobre autorização, pelo IBAMA, de importação de lixos, sucatas e desperdícios industriais tóxicos

Resolução CONAMA n° 001 - Dispõe sobre critérios e padrões de emissão de ruídos, das atividades industriais

Resolução CONAMA n° 002 - Dispõe sobre o Programa Nacional de Educação e Controle da Poluição Sonora (SILÊNCIO)

Resolução CONAMA n° 003 - Dispõe sobre padrões de qualidade do ar, previstos no PRONAR

244 | FUNDAMENTOS DA GESTÃO AMBIENTAL

Resolução CONAMA nº 008 - Dispõe sobre padrões de qualidade do ar, previstos no PRONAR

Resolução CONAMA nº 009 - Dispõe sobre normas específicas para o licenciamento ambiental de extração mineral, classes I, III a IX

Resolução CONAMA nº 010 - Dispõe sobre normas específicas para o licenciamento ambiental de extração mineral, classe II

Resolução CONAMA nº 013 - Dispõe sobre a área circundante, num raio de 10 (dez) quilômetros, das Unidades de Conservação

1991

Lei nº 8.171 - Dispõe sobre a Política Agrícola

Decreto nº 181 - Promulga os Ajustes ao Protocolo de Montreal Sobre Substâncias que Destroem a Camada de Ozônio, de 1987

Resolução nº 04 do CNEN - Cuida de zoneamento e atracação de navios nucleares nos portos, baías e águas territoriais brasileiras

1992

Lei nº 8.490 - Dispõe sobre a organização da Presidência da República e dos Ministérios

Decreto nº 003 - Institui a Comissão de Modernização da Legislação da Política Nacional de Irrigação

1993

Lei nº 8.617 - Dispõe sobre o mar territorial, a zona contígua, a zona econômica exclusiva e a plataforma continental brasileiras

Lei nº 8.657 - Acrescenta parágrafos ao art. 27 da Lei nº 6.662, de 25 de junho de 1979, que dispõe sobre a Política Nacional de Irrigação

Lei nº 8.657 - Acrescenta parágrafos ao art. 27 da Lei nº 6.662, de 25 de junho de 1979, que dispõe sobre a Política Nacional de Irrigação

Lei nº 8.677 - Dispõe sobre o Fundo de Desenvolvimento Social

Lei nº 8.723 - Dispõe sobre a redução de emissões de poluentes por veículos automotores

Lei nº 8.746 - Cria, mediante transformação, o Ministério do Meio Ambiente e da Amazônia Legal, altera a redação de dispositivos da lei nº 8.490 de 19 de dezembro de 1992.

Decreto nº 750 - Dispõe sobre o corte, a exploração e a supressão de vegetação primária ou nos estágios avançado e médio de regeneração da Mata Atlântica

Decreto nº 875 - Promulga o texto da Convenção sobre o Controle de Movimentos Transfronteiriços de Resíduos Perigosos e seu Depósito

Decreto nº 8.723 - Dispõe sobre a redução de emissão de poluentes por veículos automotores

Resolução CONAMA nº 002 - Estabelece, para motocicletas, motonetas, triciclos, ciclomotores, bicicletas com motor auxiliar e veículos assemelhados, nacionais e importados, limites máximos de ruído com o veículo em aceleração e na condição parado

Resolução CONAMA nº 003 - Cria a Câmara Técnica Temporária para Assuntos de Mata Atlântica

Resolução CONAMA nº 004 - Considera de caráter emergencial, para fins de zoneamento e proteção, todas as áreas de formações nativas de restinga

Resolução CONAMA nº 005 - Estabelece definições, classificação e procedimentos mínimos para o gerenciamento de resíduos sólidos oriundos de serviços de saúde, portos e aeroportos, terminais ferroviários e rodoviários

Resolução CONAMA nº 006 - Estabelece prazo para os fabricantes e empresas de importação de veículos automotores disporem de procedimentos e infra-estrutura para a divulgação sistemática, ao público em geral, das recomendações e especificações de calibração, regulagem e manutenção do motor, dos sistemas de alimentação de combustível, de ignição, de carga elétrica, de partida, de arrefecimento, de escapamento e, sempre que aplicável, dos componentes de sistemas de controle de emissão de gases, partículas e ruído

246 | Fundamentos da Gestão Ambiental

Resolução CONAMA n° 007 - Define as diretrizes básicas e padrões de emissão para o estabelecimento de Programas de Inspeção e Manutenção de Veículos em Uso - I/M

Resolução CONAMA n° 008 - Complementa a Resolução n° 018/86, que institui, em caráter nacional, o Programa de Controle da Poluição do Ar por Veículos Automotores - PROCONVE, estabelecendo limites máximos de emissão de poluentes para os motores destinados a veículos pesados novos, nacionais e importados

Resolução CONAMA n° 010 - Estabelece os parâmetros básicos para análise dos estágios de sucessão de Mata Atlântica

Resolução CONAMA n° 016 - Ratifica os limites de emissão, os prazos e demais exigências contidas na Resolução CONAMA n° 018/86, que institui o Programa Nacional de Controle da Poluição por Veículos Automotores (PROCONVE), complementada pelas Resoluções CONAMA n° 003/89, n° 004/89, n° 006/93, n° 007/93, n° 008/93 e pela Portaria IBAMA n° 1.937/90; torna obrigatório o licenciamento ambiental junto ao IBAMA para as especificações, fabricação, comercialização e distribuição de novos combustíveis e sua formulação final para uso em todo o país

1994

Decreto n° 1.081 - Aprova o Regulamento do Fundo de Desenvolvimento Social (FDS)

Decreto n° 1.282 - Regulamenta os arts. 15, 19, 20 e 21, da Lei n° 4.771, de 15 de setembro de 1965

Decreto n° 1.298 - Aprova o Regulamento das Florestas Nacionais

Decreto n° 1.354 - Institui, no âmbito do Ministério do Meio Ambiente e da Amazônia Legal, o Programa Nacional da Diversidade Biológica

Resolução CONAMA n° 004 - Define vegetação primária e secundária nos estágios inicial, médio e avançado de regeneração da Mata Atlântica, a fim de orientar os procedimentos de licenciamento de atividades florestais em Santa Catarina

Resolução CONAMA n° 009 - Estabelece prazo para os fabricantes de veículos automotores leves e equipados com motor a álcool declararem ao IBAMA e aos órgãos ambientais técnicos designados os valores típicos de emissão de hidrocarbonetos, diferenciando os aldeídos e os álcoois, em todas as suas configurações de produção

Resolução CONAMA n° 015 - Vincula a implantação de Programas de Inspeção e Manutenção para Veículos Automotores em Uso (I/M) à elaboração, pelo órgão ambiental estadual, de Plano de Controle da Poluição por Veículos em Uso (PCPV)

Resolução CONAMA n° 020 - Institui o Selo Ruído, como forma de indicação do nível de potência sonora, de uso obrigatório para aparelhos eletrodomésticos

Resolução CONAMA n° 022 - Cria Comissão Permanente para cadastramento e recadastramento e estabelece procedimentos para a revisão geral do CNEA (Cadastro Nacional de Entidades Ambientalistas)

Resolução CONAMA n° 023 - Institui procedimentos específicos para o licenciamento de atividades relacionadas à exploração e lavra de jazidas de combustíveis líquidos e gás natural

Resolução CONAMA n° 029 - Define vegetação primária e secundária nos estágios inicial, médio e avançado de regeneração da Mata Atlântica, considerando a necessidade de definir o corte, a exploração e a supressão da vegetação secundária no estágio inicial de regeneração no Espírito Santo

Portaria IBAMA n° 016 - Dispõe sobre a manutenção e ou a criação em cativeiro da fauna silvestre brasileira com a finalidade de subsidiar pesquisas científicas em universidades, centros de pesquisas e instituições oficiais ou oficializadas pelo poder público

1995

Lei n° 8.974 - Regulamenta os incisos II e V do Parágrafo 1 do Art. 225 da Constituição Federal que estabelece normas para o uso das técnicas de engenharia genética e liberação do meio ambiente de organismos geneticamente modificados e autoriza o poder executivo a criar a Comissão Técnica Racional de Biossegurança

Decreto nº 1.530 - Declara a entrada em vigor da Convenção das Nações Unidas sobre o Direito do Mar, concluída em Montego Bay, Jamaica, em 10 de dezembro de 1982

Decreto nº 1.540 - Dispõe sobre a composição e o funcionamento do Grupo de Coordenação incumbido da atualização do Plano Nacional de Gerenciamento Costeiro (PNGC)

Decreto nº 1.675 - Dispõe sobre o Programa de Ação Social em Saneamento (PROSEGE)

Decreto nº 1.752 - Regulamenta a Lei nº 8.974, de 5 de janeiro de 1995, dispõe sobre a vinculação, competência e composição da Comissão Técnica Nacional de Biossegurança - CTNBio

Resolução CONAMA nº 014 - Estabelece prazo para os fabricantes de veículos automotores leves de passageiros equipados com motor do ciclo Otto apresentarem ao IBAMA um programa trienal para a execução de ensaios de durabilidade por agrupamento de motores

Resolução CONAMA nº 015 - Estabelece nova classificação de veículos automotores, para o controle de emissão veicular de gases, material particulado e evaporativo, considerando os veículos importados

1996

Lei nº 9.294 - Dispõe sobre as restrições ao uso e à propaganda de produtos fumígeros, bebidas alcoólicas, medicamentos, terapias e defensivos agrícolas, nos termos do § 4º do art. 220 da Constituição Federal

Lei nº 9.314 - Altera dispositivos do decreto-lei nº 227/67

Decreto nº 1.791 - Institui, no âmbito do Ministério da Ciência e Tecnologia, o Comitê Nacional de Pesquisas Antárticas (CONAPA)

Decreto nº 1.922 - Dispõe sobre o reconhecimento das Reservas Particulares do Patrimônio Natural

Decreto nº 2.018 - Regulamenta a Lei nº 9.294, de 15 de julho de 1996, que dispõe sobre as restrições ao uso e à propaganda de produtos fumígenos, bebidas alcoólicas, medicamentos, terapias e defensivos agrícolas, nos termos do § 4º do art. 220 da Constituição

Resolução CONAMA nº 010 – Dispõe sobre o licenciamento ambiental em praias onde ocorre a desova de tartarugas marinhas

1997

Lei nº 9.433 - Institui a Política Nacional de Recursos Hídricos, cria o Sistema Nacional de Gerenciamento de Recursos Hídricos, regulamenta o inciso XIX do art. 21 da Constituição Federal e altera o art. 1º da Lei nº 8.001, de 13 de março de 1990, que modificou a Lei nº 7.990, de 28 de dezembro de 1989

Decreto nº 2.120 - Dá nova redação aos arts. 5º, 6º, 10 e 11 do Decreto nº 99.274, de 06 de junho de 1990, que regulamenta as Leis n.s 6.902, de 27 de abril de 1981, e 6.938, de 31 de agosto de 1981

Decreto nº 2.178 - Altera o Decreto nº 89.496, de 29 de março de 1984, que regulamenta a Lei nº 6.662, de 25 de junho de 1979, que dispõe sobre a Política Nacional de Irrigação

Decreto nº 2.210 - Regulamenta o decreto-lei nº 1.809 de 07/10/80 que institui o SIPRON

Resolução CONAMA nº 226 - Estabelece limites máximos de emissão de fuligem de veículos automotores

Resolução CONAMA nº 234 - Altera a redação do art. 3º da Resolução do CONAMA nº 022, de 07 de setembro de 1994

Resolução CONAMA nº 237 - Regulamenta os aspectos de licenciamento ambiental estabelecidos na Política Nacional do Meio Ambiente

Portaria IBAMA nº 118-N - Normaliza o funcionamento de criadouros de animais da fauna silvestre brasileira com fins econômicos e industriais

Portaria IBAMA nº 138 - Inclui parágrafo no Art. 1º da Portaria nº 139N de 29/12/1993.

1998

Lei n° 9.605 - Dispõe sobre as sanções penais e administrativas derivadas de condutas e atividades lesivas ao meio ambiente

Decreto n° 2.508 - Promulga a Convenção Internacional para a Prevenção da Poluição Causada por Navios, concluída em Londres, em 2 de novembro de 1973, seu Protocolo, concluído em Londres, em 17 de fevereiro de 1978, suas Emendas de 1984 e seus Anexos Opcionais III, IV e V

Decreto n° 2.519 - Promulga a Convenção sobre Diversidade Biológica, assinada no Rio de Janeiro, em 05 de junho de 1992

Decreto n° 2.577 - Dá nova redação ao art. 3° do Decreto n° 1.752, de 20 de dezembro de 1995, que regulamenta a Lei n° 8.974, de 5 de janeiro de 1995, que dispõe sobre a vinculação, da competência e composição da Comissão Técnica Nacional de Biossegurança (CTNBio)

Decreto n° 2.652 - Promulga a Convenção-Quadro das Nações Unidas sobre Mudança do Clima, assinada em Nova York, em 09 de maio de 1992

Decreto n° 2.661 - Regulamenta o parágrafo único do art. 27 da Lei n° 4.771, de 15 de setembro de 1965 (código florestal), mediante o estabelecimento de normas de precaução relativas ao emprego do fogo em práticas agropastoris e florestais

Decreto n° 2.679 - Promulga as Emendas ao Protocolo de Montreal sobre Substâncias que Destroem a Camada de Ozônio, assinadas em Copenhague, em 25 de novembro de 1992

Decreto n° 2.699 - Promulga a Emenda ao Protocolo de Montreal sobre Substâncias que Destroem a Camada de Ozônio, assinada em Londres, em 29 de junho de 1990

Decreto n° 2.741 - Promulga a Convenção Internacional de Combate à Desertificação nos Países afetados por Seca Grave e/ou Desertificação, Particularmente na África

Decreto n° 2.742 - Promulga o Protocolo ao Tratado da Antártida sobre Proteção ao Meio Ambiente, assinado em Madri, em 04 de outubro de 1991

Decreto nº 2.783 - Dispõe sobre proibição de aquisição de produtos ou equipamentos que contenham ou façam uso das Substâncias que Destroem a Camada de Ozônio (SDO), pelos órgãos e pelas entidades da Administração Pública Federal direta, autárquica e fundacional

Decreto nº 2.788 - Altera dispositivos do Decreto nº 1.282, de 19 de outubro de 1994

Decreto nº 2.866 - Dispõe sobre a execução do Primeiro Protocolo Adicional ao Acordo de Alcance Parcial para a Facilitação do Transporte de Produtos Perigosos (AAP.PC/7), firmado em 16 de julho de 1998, entre os Governos do Brasil, da Argentina, do Paraguai e do Uruguai

Decreto nº 2.870 - Promulga a Convenção Internacional sobre Preparo, Resposta e Cooperação em Caso de Poluição por Óleo, assinada em Londres, em 30 de novembro de 1990

Decreto nº 2.905 - Altera o art. 1º do Decreto nº 2.661, de 8 de julho de 1998.

Portaria IBAMA nº 102 de 15 de julho - Normaliza o funcionamento de criadouros de animais da fauna silvestre exótica com fins econômicos e industriais.

1999

Lei nº 8.171 - Dispõe sobre a Política Agrícola

Lei nº 9.795 - Dispõe sobre a educação ambiental e institui a Política Nacional de Educação Ambiental

Lei nº 9.933 - Dispõe sobre as competências do CONMETRO e do Inmetro, Institui a Taxa de Serviços Metrológicos

Decreto nº 2.929 - Promulga o Estatuto e o Protocolo do centro Internacional de Engenharia Genética e Biotecnologia

Decreto nº 2.956 - Aprova o V Plano Setorial para os Recursos do Mar (V PSRM)

Decreto nº 2.959 - Dispõe sobre medidas a serem implementadas na Amazônia Legal, para monitoramento, prevenção, educação ambiental e combate a incêndios florestais

Decreto n° 3.010 - Altera o art. 1° do Decreto n° 2.661, de 8 de julho de 1998

Decreto n° 3.179 - Dispõe sobre a especificação das sanções aplicáveis às condutas e atividades lesivas ao meio ambiente

Resolução CONAMA n° 257 - Estabelece que pilhas e baterias que contenham em suas composições chumbo, cádmio, mercúrio e seus compostos, tenham os procedimentos de reutilização, reciclagem, tratamento ou disposição final ambientalmente adequados

Resolução CONAMA n° 258 - Determina que as empresas fabricantes e as importadoras de pneumáticos ficam obrigadas a coletar e dar destinação final ambientalmente adequadas aos pneus inservíveis

Resolução CONAMA n° 260 - Cria o Grupo de Trabalho sobre Organismos Geneticamente Modificados

2000

Lei n° 9.960 - Institui a Taxa de Serviços Administrativos -TSA, em favor da Superintendência da Zona Franca de Manaus - Suframa, estabelece preços a serem cobrados pelo IBAMA, cria a Taxa de Fiscalização Ambiental - TFA

Lei n° 9.966 - Dispõe sobre a prevenção, o controle e a fiscalização da poluição causada por lançamento de óleo e outras substâncias nocivas ou perigosas em águas sob jurisdição nacional

Lei n° 9.974 - Altera a Lei n° 7.802, de 11 de julho de 1989, que dispõe sobre a pesquisa, a experimentação, a produção, a embalagem e rotulagem, o transporte, o armazenamento, a utilização, a importação, a exportação, o destino final dos resíduos e embalagens, o registro, a classificação, o controle, a inspeção e a fiscalização de agrotóxicos, seus componentes e afins

Lei n° 9.984 - Dispõe sobre a criação da Agência Nacional de Água - ANA, entidade federal de implementação da Política Nacional de Recursos Hídricos e de coordenação do Sistema Nacional de Gerenciamento de Recursos Hídricos

Lei n° 9.985 - Regulamenta o art. 225, 1°, I, II e VII da Constituição Federal e institui o Sistema Nacional de Unidades de Conservação da Natureza

Lei n° 10.165 - Altera a Lei n° 6.938, de 31 de agosto de 1981, que dispõe sobre a Política Nacional de Meio Ambiente, seus fins e mecanismos de formulação e aplicação

Decreto n° 3.179 - Dispõe mediante a especificação das sanções aplicáveis às condutas e atividades lesivas ao meio ambiente

Decreto n° 3.420 - Dispõe sobre a criação do Programa Nacional de Florestas - PNF

Decreto n° 3.515 - Cria o Fórum Brasileiro de Mudanças Climáticas

Decreto n° 3.607 - Dispõe sobre a implementação da Convenção sobre Comércio Internacional das Espécies da Flora e Fauna Selvagens em Perigo de Extinção - CITES

Decreto n° 3.692 - Dispõe sobre a instalação, aprova a estrutura regimental e o quadro demonstrativo dos cargos comissionados e dos cargos comissionados técnicos da Agência Nacional das Águas (ANA)

Resolução CONAMA n° 265 - Derramamento de óleo na Baía de Guanabara e Indústria do Petróleo

Resolução CONAMA n° 266 - Regulamenta a criação de jardins botânicos

Resolução CONAMA n° 267 - Proibição de substâncias que destroem a camada de ozônio

Resolução CONAMA n° 268 - Método alternativo para monitoramento de ruído de motociclos

Resolução CONAMA n° 269 - Regulamenta o uso de dispersantes químicos em derrames de óleo no mar

Resolução CONAMA n° 272 - Define novos limites máximos de emissão de ruídos por veículos automotores

Resolução CONAMA n° 273 - Dispõe sobre prevenção e controle da poluição em postos de combustíveis e serviços

Resolução CONAMA n° 274 - Revisa os critérios de Balneabilidade em Águas Brasileiras.

254 | Fundamentos da Gestão Ambiental

2001

Lei nº 10.257 - Regulamenta os artigos 182 e 183 da Constituição Federal, estabelece diretrizes gerais de política urbana

Lei nº 10.203 - Dá nova redação aos arts. 9º e 12º da Lei nº 8.723, de 28 de outubro de 1993, que dispõe sobre a redução de emissão de poluentes por veículos automotores

Lei nº 10.308 - Dispõe sobre a seleção de locais, a construção, o licenciamento, a operação, a fiscalização, os custos, a indenização, a responsabilidade civil e as garantias referentes aos depósitos de rejeitos radioativos

Decreto nº 3.834 - Regulamenta o artigo 55 da Lei nº 9.985 de 18/07/00 que institui o Sistema Nacional de Unidades de Conservação da Natureza e delega competência ao Ministro de Estado do Meio Ambiente para a prática do ato que menciona

Decreto nº 3.842 - Promulga a Convenção Interamericana para a Proteção e a Conservação das Tartarugas Marinhas, concluída em Caracas, em 01 de dezembro de 1996

Decreto nº 3.871 - Disciplina a rotulagem de alimentos embalados que contenham ou sejam produzidos com organismos geneticamente modificados

Decreto nº 3.919 - Acrescenta artigo ao Decreto nº 3.179, de 21 de setembro de 1999, que dispõe sobre a especificação das sanções aplicáveis às condutas e atividades lesivas ao meio ambiente

Decreto nº 3.939 - Dispõe sobre a Comissão Interministerial para os Recursos do Mar (CIRM)

Decreto nº 3.942 - Dá nova redação aos arts. 4 , 5 , 6 , 7 , 10 e 11 do Decreto nº 99.274, de 6 de junho de 1990

Decreto nº 3.945 - Define a composição do Conselho de Gestão do Patrimônio Genético e estabelece as normas para o seu funcionamento, mediante a regulamentação dos arts. 10, 11, 12, 14, 15, 16, 18 e 19 da Medida Provisória nº 2.186-16, de 23 de agosto de 2001, que dispõe sobre o acesso ao patrimônio genético, a proteção e o acesso ao conhecimento tradicional associado, a repartição de benefícios e o acesso à tecnologia e transferência de tecnologia para sua conservação e utilização

Decreto nº 4.024 - Estabelece critérios e procedimentos para implantação ou financiamento de obras de infra-estrutura hídrica com recursos financeiros da União

Resolução CONAMA nº 275 - Estabelece código de cores para diferentes tipos de resíduos na coleta seletiva

Resolução CONAMA nº 276 - Prorroga o prazo da Resolução 273/00 sobre postos de combustíveis e serviços por mais 90 dias

Resolução CONAMA nº 278 - Dispõe contra corte e exploração de espécies ameaçadas de extinção da flora da Mata Atlântica

Resolução CONAMA nº 279 - Estabelece procedimentos para o licenciamento ambiental simplificado de empreendimentos elétricos com pequeno potencial de impacto ambiental

Resolução CONAMA nº 281 - Dispõe sobre modelos de publicação de pedidos de licenciamento

Resolução CONAMA nº 282 - Estabelece os requisitos para os conversores catalíticos destinados a reposição

Resolução CONAMA nº 283 - Dispõe sobre o tratamento e a destinação final dos resíduos dos serviços de saúde.

Resolução CONAMA nº 284 - Dispõe sobre o licenciamento de empreendimentos de irrigação

Resolução CONAMA nº 286 - Dispõe sobre o licenciamento ambiental de empreendimentos nas regiões endêmicas de malária

Resolução CONAMA nº 287 - Dá nova redação a dispositivos da Resolução CONAMA no 266, de 3 de agosto de 2000, que dispõe sobre a criação, a normatização e o funcionamento dos jardins botânicos

Resolução CONAMA nº 288 - Dispõe sobre a ampliação e a alteração da composição da Câmara Técnica Permanente de Energia

256 | Fundamentos da Gestão Ambiental

Resolução CONAMA n° 289 - Estabelece diretrizes para o Licenciamento Ambiental de Projetos de Assentamentos de Reforma Agrária

Resolução CONAMA n° 291 - Regulamenta os conjuntos para conversão de veículos para o uso do gás natural

Resolução CONAMA n° 293 - Dispõe sobre o conteúdo mínimo do Plano de Emergência Individual para incidentes de poluição por óleos originados em portos organizados, instalações portuárias ou terminais, dutos, plataformas, bem como suas respectivas instalações de apoio, e orienta a sua elaboração

Resolução CONAMA n° 294 - Dispõe sobre o Plano de Manejo do Palmiteiro Euterpe edulis no Estado de Santa Catarina

Resolução CONAMA n° 299 - Estabelece nova classificação de veículos automotores, para o controle de emissão veicular de gases, material particulado e evaporativo, considerando os veículos importados

2002

Lei n° 10.410 - Cria e disciplina a carreira de Especialistas em Meio Ambiente

Lei n° 10.519 - Dispõe sobre a promoção e a fiscalização da defesa sanitária animal quando da realização de rodeio

Decreto n° 4.074 - Regulamenta a Lei n° 7.802, de 11 de julho de 1989, que dispõe sobre a pesquisa, a experimentação, a produção, a embalagem e rotulagem, o transporte, o armazenamento, a comercialização, a propaganda comercial, a utilização, a importação, a exportação, o destino final dos resíduos e embalagens, o registro, a classificação, o controle, a inspeção e a fiscalização de agrotóxicos, seus componentes e afins

Decreto n° 4.136 - Dispõe sobre a especificação das sanções aplicáveis às infrações às regras de prevenção, controle e fiscalização da poluição causada por lançamento de óleo e outras substâncias nocivas ou perigosas em águas sob jurisdição nacional, prevista na Lei n 9.966, de 28 de abril de 2000

Decreto n° 4.297 - Regulamenta o artigo 9°, inciso II, da Lei n° 6.938 de 31/08/81

Decreto nº 4.339 - Institui princípios e diretrizes para a implementação da Política Nacional da Biodiversidade

Resolução nº 302 - Dispõe sobre os parâmetros, definições e limites de Áreas de Preservação Permanente de reservatórios artificiais e o regime de uso do entorno

Resolução nº 303 - Dispõe sobre parâmetros, definições e limites de Áreas de Preservação Permanente

Decreto nº 4.281 - Regulamenta a Lei nº 9.795, de 27 de abril de 1999, que institui a Política Nacional de Educação Ambiental

Decreto nº 4.340 - Regulamenta os artigos da Lei nº 9.985 de 18/07/00

Decreto nº 4.361 - Promulga o Acordo para Implementação das Disposições da Convenção das Nações Unidas sobre o Direito do Mar de 10 de dezembro de 1982 sobre a Conservação e Ordenamento de Populações de Peixes Transzonais e de Populações de Peixes Altamente Migratórios

Decreto nº 4.382 - Regulamenta a tributação, fiscalização, arrecadação e administração do Imposto sobre a Propriedade Territorial Rural - ITR

Resolução CONAMA nº 292 - Disciplina o cadastramento e recadastramento das Entidades Ambientalistas no CNEA

Resolução CONAMA nº 297 - Estabelece os limites para emissões de gases poluentes por ciclomotores, motociclos e veículos similares novos.

Resolução CONAMA nº 300 - Complementa os casos passíveis de autorização de corte previstos no art. 2º da Resolução nº 278, de 24 de maio de 2001

Resolução CONAMA nº 301 - Altera dispositivos da Resolução nº 258, de 26 de agosto de 1999, que dispõe sobre Pneumáticos

Resolução CONAMA nº 302 - Dispõe sobre os parâmetros, definições e limites de Áreas de Preservação Permanente de reservatórios artificiais e o regime de uso do entorno

Resolução CONAMA nº 303 - Dispõe sobre parâmetros, definições e limites de Áreas de Preservação Permanente

258 | Fundamentos da Gestão Ambiental

Resolução CONAMA n° 305 - Dispõe sobre Licenciamento Ambiental, Estudo de Impacto Ambiental e Relatório de Impacto no Meio Ambiente de atividades e empreendimentos com Organismos Geneticamente Modificados e seus derivados

Resolução CONAMA n° 306 - Estabelece os requisitos mínimos e o termo de referência para realização de auditorias ambientais

Resolução CONAMA n° 307 de 05 de julho - Estabelece diretrizes, critérios e procedimentos para a gestão dos resíduos da construção civil

Resolução CONAMA n° 308 - Licenciamento Ambiental de sistemas de disposição final dos resíduos sólidos urbanos gerados em municípios de pequeno porte

Resolução CONAMA n° 310 - O manejo florestal sustentável da bracatinga (Mimosa scabrella) no Estado de Santa Catarina

Resolução CONAMA n° 312 - Dispõe sobre licenciamento ambiental dos empreendimentos de carcinicultura na zona costeira

Resolução CONAMA n° 313 - Dispõe sobre o Inventário Nacional de Resíduos Sólidos Industriais

Resolução CONAMA n° 314 - Dispõe sobre o registro de produtos destinados à remediação

Resolução CONAMA n° 315 - Dispõe sobre a nova etapa do Programa de Controle de Emissões Veiculares-PROCONVE

Resolução CONAMA n° 318 - Prorroga o prazo estabelecido no art. 15 da Resolução CONAMA n° 289, de 25 de outubro de 2001, que estabelece diretrizes para o Licenciamento Ambiental de Projetos de Assentamentos de Reforma Agrária

Resolução CONAMA n° 319 - Dá nova redação a dispositivos da Resolução CONAMA n° 273, de 29 de novembro de 2000, que dispõe sobre prevenção e controle da poluição em postos de combustíveis e serviços

2003

Lei n° 10.711 - Dispõe sobre o Sistema Nacional de Sementes e Mudas

Lei n° 10.650 - Dispõe sobre o acesso público aos dados e informações existentes nos órgãos e entidades integrantes do Sistema Nacional do Meio Ambiente (Sisnama)

Lei n° 10.814 - Estabelece normas para o plantio e comercialização da produção de soja geneticamente modificada da safra de 2004

Decreto n° 4.613 - Regulamenta o Conselho Nacional de Recursos Hídricos

Decreto n° 4.864 - Acresce e revoga dispositivos do Decreto n° 3.420, de 20 de abril de 2000, que dispõe sobre a criação do Programa Nacional de Florestas - PNF

Decreto n° 4.871 - Dispõe sobre a instituição dos Planos de Áreas para o combate à poluição por óleo em águas sob jurisdição nacional

Resolução CONAMA n° 321 - Dispõe sobre alteração da Resolução CONAMA n° 226, de 20 de agosto de 1997, que trata sobre especificações do óleo diesel comercial, bem como das regiões de distribuição

Resolução CONAMA n° 334 - Dispõe sobre os procedimentos de licenciamento ambiental de estabelecimentos destinados ao recebimento de embalagens vazias de agrotóxicos

Resolução CONAMA n° 335 - Dispõe sobre o licenciamento ambiental de cemitérios.

Resolução CONAMA n° 339 - Dispõe sobre a criação, normatização e o funcionamento dos jardins botânicos

Resolução CONAMA n° 340 - Dispõe sobre a utilização de cilindros para o envasamento de gases que destroem a Camada de Ozônio

Resolução CONAMA n° 341 - Dispõe sobre critérios para a caracterização de atividades ou empreendimentos turísticos sustentáveis como de interesse social para fins de ocupação de dunas originalmente desprovidas de vegetação, na Zona Costeira

Resolução CONAMA nº 342 - Estabelece novos limites para emissões de gases poluentes por ciclomotores, motociclos e veículos similares novos, em observância à Resolução nº 297, de 26 de fevereiro de 2002

2004

Decreto nº 5.208 - Promulga o Acordo-Quadro sobre Meio Ambiente do Mercosul

Resolução CONAMA nº 344 - Estabelece as diretrizes gerais e os procedimentos mínimos para a avaliação do material a ser dragado em águas jurisdicionais brasileiras

Resolução CONAMA nº 346 - Disciplina a utilização das abelhas silvestres nativas, bem como a implantação de meliponários

Resolução CONAMA nº 347 - Dispõe sobre a proteção do patrimônio espeleológico

Resolução CONAMA nº 348 - Altera a Resolução CONAMA nº 307, de 5 de julho de 2002, incluindo o amianto na classe de resíduos perigosos

Resolução CONAMA nº 349 - Dispõe sobre o licenciamento ambiental de empreendimentos ferroviários de pequeno potencial de impacto ambiental e a regularização dos empreendimentos em operação

Resolução CONAMA nº 350 - Dispõe sobre o licenciamento ambiental específico das atividades de aquisição de dados sísmicos marítimos e em zonas de transição

Resolução CONAMA nº 354 - Dispõe sobre os requisitos para adoção de sistemas de diagnose de bordo - OBD nos veículos automotores leves objetivando preservar a funcionalidade dos sistemas de controle de emissão

2005

Lei nº 11.105 - Regulamenta os incisos II, IV e V do § 1 do art. 225 da Constituição Federal, estabelece normas de segurança e mecanismos de fiscalização de atividades que envolvam organismos geneticamente modificados – OGM e seus derivados, cria o Conselho Nacional de Biossegurança – CNBS, reestrutura a Comissão Técnica Nacional de Biossegurança – CTNBio, dispõe sobre a Política Nacional de Biossegurança – PNB, revoga a Lei no 8.974, de 5 de janeiro de 1995, e a Medida Provisória no 2.191-9, de 23 de agosto de 2001, e os arts. 5o, 6o, 7o, 8o, 9o, 10 e 16 da Lei no 10.814, de 15 de dezembro de 2000

Resolução CONAMA nº 357 - Dispõe sobre a classificação dos corpos de água e diretrizes ambientais para o seu enquadramento, bem como estabelece as condições e padrões de lançamento de efluentes

ANEXO II

LEI Nº 9.605/98

SANÇÕES PENAIS E ADMINISTRATIVAS
DERIVADAS DE CONDUTAS E ATIVIDADES
LESIVAS AO MEIO AMBIENTE

LEI FEDERAL Nº 9.605, DE FEVEREIRO DE 1998

Dispõe sobre as sanções penais e administrativas derivadas de condutas e atividades lesivas ao meio ambiente, e dá outras providências.

O PRESIDENTE DA REPÚBLICA, faço saber que o Congresso Nacional decreta e eu sanciono a seguinte Lei:

CAPÍTULO I - DISPOSIÇÕES GERAIS

Art. 1º. (VETADO)

Art. 2º. Quem, de qualquer forma, concorre para a prática dos crimes previstas nesta Lei, incide nas penas a estes cominadas, na medida da sua culpabilidade, bem como o diretor, o administrador, o membro de conselho e de órgão técnico, o auditor, o gerente, o preposto ou mandatário de pessoa jurídica, que, sabendo da conduta criminosa de outrem, deixar de impedir a sua prática, quando podia agir para evitá-la.

Art. 3º. As pessoas jurídicas serão responsabilizadas administrativa, civil e penalmente conforme o disposto nesta Lei, nos casos em que a infração seja cometida por decisão de seu representante legal ou contratual, ou de seu órgão colegiado, no interesse ou benefício da sua entidade.
Parágrafo único. A responsabilidade das pessoas jurídicas não exclui a das pessoas físicas, autoras, co-autoras ou partícipes do mesmo fato.

Art. 4º. Poderá ser desconsiderada a pessoa jurídica sempre que sua personalidade for obstáculo ao ressarcimento de prejuízos causados à qualidade do meio ambiente.

Art. 5º. (VETADO)

CAPÍTULO II - Da Aplicação da Pena

Art. 6º. Para imposição e gradação da penalidade, a autoridade competente observará:

I. a gravidade do fato, tendo em vista os motivos da infração e suas conseqüências para a saúde pública e para o meio ambiente;

II. os antecedentes do infrator quanto ao cumprimento da legislação de interesse ambiental;

III. a situação econômica do infrator, no caso de multa.

Art. 7º. As penas restritivas de direitos são autônomas e substituem as privativas de liberdade quando:

I. tratar-se de crime culposo ou for aplicada a pena privativa de liberdade inferior a quatro anos;

II. culpabilidade, os antecedentes, a conduta social e a personalidade do condenado, bem como os motivos e as circunstâncias do crime indicarem que a substituição seja suficiente para efeitos de reprovação e prevenção do crime.

Parágrafo único. As penas restritivas de direitos a que se refere este artigo terão a mesma duração da pena privativa de liberdade substituída.

Art. 8º. As penas restritivas de direito são:

I. prestação de serviços à comunidade;

II. interdição temporária de direitos;

III. suspensão parcial ou total de atividades;

IV. prestação pecuniária;

V. recolhimento domiciliar.

Art. 9º. A prestação de serviços à comunidade consiste na atribuição ao condenado de tarefas gratuitas junto a parques e jardins públicos e unidades de conservação, e, no caso de dano da coisa particular, pública ou tombada, na restauração desta, se possível.

266 | Fundamentos da Gestão Ambiental

Art. 10. As penas de interdição temporária de direito são a proibição de o condenado contratar com o Poder Público, de receber incentivos fiscais quaisquer outros benefícios, bem como de participar de licitações, pelo prazo de cinco anos, no caso de crimes dolosos, e de três anos, no de crimes culposos.

Art. 11. A suspensão de atividades será aplicada quando estas não estiverem obedecendo às prescrições legais.

Art. 12. A prestação pecuniária consiste no pagamento em dinheiro à vítima ou à entidade pública ou privada com fim social, de importância, fixada pelo juiz, não inferior a um salário mínimo nem superior a trezentos e sessenta salários mínimos. O valor pago será deduzido do montante de eventual reparação civil a que for condenado o infrator.

Art. 13. O recolhimento domiciliar baseia-se na autodisciplina e senso de responsabilidade do condenado, que deverá, sem vigilância, trabalhar, freqüentar curso ou exercer atividade autorizada, permanecendo recolhido nos dias e horários de folga em residência ou em qualquer local destinado a sua moradia habitual, conforme estabelecido na sentença condenatória.

Art. 14. São circunstâncias que atenuam a pena:

I.   baixo grau de instrução ou escolaridade do agente;

II. arrependimento do infrator, manifestado pela espontânea reparação do dano, ou imitação significativa da degradação ambiental causada;

III. comunicação prévia pelo agente do perigo iminente de degradação ambiental;

IV. colaboração com os agentes encarregados da vigilância e do controle ambiental.

Art. 15. São circunstâncias que agravam a pena, quando não constituem ou qualificam o crime:

I.   reincidência nos crimes de natureza ambiental;

II. ter o agente cometido a infração:

  a) para obter vantagem pecuniária;

  b) coagindo outrem para a execução material da infração;

Anexo 2 – Lei Nº 9.605/98 | **267**

c) afetando ou expondo a perigo, de maneira grave, a saúde pública ou o meio ambiente;

d) concorrendo para danos à propriedade alheia;

e) atingindo áreas de unidades de conservação ou áreas sujeitas, por ato do Poder Público, a regime especial de uso;

f) atingindo áreas urbanas ou quaisquer assentamentos humanos;

g) em período de defeso à fauna;

h) em domingos ou feriados;

i) à noite;

j) em épocas de seca ou inundações;

l) no interior do espaço territorial especialmente protegido;

m) com o emprego de métodos cruéis para abate ou captura de animais;

n) mediante fraude ou abuso de confiança;

o) mediante abuso do direito de licença, permissão ou autorização ambiental;

p) no interesse de pessoa jurídica mantida, total ou parcialmente, por verbas públicas ou beneficiada por incentivos fiscais;

q) atingindo espécies ameaçadas, listadas em relatórios oficiais das autoridades competentes;

r) facilitada por funcionário público no exercício de suas funções.

Art. 16. Nos crimes previstos nesta Lei, a suspensão condicional da pena pode ser aplicada nos casos de condenação a pena privativa de liberdade não superior a três anos.

Art. 17. A verificação da reparação a que se refere o § 2º do art. 78 do Código Penal será feita mediante laudo de reparação do dano ambiental, e as condições a serem impostas pelo juiz deverão relacionar-se com a proteção ao meio ambiente.

Art. 18. A multa será calculada segundo os critérios do Código Penal; se revelar-se ineficaz, ainda que aplicada no valor máximo, poderá ser aumentada até três vezes, tendo em vista o valor da vantagem econômica auferida.

268 | Fundamentos da Gestão Ambiental

Art. 19. A perícia de constatação do dano ambiental, sempre que possível, fixará o montante do prejuízo causado para efeitos de prestação de fiança e cálculo de multa.

Parágrafo único. A perícia produzida no inquérito civil ou no juízo cível poderá ser aproveitada no processo penal, instaurando-se o contraditório.

Art. 20. A sentença penal condenatória, sempre que possível, fixará o valor mínimo para reparação dos danos causados pela inflação, considerando os prejuízos sofridos pelo ofendido ou pelo meio ambiente.

Parágrafo único. Transitada em julgado a sentença condenatória, a execução poderá efetuar-se pelo valor fixado nos termos do *caput,* sem prejuízo da liquidação para apuração do dano efetivamente sofrido.

Art. 21. As penas aplicáveis isolada, cumulativa ou alternativamente às pessoas jurídicas, de acordo com o disposto no art. 3º, são:

I. multa;

II. restritivas de direitos;

III. prestação de serviços à comunidade.

Art. 22. As penas restritivas de direitos da pessoas jurídica são:

I. suspensão parcial ou total de atividades;

II. interdição temporária de estabelecimento, obra ou atividade;

III. proibição de contratar com o Poder Público, bem como dele obter subsídios, subvenções ou doações.

§ 1º A suspensão de atividades será aplicada quando estas não estiverem obedecendo às disposições legais ou regulamentares, relativas à proteção do meio ambiente.

§ 2º A interdição será aplicada quando o estabelecimento, obra ou atividade estiver funcionando sem a devida autorização, ou em desacordo com a concedida, ou com violação de disposição legal ou regulamentar.

§ 3º A proibição de contratar com o Poder Público e dele obter subsídios, subvenções ou doações não poderá exceder o prazo de dez anos.

Art. 23. A prestação de serviços à comunidade pela pessoa jurídica consistirá em:

I.   custeio de programas e de projetos ambientais;

II. execução de obras de recuperação de áreas degradadas;

III. manutenção de espaços públicos;

IV. contribuições a entidades ambientais ou culturais públicas.

Art. 24. A pessoa jurídica constituída ou utilizada, preponderantemente, com o fim de permitir, facilitar ou ocultar a prática de crime definido nesta Lei terá decretada sua liquidação forçada, seu patrimônio será considerado instrumento do crime e como tal perdido em favor do Fundo Penitenciário Nacional.

CAPÍTULO III - DA APREENSÃO DO PRODUTO E DO INSTRUMENTO DE INFRAÇÃO ADMINISTRATIVA OU DE CRIME

Art. 25. Verificada a infração, serão apreendidos seus produtos e instrumentos, lavrando-se os respectivos autos.

§ 1º . Os animais serão libertados em seu habitat ou entregues a jardins zoológicos, fundações ou entidades assemelhadas, desde que fiquem sob a responsabilidade de técnicos habilitados.

§ 2º . Tratando-se de produtos perecíveis ou madeiras, serão estes avaliados e doados a instituições científicas, hospitalares, penais e outras com fins beneficentes.

§ 3º . Os produtos e subprodutos da fauna não perecíveis serão destruídos ou doados a instituições científicas, culturais ou educacionais.

§ 4º . Os instrumentos utilizados na prática da infração serão vendidos, garantida a sua descaracterização por meio da reciclagem.

270 | Fundamentos da Gestão Ambiental

CAPÍTULO IV - DA AÇÃO E DO PROCESSO PENAL

Art. 26. Nas infrações penais previstas nesta Lei, a ação penal é pública incondicionada.

Parágrafo único. (VETADO)

Art. 27. Nos crimes ambientais de menor potencial ofensivo, a proposta de aplicação imediata de pena restritiva de direitos ou multa, prevista no art. 76 da Lei nº 9.099, de 26 de setembro de 1995, somente poderá ser formulada desde que tenha havido a prévia composição do dano ambiental, de que trata o art. 74 da mesma lei, salvo em caso de comprovada impossibilidade.

Art. 28. As disposições do art. 89 da Lei nº 9.099, de 26 de setembro de 1995, aplicam-se aos crimes de menor potencial ofensivo definidos nesta Lei, com as seguintes modificações:

I. a declaração de extinção de punibilidade, de que trata o § 5º do artigo referido no caput, dependerá de laudo de constatação de reparação do dano ambiental, ressalvada a impossibilidade prevista no inciso I do § 1º do mesmo artigo;

II. na hipótese de o laudo de constatação comprovar não ter sido completa a reparação, o prazo de suspensão do processo será prorrogado, até o período máximo previsto no artigo referido no caput, acrescido de mais um ano, com suspensão do prazo da prescrição;

III. no período de prorrogação, não se aplicarão as condições dos incisos II, III e IV do § 1º do artigo mencionado no caput;

IV. findo o prazo de prorrogação, proceder-se-á à lavratura de novo laudo de constatação de reparação do dano ambiental, podendo, conforme seu resultado, ser novamente prorrogado o período de suspensão, até o máximo previsto no inciso II deste artigo, observado o disposto no inciso III;

V. esgotado o prazo máximo de prorrogação, a declaração de extinção de punibilidade dependerá de laudo de constatação que comprove ter o acusado tomado as providências necessárias à reparação integral do dano.

CAPÍTULO V - DOS CRIMES CONTRA O MEIO AMBIENTE

SEÇÃO I -Dos Crimes contra a Fauna

Art. 29. Matar, perseguir, caçar, apanhar, utilizar espécimes da fauna silvestre, nativos ou em rota migratória, sem a devida permissão, licença ou autorização da autoridade competente, ou em desacordo com a obtida:

Pena - detenção de seis meses a um ano, e multa.

§ 1º. Incorre nas mesmas penas:

I.   quem impede a procriação da fauna, sem licença, autorização ou em desacordo com a obtida;

II. quem modifica, danifica ou destrói ninho, abrigo ou criadouro natural;

III. quem vende, expõe à venda, exporta ou adquire, guarda, tem em cativeiro ou depósito, utiliza ou transporta ovos, larvas ou espécimes da fauna silvestre, nativa ou em rota migratória, bem como produtos e objetos dela oriundos, provenientes de criadouros não autorizadas ou sem a devida permissão, licença ou autorização da autoridade competente.

§ 2º. No caso de guarda doméstica de espécie silvestre não considerada ameaçada de extinção, pode o juiz, considerando as circunstâncias, deixar de aplicar a pena.

§ 3º. São espécimes da fauna silvestre todos aqueles pertencentes às espécies nativas, migratória e quaisquer outras, aquáticas ou terrestres, que tenham todo ou parte de seu ciclo de vida ocorrendo dentro dos limites do território brasileiro, ou águas jurisdicionais brasileiras.

§ 4º. A pena é aumentada de metade, se o crime é praticado:

I.   contra espécie rara ou considerada ameaçada de extinção, ainda que somente no local da infração;

II. em período proibido à caça;

III. durante a noite;

IV. com abuso de licença;

V.   em unidade de conservação;

272 | Fundamentos da Gestão Ambiental

VI. com emprego de métodos ou instrumentos capazes de provocar destruição em massa.

§ 5º. A pena é aumentada até o triplo, se o crime decorre do exercício de caça profissional;

§ 6º. As disposições deste artigo não se aplicam aos atos de pesca.

Art. 30. Exportar para o exterior peles e couros de anfíbios e répteis em bruto, sem a autorização da autoridade ambiental competente:
Pena - reclusão, de um a três anos, e multa.

Art. 31. Introduzir espécime animal no País, sem parecer técnico oficial favorável e licença expedida por autoridade competente:
Pena - detenção, de três meses a um ano, e multa.

Art. 32. Praticar ato de abuso, maus-tratos, ferir ou mutilar animais silvestres, domésticos ou domesticados, nativos ou exóticos:

Pena - detenção, de três meses a um ano, e multa.

§ 1º. Incorre nas mesmas penas quem realiza experiência dolorosa ou cruel em animal vivo, ainda que para fins didáticos ou científicos, quando existirem recursos alternativos.

§ 2º. A pena é aumentada de um sexto a um terço, se ocorre morte do animal.

Art. 33. Provocar, pela emissão de efluentes ou carregamento de materiais, o perecimento de espécimes da fauna aquática existentes em rios, lagos, açudes, lagoas, baías ou águas jurisdicionais brasileiras:
Pena - detenção, de um a três anos, ou multa, ou ambas cumulativamente.

Parágrafo único. Incorre nas mesmas penas:

I. quem causa degradação em viveiros, açudes ou estações de aqüicultura de domínio público;

II. quem explora campos naturais de invertebrados aquáticos e algas, sem licença, permissão ou autorização da autoridade competente;

III. quem fundeia embarcações ou lança detritos de qualquer natureza sobre bancos de moluscos ou corais, devidamente demarcados em carta náutica.

Anexo 2 – Lei Nº 9.605/98 | **273**

Art. 34. Pescar em período no qual a pesca seja proibida ou em lugares interditados por órgão competente:

Pena - detenção de um ano a três anos ou multa, ou ambas as penas cumulativamente.

Parágrafo único. Incorre nas mesmas penas quem:

I.   pesca espécies que devam ser preservadas ou espécimes com tamanhos inferiores aos permitidos;

II. pesca quantidades superiores às permitidas, ou mediante a utilização de aparelhos, petrechos, técnicas e métodos não permitidos;

III. transporta, comercializa, beneficia ou industrializa espécimes provenientes da coleta, apanha e pesca proibidas.

Art. 35. Pescar mediante a utilização de:

I.   explosivos ou substâncias que, em contato com a água, produzam efeito semelhante;

II. substâncias tóxicas, ou outro meio proibido pela autoridade competente:

Pena - reclusão de um ano a cinco anos.

Art. 36. Para os efeitos desta Lei, considera-se pesca todo ato tendente a retirar, extrair, coletar, apanhar, apreender ou capturar espécimes dos grupos dos peixes, crustáceos, moluscos e vegetais hidróbios, suscetíveis ou não de aproveitamento econômico, ressalvadas as espécies ameaçadas de extinção, constantes nas listas oficiais da fauna e da flora.

Art. 37. Não é crime o abate de animal, quando realizado:

I.   em estado de necessidade, para saciar a fome do agente ou de sua família;

II. para proteger lavouras, pomares e rebanhos da ação predatória ou destruidora de animais, desde que legal e expressamente autorizado pela autoridade competente;

III. (VETADO)

IV. por ser nocivo o animal, desde que assim caracterizado pelo órgão competente.

274 | Fundamentos da Gestão Ambiental

SEÇÃO II- Dos Crimes contra a Flora

Art. 38. Destruir ou danificar floresta considerada de preservação permanente, mesmo que em formação, ou utilizá-la com infringência das normas de proteção:

Pena - detenção, de um a três anos, ou multa, ou ambas as penas cumulativamente.

Parágrafo único. Se o crime for culposo, a pena será reduzida à metade.

Art. 39. Cortar árvores em floresta considerada de preservação permanente, sem permissão da autoridade competente:

Pena - detenção, de um a três anos, ou multa, ou ambas as penas cumulativamente.

Art. 40. Causar dano direto ou indireto às Unidades de Conservação e às áreas de que trata o art. 27 do Decreto nº 99.274, de 6 de junho de 1990, independentemente de sua localização:

Pena - reclusão, de um a cinco anos.

§ 1º . Entende-se por Unidades de Conservação as Reservas Biológicas, Reservas Ecológicas, Estações Ecológicas, Parques Nacionais, Estaduais e Municipais, Florestas Nacionais, Estaduais e Municipais, Áreas de Proteção Ambiental, Áreas de Relevante Interesse Ecológico e Reservas Extrativistas ou outras a serem criadas pelo Poder Público.

§ 2º . A ocorrência de dano afetando espécies ameaçadas de extinção no interior das Unidades de Conservação será considerada circunstância agravante para a fixação da pena.

§ 3º . Se o crime for culposo, a pena será reduzida à metade.

Art. 41. Provocar incêndio em mata ou floresta:

Pena - reclusão, de dois a quatro anos, e multa.

Parágrafo único. Se o crime é culposo, a pena é de detenção de seis meses a um ano, e multa.

Art. 42. Fabricar, vender, transportar ou soltar balões que possam provocar incêndios nas florestas e demais formas de vegetação, em áreas urbanas ou qualquer tipo de assentamento humano:

Pena - detenção de um a três anos ou multa, ou ambas as penas cumulativamente.

Art. 43. (VETADO)

Art. 44. Extrair de florestas de domínio público ou consideradas de preservação permanente, sem prévia autorização, pedra, areia, cal ou qualquer espécie de minerais:

Pena - detenção, de seis meses a um ano, e multa.

Art. 45. Cortar ou transformar em carvão madeira de lei, assim classificada por ato do Poder Público, para fins industriais, energéticos ou para qualquer outra exploração, econômica ou não, em desacordo com as determinações legais:

Pena - reclusão, de um a dois anos, e multa.

Art. 46. Receber ou adquirir, para fins comerciais ou industriais, madeira, lenha, carvão e outros produtos de origem vegetal, sem exigir a exibição de licença do vendedor, outorgada pela autoridade competente, e sem munir-se da via que deverá acompanhar o produto até final beneficiamento:

Pena - detenção, de seis meses a um ano, e multa.

Parágrafo único. Incorre nas mesmas penas quem vende, expõe à venda, tem em depósito, transporta ou guarda madeira, lenha, carvão e outros produtos de origem vegetal, sem licença válida para todo o tempo da viagem ou do armazenamento, outorgada pela autoridade competente.

Art 47. (VETADO)

Art. 48. Impedir ou dificultar a regeneração natural de florestas e demais formas de vegetação.

Pena - detenção, de seis meses a um ano, e multa.

276 | Fundamentos da Gestão Ambiental

Art. 49. Destruir, danificar, lesar ou maltratar, por qualquer modo ou meio, plantas de ornamentação de logradouros públicos ou em propriedade privada alheia:

Pena - detenção, de três meses a um ano, ou multa, ou ambas as penas cumulativamente.

Parágrafo único. No crime culposo, a pena é de um a seis meses, ou multa.

Art. 50. Destruir ou danificar florestas nativas ou plantadas ou vegetação fixadora de dunas protetora de mangues, objeto de especial preservação:

Pena - detenção, de três meses a um ano e multa.

Art 51. Comercializar motosserra ou utilizá-la em florestas e nas demais formas de vegetação, sem licença ou registro da autoridade competente:

Pena - detenção, de três meses a um ano, e multa.

Art. 52. Penetrar em Unidades de Conservação conduzindo substâncias ou instrumentos próprios para caça ou para exploração de produtos ou subprodutos florestais, sem licença da autoridade competente:

Pena - detenção, de seis meses a um ano, e multa.

Art. 53. Nos crimes previstos nesta Seção, a pena é aumentada de um sexto a um terço se:

I. do fato resulta a diminuição de águas naturais, a erosão do solo ou a modificação do regime climático;

II. o crime é cometido:

a) no período de queda das sementes;

b) no período de formação de vegetações;

c) contra espécies raras ou ameaçadas de extinção, ainda que a ameaça ocorra somente no local da infração;

d) em época de seca ou inundação;

e) durante a noite, em domingo ou feriado.

SEÇÃO III - Da Poluição e outros Crimes Ambientais

Art 54. Causar poluição de qualquer natureza em níveis tais que resultem ou possam resultar em danos à saúde humana, ou que provoquem a mortandade de animais ou a destruição significativa da flora:

Pena - reclusão, de um a quatro anos, e multa.

§ 1º. Se o crime é culposo:

Pena - detenção, de seis meses a um ano, e multa.

§ 2º. Se o crime:

I.   tomar uma área, urbana ou rural, imprópria para a ocupação humana;

II. causar poluição atmosférica que provoque a retirada, ainda que momentânea, dos habitantes das áreas afetadas, ou que cause danos diretos à saúde da população;

III. causar poluição hídrica que torne necessária a interrupção do abastecimento público de água de uma comunidade;

IV. dificultar ou impedir o uso público das praias;

V.   ocorrer por lançamento de resíduos sólidos, líquidos ou gasosos, ou detritos, óleos ou substâncias oleosas, em desacordo com as exigências estabelecidas em leis ou regulamentos:

Pena - reclusão, de um a cinco anos.

§ 3º. Incorre nas mesmas penas previstas no parágrafo anterior quem deixar de adotar, quando assim o exigir a autoridade competente, medidas de precaução em caso de risco de dano ambiental grave ou irreversível.

Art. 55. Executar pesquisa, lavra ou extração de recursos minerais sem a competente autorização, permissão, concessão ou licença, ou em desacordo com a obtida:

Pena - detenção, de seis meses a um ano, e multa.

Parágrafo único. Nas mesmas penas incorre quem deixa de recuperar a área pesquisada ou explorada, nos termos da autorização, permissão, licença, concessão ou determinação do órgão competente.

278 | FUNDAMENTOS DA GESTÃO AMBIENTAL

Art. 56. Produzir, processar, embalar, importar, exportar, comercializar, fornecer, transportar, armazenar, guardar, ter em depósito ou usar produto ou substância tóxica, perigosa ou nociva à saúde humana ou ao meio ambiente, em desacordo com as exigências estabelecidas em leis ou nos seus regulamentos:

Pena - reclusão, de um a quatro anos, e multa.

§ 1º. Nas mesmas penas incorre quem abandona os produtos ou substâncias referidos no *caput,* ou os utiliza em desacordo com as normas de segurança.

§ 2º. Se o produto ou a substância for nuclear ou radioativa, a pena é aumentada de um sexto a um terço.

§ 3º. Se o crime é culposo:

Pena - detenção, de seis meses a um ano, e multa.

Art. 57. (VETADO)

Art. 58. Nos crimes dolosos previstos nesta Seção, as penas serão aumentadas:

I. de um sexto a um terço, se resulta dano irreversível à flora ou ao meio ambiente em geral;

II. de um terço até a metade, se resulta lesão corporal de natureza grave em outrem;

III. até o dobro, se resultar a morte de outrem.

Parágrafo único. As penalidades previstas neste artigo somente serão aplicadas se do fato não resultar crime mais grave.

Art. 59. (VETADO)

Art. 60. Construir, reformar, ampliar, instalar ou fazer funcionar, em qualquer parte do território nacional, estabelecimentos, obras ou serviços potencialmente poluidores, sem licença ou autorização dos órgãos ambientais competentes, ou contrariando as normas legais e regulamentares pertinentes:

Pena - detenção, de um a seis meses ou multa, ou ambas as penas cumulativamente.

Art. 61. Disseminar doença ou praga ou espécies que possam causar dano à agricultura, à pecuária, à fauna, à flora ou aos ecossistemas:

Pena - reclusão, de um a quatro anos, e multa.

SEÇÃO IV - Dos Crimes contra o Ordenamento Urbano e o Patrimônio Cultural

Art. 62. Destruir, inutilizar ou deteriorar:

I. bem especialmente protegido por lei, ato administrativo ou decisão judicial;

II. arquivo, registro, museu, biblioteca, pinacoteca, instalação científica ou similar protegido por lei, ato administrativo ou decisão judicial:

Pena - reclusão, de um a três anos, e multa.

Parágrafo único. Se o crime for culposo, a pena é de seis meses a um ano de detenção, sem prejuízo da multa.

Art. 63. Alterar o aspecto ou estrutura de edificação ou local especialmente protegido por lei, ato administrativo ou decisão judicial, em razão de seu valor paisagístico, ecológico, turístico, artístico, histórico, cultural, religioso, arqueológico, etnográfico ou monumental, sem autorização da autoridade competente ou em desacordo com a concedida:

Pena - reclusão, de um a três anos, e multa.

Art. 64. Promover construção em solo não edificável, ou no seu entorno, assim considerado em razão de seu valor paisagístico, ecológico, artístico, turístico, histórico, cultural, religioso, arqueológico, etnográfico ou monumental, sem autorização da autoridade competente ou em desacordo com a concedida:

Pena - detenção, de seis meses a um ano, e multa.

Art. 65. Pichar, grafitar ou por outro meio conspurcar edificação ou monumento urbano:

Pena - detenção, de três meses a um ano, e multa.

Parágrafo único. Se o ato for realizado em monumento ou coisa tombada em virtude do seu valor artístico, arqueológico ou histórico, a pena é de seis meses a um ano de detenção, e multa.

SEÇÃO V - Dos Crimes contra a Administração Ambiental

Art. 66. Fazer o funcionário público afirmação falsa ou enganosa, omitir a verdade, sonegar informações ou dados técnico-científicos em procedimentos de autorização ou de licenciamento ambiental:

Pena - reclusão, de um a três anos, e multa.

Art. 67. Conceder o funcionário público licença, autorização ou permissão em desacordo com as normas ambientais, para as atividades, obras ou serviços cuja realização depende de ato autorizativo do Poder Público:

Pena - detenção, de um a três anos, e multa.

Parágrafo único. Se o crime é culposo, a pena é de três meses a um ano de detenção, sem prejuízo da multa.

Art. 68. Deixar, aquele que tiver o dever legal ou contratual de fazê-lo, de cumprir obrigação de relevante interesse ambiental:

Pena - detenção, de um a três anos, e multa.

Parágrafo único. Se o crime é culposo, a pena é de três meses a um ano, sem prejuízo da multa.

Art. 69. Obstar ou dificultar a ação fiscalizadora do Poder Público no trato de questões ambientais:

Pena - detenção, de um a três anos, e multa.

CAPÍTULO VI - DA INFRAÇÃO ADMINISTRATIVA

Art. 70. Considera-se infração administrativa ambiental toda ação ou omissão que viole as regras jurídicas de uso, gozo, promoção, proteção e recuperação do meio ambiente.

§ 1º São autoridades competentes para lavrar auto de infração ambiental e instaurar processo administrativo os funcionários de órgãos ambientais integrantes do Sistema Nacional de Meio Ambiente - SISNAMA, designados para as atividades de fiscalização, bem como os agentes das Capitanias dos Portos, do Ministério da Marinha.

§ 2º . Qualquer pessoa, constatando infração ambiental, poderá dirigir representação às autoridades relacionadas no parágrafo anterior, para efeito do exercício do seu poder de polícia.

§ 3º. A autoridade ambiental que tiver conhecimento de infração ambiental é obrigada a promover a sua apuração imediata, mediante processo administrativo próprio, sob pena de co-responsabilidade.

§ 4º . As infrações ambientais são apuradas em processo administrativo próprio, assegurado o direito de ampla defesa e o contraditório, observadas as disposições desta Lei.

Art. 71. O processo administrativo para apuração de infração ambiental deve observar os seguintes prazos máximos:

I. vinte dias para o infrator oferecer defesa ou impugnação contra o auto de infração, contados da data da ciência da autuação;

II. trinta dias para a autoridade competente julgar o auto de infração, contados da data da sua lavratura, apresentada ou não a defesa ou impugnação;

III. vinte dias para o infrator recorrer da decisão condenatória à instância superior do Sistema Nacional do Meio Ambiente - SISNAMA, ou à Diretoria de Portos e Costas, do Ministério da Marinha, de acordo com o tipo de autuação;

IV. cinco dias para o pagamento de multa, contados da data do recebimento da notificação.

Art 72. As infrações administrativas são punidas com as seguintes sanções, observado o disposto no art. 6º:

I. advertência;

II. multa simples;

III. multa diária;

282 | Fundamentos da Gestão Ambiental

IV. preensão dos animais, produtos e subprodutos da fauna e flora, instrumentos, petrechos, equipamentos ou veículos de qualquer natureza utilizados na infração;

V. destruição ou inutilização do produto;

VI. suspensão de venda e fabricação do produto;

VII. embargo de obra ou atividade;

VIII. demolição de obra;

IX. suspensão parcial ou total de atividades;

X. (VETADO)

XI. restritiva de direitos.

§ 1º. Se o infrator cometer, simultaneamente, duas ou mais infrações, ser-lhe-ão aplicadas, cumulativamente, as sanções a elas cominadas.

§ 2º. A advertência será aplicada pela inobservância das disposições desta Lei e da legislação em vigor, ou de preceitos regulamentares, sem prejuízo das demais sanções previstas neste artigo.

§ 3º. A multa simples será aplicada sempre que o agente, por negligência ou dolo:

I. advertido por irregularidades que tenham sido praticadas, deixar de saná-las, no prazo assinalado por órgão competente do SISNAMA ou pela Capitania dos Portos, do Ministério da Marinha;

II. opuser embaraço à fiscalização dos órgãos do SISNAMA ou da Capitania dos Portos, do Ministério da Marinha.

§ 4º. A multa simples pode ser convertida em serviços de preservação, melhoria e recuperação da qualidade do meio ambiente.

§ 5º. A multa diária será aplicada sempre que o cometimento da infração se prolongar no tempo.

§ 6º. A apreensão e destruição referidas nos incisos IV e V do *caput* obedecerão ao disposto no art. 25 desta Lei.

§ 7º. As sanções indicadas nos incisos VI a IX do *caput* serão aplicadas quando o produto, a obra, a atividade ou o estabelecimento não estiverem obedecendo às prescrições legais ou regulamentares.

§ 8º . As sanções restritivas de direito são:

I.   suspensão de registro, licença ou autorização;

II. cancelamento de registro, licença ou autorização;

III. perda ou restrição de incentivos e benefícios fiscais;

IV. perda ou suspensão da participação em linhas de financiamento em estabelecimentos oficiais de crédito;

V. proibição de contratar com a Administração Pública, pelo período de até três anos.

Art. 73. Os valores arrecadados em pagamento de multas por infração ambiental serão revertidos ao Fundo Nacional do Meio Ambiente, criado pela Lei nº 7.797, de 10 de julho de 1989, Fundo Naval, criado pelo Decreto nº 20.923, de 8 de janeiro de 1932, fundos estaduais ou municipais de meio ambiente, ou correlatos, conforme dispuser o órgão arrecadador.

Art. 74. A multa terá por base a unidade, hectare, metro cúbico, quilograma ou outra medida pertinente, de acordo com o objeto jurídico lesado.

Art. 75. O valor da multa de que trata este Capítulo será fixado no regulamento desta Lei e corrigido periodicamente, com base nos índices estabelecidos na legislação pertinente, sendo o mínimo de R$50,00 (cinqüenta reais) e o máximo de R$50.000.000,00 (cinqüenta milhões de reais).

Art. 76. O pagamento de multa imposta pelos Estados, Municípios, Distrito Federal ou Territórios substitui a multa federal na mesma hipótese de incidência.

CAPÍTULO VII - DA COOPERAÇÃO INTERNACIONAL PARA A PRESERVAÇÃO DO MEIO AMBIENTE

Art. 77. Resguardados a soberania nacional, a ordem pública e os bons costumes, o Governo brasileiro prestará, no que concerne ao meio ambiente, a necessária cooperação a outro país, sem qualquer ônus, quando solicitado para:

I.   produção de prova;

II. exame de objetos e lugares;

III. informações sobre pessoas o coisas;

IV. presença temporária da pessoa presa, cujas declarações tenham relevância para a decisão de uma causá;

V. outras formas de assistência permitidas pela legislação em vigor ou pelos tratados de que o Brasil seja parte.

§ 1º . A solicitação de que trata este artigo será dirigida ao Ministério da Justiça que a remeterá, quando necessário, ao órgão judiciário competente para decidir a seu respeito, ou a encaminhará à autoridade capaz de atendê-la.

§ 2º . A solicitação deverá conter:

I. o nome e a qualificação da autoridade solicitante;

II. o objeto e o motivo de sua formulação;

III. a descrição sumária do procedimento em curso no país solicitante;

IV. especificação da assistência solicitada;

V. documentação indispensável ao seu esclarecimento, quando for o caso.

Art. 78. Para a consecução dos fins visados nesta Lei e especialmente para a reciprocidade da cooperação internacional, deve ser mantido sistema de comunicações apto a facilitar o intercâmbio rápido e seguro de informações com órgãos de outros países.

CAPÍTULO VIII - DISPOSIÇÕES FINAIS

Art. 79. Aplicam-se subsidiariamente a esta Lei as disposições do Código Penal e do Código de Processo Penal.

Art. 80. O Poder Executivo regulamentará esta Lei no prazo de noventa dias a contar de sua publicação.

Art. 81. (VETADO)

Art. 82. Revogam-se as disposições em contrário.

ANEXO III

GLOSSÁRIO DE TERMOS DE GESTÃO AMBIENTAL

ABIÓTICA

Abiótica é a designação utilizada para indicar as condições físicas e químicas do meio ambiente. Também pode significar a parte do meio ambiente sem vida.

AGENDA 21

Agenda 21 é um documento aprovado durante a Conferência das Nações Unidas sobre o Meio Ambiente e Desenvolvimento, realizada em 1992 no Rio de Janeiro.

ÁGUA RESIDUÁRIA

Água residuária é um resíduo líquido proveniente de atividades domésticas, industriais, comerciais, agrícolas e de sistemas de tratamento com potencial de causar poluição. Usualmente conhecido como esgoto.

AQÜIFERRO

Aqüiferro é uma formação geológica que possibilita a armazenagem e a transmissão de água em quantidades consideráveis.

ATERRO SANITÁRIO

O aterro sanitário é a área utilizada pelos Governos Municipais e Estaduais para o depósito de resíduos sólidos urbanos, ou seja, é o local onde é depositado o lixo produzido nas cidades. Essas áreas obedecem a técnicas adequadas de seleção e manutenção que permitem reduzir os impactos ambientais.

ATMOSFERA

Atmosfera é a camada de ar que envolve o globo terrestre

AUDITORIA AMBIENTAL

A auditoria ambiental é uma atividade administrativa que compreende uma sistemática e documentada verificação e avaliação da gestão ambiental adotada por uma organização em determinado momento. Essa verificação é realizada por um especialista qualificado.

AVALIAÇÃO DE IMPACTOS AMBIENTAIS

Avaliação de Impactos Ambientais é um dos instrumentos da Política Nacional de Meio Ambiente, é o conjunto de estudos preliminares ambientais, abrangendo todos e quaisquer estudos, relativos aos aspectos ambientais, relacionados à localização, instalação, operação e ampliação de uma atividade ou empreendimentos, apresentando como subsídio para análise da licença requerida, tais como: relatório ambiental, plano e projeto de controle ambiental, relatório ambiental preliminar, diagnóstico ambiental, plano de manejo, plano de recuperação de área degradada e a análise preliminar de risco. (Resolução n° 237/97 da CONAMA - artigo 1°)

BEM AMBIENTAL
Bem ambiental é o bem definido pelo artigo 225 da Constituição Federal como sendo o bem de uso comum do povo e essencial à sadia qualidade de vida da sociedade.

BIODEGRADAÇÃO
Biodegradação é o processo de decomposição da matéria orgânica ocorrida por meio de ações complexas e por microorganismos existentes no solo e na água.

BIODIVERSIDADE
A biodiversidade é a diversidade de vida animal e vegetal presente em nosso planeta que proporciona a preservação da ordem e do equilíbrio na natureza. Também conhecida como diversidade ecológica é a variabilidade de organismos vivos de todas as origens, compreendendo, dentre outros, os ecossistemas terrestres, marinhos e outros ecossistemas aquáticos e os complexos ecológicos de que fazem parte; compreendendo, ainda, a diversidade dentro de espécies, entre espécies e de ecossistemas. (Lei n° 9.985/200 - artigo 2°)

CAÇA CIENTÍFICA
Caça científica é aquela que se destina a fins científicos. Poderá ser concedida a cientistas, pertencentes a instituições científicas, oficiais ou oficializadas, ou por estas indicadas, licença especial para a coleta de material destinado a fins científicos, em qualquer época. (Lei n° 5.197/67 - artigo 14)

CAÇA PREDATÓRIA
Caça predatória é aquela praticada para fins comerciais ou por mero deleite, sendo classificada em caça profissional e caça sanguinária.

CAÇA NÃO PREDATÓRIA

Caça não predatória é aquela praticada com uma finalidade específica, é denominada de caça de controle, caça esportiva, caça de subsistência e caça científica.

CAÇA DE CONTROLE

Caça de controle destina-se à proteção da agricultura e da saúde pública. Essa caça é autorizada quando os animais silvestres estiverem destruindo a plantação ou matando o rebanho ou colocando em risco a saúde humana. (Lei n° 5.197/67 - artigo 3°)

CAÇA ESPORTIVA

Caça esportiva destina-se àqueles que possuem autorização para este tipo de esporte amador. (Lei n° 5.197/67 - artigo 6°)

CAÇA DE SUBSISTÊNCIA

Caça de subsistência é aquela praticada com o intuito de manter a subsistência do caçador e de sua família. Normalmente é exercida pelos indígenas e pessoas que vivem afastadas dos centros urbanos. (Lei n° 9.605/98 - artigo 37)

CERTIFICAÇÃO AMBIENTAL

A certificação ambiental é o processo de comprovar por meio da gestão ambiental o cumprimento dos compromissos assumidos pela organização em relação às questões ambientais.

COMPOSTAGEM

Compostagem é o método de reciclagem de resíduos orgânicos capaz de transformá-los em adubos.

DESENVOLVIMENTO SUSTENTÁVEL

O desenvolvimento sustentável é o desenvolvimento econômico que permite às organizações, aos países e às pessoas atenderem suas necessidades e desejos sem comprometerem o meio ambiente e as gerações futuras.

DESERTIFICAÇÃO

Desertificação é o processo de degradação da terra nas zonas áridas, semi-áridas e sub-úmidas secas resultante de vários fatores incluindo as variações climáticas e as atividades humanas.

DIREITO AMBIENTAL
Direito Ambiental é uma área de conhecimento da Ciência Jurídica nova e autônoma que apresenta como objeto de estudo as questões e os problemas ambientais e sua relação com o ser humano, tendo por finalidade a proteção do meio ambiente e a melhoria das condições de vida da sociedade.

ECOLOGIA
Ecologia é a ciência que estuda as inter-relações dos organismos vivos com seu meio ambiente.

EDUCAÇÃO AMBIENTAL
Educação ambiental são os processos por meio dos quais o indivíduo e a coletividade constroem valores sociais, conhecimento, habilidades, atitudes e competências voltadas para a conservação do meio ambiente, bem de uso comum do povo, essencial à sadia qualidade de vida e sua sustentabilidade. (Lei nº 9.795 de 27/04/99 - artigo 1º)

EFEITO ESTUFA
Efeito estufa caracteriza-se pelo isolamento térmico do planeta em decorrência das concentrações de gases na camada atmosférica, impedindo que os raios solares, uma vez refletidos, voltem ao espaço.

EFLUENTE
Efluente é a substância líquida, sólida ou gasosa emergente de uma estação de tratamento ou processo industrial.

EXTRAÇÃO
Extração é o ato ou efeito de extrair ou tirar para fora recursos minerais.

FAUNA
Fauna é o conjunto das espécies animais estabelecidas em determinada região.

FAUNA SILVESTRE
Fauna silvestre é o conjunto de animais que vivem em determinada região. São os que têm seu habitat natural nas matas, florestas, rios e mares, animais estes que ficam, via de regra, afastados do convívio do meio ambiente humano.

São os animais de quaisquer espécies, em qualquer fase do seu desenvolvimento e que vivem naturalmente fora do cativeiro, constituindo a fauna silvestre, bem como seus nichos, abrigos e criadouros naturais. (Lei nº 5.197/67 - artigo 1º)

FLORA

Flora é o conjunto das espécies vegetais de uma região, de um país ou de um continente.

FUNÇÃO ECOLÓGICA

Função ecológica abrange a relação entre as espécies da fauna e da flora e as demais formas de vida existentes num ecossistema.

IMPACTO AMBIENTAL

Impacto ambiental é qualquer modificação ocorrida no meio ambiente, tanto podendo ser benéfica como prejudicial que resulte no todo ou em parte das atividades, dos produtos ou serviços de uma organização. O impacto ambiental é qualquer alteração das propriedades físicas, química e biológicas do meio ambiente, causada por qualquer forma de matéria ou energia resultante das atividades humanas que, direta ou indiretamente afetem a saúde, a segurança e o bem-estar da população; as atividades sociais e econômicas; a biota; as condições estéticas e sanitárias do meio ambiente; a qualidade dos recursos ambientais. (Resolução nº 001/86 CONAMA - artigo 1º). Ou seja, impacto ambiental é toda intervenção humana no meio ambiente que cause dano e degradação ao meio ambiente.

LAVRA

Lavra é o ato de lavrar, explorar a jazida industrialmente

LICENCIAMENTO AMBIENTAL

Licenciamento ambiental é o procedimento administrativo pelo qual o órgão ambiental competente licencia a localização, a instalação, a ampliação e a operação de empreendimentos e atividades utilizadoras de recursos ambientais consideradas efetivas ou potencialmente poluidoras ou aquelas que, sob qualquer forma, possam causar degradação ambiental. (Resolução nº 237/97 CONAMA - artigo 1º)

LICENÇA PRÉVIA (LP)

Licença prévia (LP) é a licença concedida na fase preliminar do planejamento do empreendimento ou atividade onde são aprovadas sua localização e concepção, atestada a viabilidade ambiental e estabelecidos os requisitos básicos e condicionantes a serem atendidos nas próximas fases de sua implementação (Resolução nº 237/97 CONAMA - artigo 8º)

LICENÇA DE INSTALAÇÃO (LI)

Licença de Instalação (LI) é a licença ambiental que autoriza a instalação do empreendimento ou atividade de acordo com as especificações constantes dos planos, programas e projetos aprovados, incluindo as medidas de controle ambiental e demais condicionantes, da qual constituem motivo determinante. (Resolução nº 237/97 CONAMA - artigo 8º)

LICENÇA DE OPERAÇÃO (LO)

Licença de Operação (LO) é a licença que autoriza a operação da atividade ou empreendimento, após a verificação do efetivo cumprimento do que consta das licenças anteriores, com as medidas de controle ambiental e condicionantes determinadas para a operação.

MEIO AMBIENTE

Meio ambiente é o conjunto de condições, leis, influências e interações de ordem física, química e biológica que permite, abriga e rege a vida em todas as suas formas. A legislação específica divide o meio ambiente em: natural, artificial, cultural e do trabalho. (Lei nº 6.938/81)

MEIO AMBIENTE NATURAL

Meio ambiente natural ou físico é constituído pelo solo, água, ar, flora e fauna.

MEIO AMBIENTE ARTIFICIAL

Meio ambiente artificial compreende o espaço urbano construído, constituído pelo conjunto de edificações e pelos equipamentos públicos.

MEIO AMBIENTE CULTURAL

Meio ambiente cultural equivale ao patrimônio cultural brasileiro que é constituído dos bens de natureza material e imaterial, tomados individualmente ou em conjunto, portadores de referência à identidade, à ação, à memória dos diferentes grupos formadores da sociedade brasileira. (Artigo 216 da Constituição Federal)

MEIO AMBIENTE DE TRABALHO

Meio ambiente de trabalho é o local onde as pessoas desempenham suas atividades profissionais, sendo que as condições físicas do ambiente de trabalho devem proporcionar condições adequadas de trabalho sem causarem dano a integridade física e moral dos trabalhadores.

MONITORAMENTO AMBIENTAL

Monitoramento ambiental é o procedimento de medição das emissões e do lançamento dos efluentes, registrando-se continuamente ou em períodos predeterminados.

PLANO DIRETOR

Plano Diretor é o instrumento utilizado pelos municípios para estabelecer e promover o adequado ordenamento territorial, mediante o planejamento e o controle do uso, do parcelamento e da ocupação do solo urbano.

PADRÕES DE QUALIDADE AMBIENTAL

Padrões de qualidade ambiental é um dos instrumentos da Política Nacional do Meio Ambiente. São as normas baixadas pelos órgãos competentes que irão estabelecer os padrões de qualidade do ar, das águas e das emissões de ruídos no meio ambiente.

PATRIMÔNIO GENÉTICO

Patrimônio genético é o conjunto de seres vivos que habitam o planeta, incluindo os seres humanos, os animais, os vegetais e os microorganismos.

POLÍTICA NACIONAL DO MEIO AMBIENTE

A Política Nacional do Meio Ambiente tem por objetivo a preservação, melhoria e recuperação da qualidade ambiental propícia à vida, visando assegurar, no País, condições ao desenvolvimento sócio econômico, aos interesses da segurança nacional e à proteção da dignidade da vida humana, atendidos os seguintes princípios: I - ação governamental na manutenção do equilíbrio ecológico, considerando o meio ambiente como um patrimônio público a ser necessariamente assegurado e protegido, tendo em vista o uso coletivo; II - racionalização do uso do solo, do subsolo, da água e do ar; III - planejamento e fiscalização do uso dos recursos ambientais; IV - proteção dos ecossistemas, com a preservação de áreas representativas; V - controle e zoneamento das atividades potencial ou efetivamente poluidoras; VI - incentivos ao estudo e à pesquisa de tecnologias orientadas para o uso racional e a proteção dos recursos ambientais; VII - acompanhamento do estado da qualidade ambiental; VIII - recuperação de áreas degradadas; IX - proteção de áreas ameaçadas de degradação; X - educação ambiental a todos os níveis do ensino, inclusive a educação da comunidade, objetivando capacitá-la para participação ativa na defesa do meio ambiente.

POLUENTE
Poluente é toda e qualquer forma de matéria ou energia liberada no meio ambiente em desacordo com as normas ambientais existentes, colocando em risco a saúde, a segurança, ou o bem-estar comum. (Lei nº 6938/81 - artigo 3º)

POLUIÇÃO AMBIENTAL
Poluição ambiental é a degradação da qualidade ambiental resultante de atividades que direta ou indiretamente causam dano ao meio ambiente. A poluição ambiental divide-se em várias espécies: poluição atmosférica, poluição hídrica, poluição do solo, poluição sonora e poluição visual.

POLUIÇÃO ATMOSFÉRICA
Poluição atmosférica é a alteração da constituição dos elementos atmosféricos que, ultrapassados os limites estabelecidos pelas normas ambientais, podem colocar em risco a saúde, a segurança e o bem-estar comum. Este tipo de poluição pode ser ocasionada por duas fontes: estacionárias (indústrias) e móveis (transportes).

POLUIÇÃO HÍDRICA
Poluição hídrica é a alteração dos elementos constitutivos da água, tornando-a imprópria ao consumo ou à utilização para outros fins.

POLUIÇÃO POR RESÍDUOS SÓLIDOS

Poluição por resíduos sólidos é aquela causada pelos descargos de materiais, incluindo resíduos sólidos de materiais provenientes de operações industriais, comerciais, agrícolas e de atividades da comunidade. O destino dos resíduos sólidos é uma questão de saúde pública. As formas tradicionais de disposição dos resíduos sólidos são: depósito a céu aberto, depósito em aterro sanitário, usina de compostagem, usina de reciclagem e usina de incineração.

POLUIÇÃO RADIOATIVA

Poluição radioativa é o dano pessoal ou material, produzido como resultado direito ou indireto das propriedades radioativas, da sua combinação com as propriedades tóxicas ou com outras características dos materiais nucleares, que se encontra em instalação nuclear, ou dela procedentes ou a ela enviados. (Lei n° 6.453 de 17/10/77 - artigo 1°)

POLUIDOR

Poluidor é a pessoa física ou jurídica, de direito público ou privado, direta ou indiretamente, por atividade causadora de degradação ambiental. (Lei n° 6938/81 - artigo 3°)

PROCESSOS ECOLÓGICOS

Processos ecológicos essenciais são aqueles governados, sustentados ou intensamente afetados pelos ecossistemas, sendo indispensáveis à produção de alimentos, à saúde e a outros aspectos da sobrevivência humana e do desenvolvimento sustentável.

QUALIDADE DO MEIO AMBIENTE

Qualidade do meio ambiente é o estado do meio ambiente ecologicamente equilibrado que proporciona uma qualidade de vida digna para o ser humano. (artigo 225 da Constituição Federal)

QUEIMADA

Queimada é o emprego de fogo em práticas agropastoris e florestais.

RESPONSABILIDADE SOCIAL

A responsabilidade das organizações corresponde às expectativas econômicas, legais, éticas e sociais que a sociedade espera que as organizações atendam num determinado período de tempo.

SEGURO AMBIENTAL

O seguro ambiental é um contrato de seguro realizado por atividade empresarial causadora de potencial degradação ambiental, com a finalidade de diluir o risco por dano ambiental.

TERRAS DEVOLUTAS

Terras devolutas são aquelas pertencentes ao Poder Público.

TRIBUTAÇÃO AMBIENTAL

Tributação ambiental é o instrumento mais importante para aplicação e cumprimento das diretrizes traçadas pela lei ambiental. É a utilização de instrumentos tributários destinados a orientar o comportamento dos contribuintes a protesto do meio ambiente, como gerar os recursos necessários à prestação de serviços públicos de natureza ambiental.

ZONEAMENTO AMBIENTAL

Zoneamento ambiental é um dos instrumentos da Política Nacional de meio Ambiente que visam regular o uso e a ocupação do solo. É o Poder Público que estabelecerá os critérios básicos para a ocupação do solo por meio de leis ou regulamentos.

ZONEAMENTO ECOLÓGICO ECONÔMICO DO BRASIL (ZEE)

Zoneamento Ecológico Econômico do Brasil (ZEE) é um dos instrumentos da Política Nacional do Meio Ambiente que se preocupa em organizar o território a ser obrigatoriamente seguido na implantação de planos, obras e atividades públicas e privadas, o qual estabelece medidas e padrões de proteção ambiental destinadas a assegurar a qualidade ambiental, dos recursos hídricos e do solo, e a conservação da biodiversidade, garantindo o desenvolvimento sustentável e a melhoria das condições de vida da população. (Lei nº 4.297/2000 - artigo 2º)

ANOTAÇÕES

Impressão e Acabamento
Gráfica Editora Ciência Moderna Ltda.
Tel.: (21) 2201-6662